微服務開發指南

使用Spring Cloud與Docker

序

由 2016 年出版個人的第一本 Java 書籍開始，7 年過去了，這次是第 10 本書！終於突破 2 位數了：

1. Java SE7/8 OCAJP 專業認證指南：擬真試題實戰
2. Java SE7/8 OCPJP 進階認證指南：擬真試題實戰
3. Java SE8 OCAJP 專業認證指南
4. Java SE8 OCPJP 進階認證指南
5. Java RWD Web 企業網站開發指南：使用 Spring MVC 與 Bootstrap
6. Spring Boot Web 情境式網站開發指南：使用 Spring Data JPA、Spring Security、Spring Web Flow
7. Spring REST API 開發與測試指南：使用 Swagger、HATEOAS、JUnit、Mockito、PowerMock、Spring Test
8. OCP：Java SE 11 Developer 認證指南 (上) - 物件導向設計篇
9. OCP：Java SE 11 Developer 認證指南 (下) - API 剖析運用篇
10. 微服務開發指南：使用 Spring Cloud 與 Docker

這是我先前從未預想過的數字，跌跌撞撞之餘還是達成了！人生有時候真是這樣，印驗了古語「有心栽花花不開，無心插柳柳成蔭」。

「微服務」是最近幾年一個很夯的名詞，是不分語言種類的顯學。本書在第 3 章舉例了幾個比較不適合使用微服務的情境，幾乎直指大部分的情況；但作為一個 Java 程式設計師，與時俱進卻是不可逆的宿命！於是乎，我還是關注了這個課題，並將自己的開發經驗透過簡單的範例分享給各位，希望對您會有幫助。

限於篇幅與秉持的教學習慣，書中內容若涉及或傳承前書知識，將請讀者參閱指定篇章。

著作與出版過程已經力求完善，若有疏漏尚祈各界先進不吝予以指正。

目錄

03 使用 Spring Boot 開發微服務程式

04 整合 Docker 建構微服務專案與環境

05 使用 Spring Cloud Config Server 管理微服務的設定

08 使用 Spring Cloud Gateway 支援服務路由

09 使用 Keycloak 保護微服務架構

10 使用 Spring Cloud Stream 支援事件驅動架構

11 使用 Spring Cloud Sleuth 與 Zipkin 追蹤微服務架構

01

使用 Spring 實作
微服務架構

實施任何新架構從來都不是一件容易的事,它帶來了許多挑戰,例如應用程式的擴展性、服務發現 (service discovery)、動態縮放 (dynamic scaling)、監控、分散式追蹤 (distributed tracing)、安全性、管理等議題。本書將介紹 Spring 框架對於微服務架構的支援,及如何應對這些挑戰,並說明使用微服務架構時要考慮的權衡因素。

1.1 微服務架構的演變

軟體架構是指建立軟體元件之間的結構、操作和交互作用的所有基礎部分。本書介紹微服務架構,該架構由鬆散耦合的軟體服務組成;這些軟體服務執行少量且定義明確的任務,並透過網路交換訊息 (messages) 以互相溝通。後續先理解微服務與一些常見架構之間的差異。

1.1.1 常見的 N 層架構

一種常見的企業架構類型是多層或 N 層架構。透過這種設計，一個應用程式被分為多個層次，每一個層次都有自己的職責和功能，比如使用者介面層、業務邏輯層、資料層、測試層等。

在建立應用程式時，我們會為「使用者介面層」建立一個特定的專案或解決方案，為「業務邏輯層」建立另一個專案，然後也為「資料層」建立另一個專案等，依此類推。最後我們將擁有多個專案，這些專案組合起來會成為一個完整的應用程式。對於大型企業系統，N 層應用程式具有許多優勢，包括：

1. N 層應用程式提供了良好的**關注分離 (separation of concerns)**，使單獨考慮使用者介面、資料和業務邏輯等變成可能。
2. 團隊成員容易在某層的應用程式的不同元件上獨立作業。
3. 是一種常見的企業架構，所以為某層專案找到熟練的開發人員相對容易。

N 層應用程式架構也有缺點，例如：

1. 想要進行元件變更時，必須重啟特定層的應用程式。
2. 資訊必須在每一層的特定元件間傳遞，如 Controller 溝通 Model 與 View，無法如一般元件之間直接溝通，可能導致效率變差。
3. 重構大型 N 層應用程式通常不容易。

即便 N 層架構的應用程式已經將結構區分多層，相較於使用微服務架構的應用程式依然厚重，因此還是被歸類為**單體 (monolith) 架構**的應用程式。

1.1.2 什麼是單體架構？

許多中小型基於 Web 的應用程式都是使用單體架構風格建立的。在單體架構中，應用程式裡所有的 UI、業務和資料庫存取邏輯最終都打包到一個獨特的工作單元，如 Java 的 WAR 檔，再部署到應用程式容器中，如下圖：

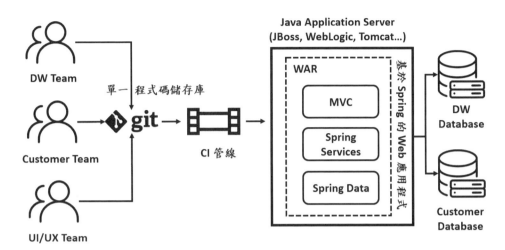

▲ 圖 1.1　單體架構

雖然一個應用程式專案只可以打包為一個 WAR 檔進行部署，但通常會有多個開發團隊參與其中，每一個開發團隊負責他們自己獨立的部分。當使用者需求的**使用情境 (use case)** 定義明確且不太會反覆變化時，從單體架構開始可能是一個不錯的決定。相比與微服務等更複雜的架構，單體架構的應用程式更容易建構和部署。此時，整個應用程式 (也只有一個應用程式) 可以存取任一個資料庫。

然而，當應用程式的大小和需求複雜性開始增加時，單體應用程式可能變得難以管理。因為對單體應用程式的元件修改會對其他元件產生**連動 (cascading)** 效應，異動後的程式測試與上線會需要比較長的時間與更多的人力協助。

使用微服務架構，就是為了提供程式元件更大的靈活性和維護性。

1.1.3　什麼是微服務架構？

為了解決單體架構程式變得日益龐大且難於維護，微服務的概念成為技術上和組織上的解決方案。微服務是一種小型且鬆散耦合的分散式服務，微服務架構可以將廣泛的應用程式分拆為易於管理的元件，這些元件具有嚴格定義的職責。微服務透過將大型專案分解為定義明確的小區塊來幫助解決傳統的複雜性問題。

在建立微服務時，我們需要接受的關鍵概念是**分拆 (decompose)** 和**解構 (decouple)**，如此應用程式的開發與功能應該完全相互獨立，概念如下圖：

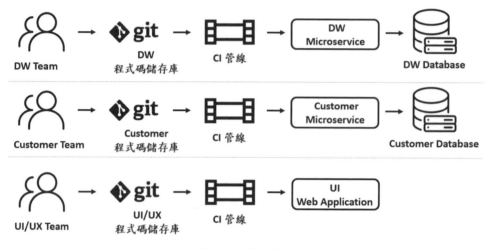

▲ 圖 1.2　微服務架構

上圖顯示了使用微服務架構時，每一個開發團隊如何完全管控他們的程式碼和服務基礎架構。他們可以彼此獨立地建構、部署和測試，因為他們的程式碼、程式碼儲存庫 (如 Git) 和基礎設施 (如伺服器和資料庫) 等完全各自獨立。概括地說，微服務架構具有以下特徵：

1. 應用程式邏輯被分解為細粒度的服務元件，這些元件定義明確，且具有協同合作的責任邊界。

2. 每一個服務元件都有一個小的責任範圍，並且獨立於其他元件部署。單一個微服務負責業務領域的一部分。

3. 微服務使用 HTTP 和 JSON 等輕量級通訊協定在服務的消費者與提供者間交換資料。

4. 因為微服務應用程式總是以如 JSON 等技術中立的格式進行通訊，所以開發服務的語言或技術是無關緊要的，這意味著可以使用多種語言和技術建構微服務應用程式。

5. 由於微服務的小型、獨立和分散式的特性，因此允許組織以更小的開發團隊進行，並具有明確的職責範圍。

這些團隊可以朝著相同目標努力，例如交付應用程式，而且只對他們正在處理的服務負責。

下圖比較了典型商務應用程式的單體設計和微服務方法的差異：

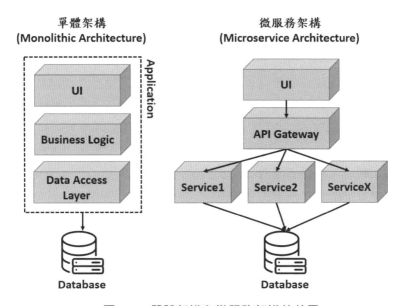

▲ 圖 1.3　單體架構和微服務架構的差異

1.1.4　為什麼要改變建構應用程式的方式？

過去深耕於本地市場的公司逐漸接觸到全球的使用者。然而，隨著更廣泛的全球使用者的出現，國際化競爭也隨之而來；更多的競爭導致開發人員需要考慮建構應用程式的方式：

1. 複雜性上升。現今的應用程式需要與多種服務和資料庫進行通訊，可能在公司內，也有可能是外部互聯網的服務。

2. 程式需要快速交付。客戶不再願意等待年度的軟體包發布，他們希望軟體產品中的功能被拆分，以便新功能可以在幾週，甚至幾天內快速發布。

3. 需要可靠的性能和**擴展性 (scalability)**。全球性的應用使預測一個應用程式將處理多少交易以及何時達到該交易量上限變得困難；應用程式需要在用量高峰時跨多個伺服器快速擴充，然後在離峰時快速縮減。

4. 需要具備高**可用性 (availability)**。應用程式某一部分的故障或問題不應導致全面崩潰。

為了滿足這些期待，開發人員必須將應用程式分解為可以相互獨立建構和部署的小服務，以建構高擴展性和低失敗率的應用程式。如果我們將應用程式分解為更小的服務，獨立於原先的單體系統，則可以建構具有以下特點的程式：

1. **靈活 (flexible)**：**解耦 (decoupled)** 的服務可以組合和重新排列以快速交付新功能。一般來說程式碼單元越小，修改起來就越不複雜，測試和部署程式碼所需的時間也就越少。

2. **彈性 (resilient)**：分離的服務意味著應用程式不再是一個單一的個體，也不會因為一個服務的問題而導致整個應用程式的失敗。故障可以局限於應用程式的個別服務，並在整個應用程式關閉之前得到控制。這也使應用程式能夠在出現不可恢復的錯誤時適當且優雅地降低個別服務層級，而非直接停止整個系統。

3. **可擴展 (scalable)**：解耦的服務可以很容易地平均分佈在多個伺服器上，從而快速擴展服務。如果是單體應用程式，因為應用程式的所有邏輯都糾結在一起，即使只有一小部分應用程式是瓶頸，整個應用程式都會被影響。

我們把微服務的特性與效益總結如下：

1. 特性：小型、簡單、分離的服務。
2. 效益：可擴展、有彈性和靈活的應用程式。

接下來開始討論並建構微服務。

1.2 Spring 社群的微服務技術

Spring 已經成為建構 Java 應用程式的主流框架，其核心是基於**依賴注入 (dependencies injection)** 的概念。依賴注入的框架可以更有效管理大型專案，方法是透過特定標註類別設定應用程式中物件之間的依賴關係，而非寫死 (hard code) 這些物件關聯。可以把 Spring 充當類別之間的中介層並管理它們的依賴關係，因此開發者就像拼裝樂高積木一樣組裝程式碼。

Spring 社群一直與開發者保持互動並持續改進框架，逐漸地，Spring 社群發現許多使用框架的團隊正在擺脫單體應用程式。在這波需求裡，應用程式由原本將顯示層、業務層和資料存取層等打包在一起並部署為單體程式，逐漸轉向高度分散式模型；在這種模型中，小型服務可以快速部署到雲中。為了應對這種轉變，Spring 社群啟動了 Spring Boot 和 Spring Cloud 專案。

Spring Boot 是對 Spring 框架的重新設想。雖然 Spring 的核心功能不變，但 Spring Boot 剝離了 Spring 中的許多企業級大型模組，改提供了一個基於 Java 設定類別、以提供 REST API 為主的輕量開發框架。使用這個框架，Java 開發人員可以透過幾個簡單的標註類別就快速建構一個 REST API 服務，無須外部應用程式容器即可打包和部署。Spring Boot 的主要特性與優勢包括：

1. 使用嵌入式 Web 容器以減少部署應用程式的複雜性，可選擇 Tomcat(預設)、Jetty 或 Undertow；所選的 Web 容器是可部署 JAR 的一部分。對於 Spring Boot 應用程式，部署的唯一必要條件是在伺服器上安裝 Java。
2. 以**啟動器 (Starter)** 簡化專案關聯 (dependencies)。
3. 以**自動化設定 (Auto-Configuration)** 簡化專案設定。
4. 使用**執行器 (Actuator)** 取得網站執行狀態。
5. 與 Spring 生態系統的整合，如 Spring Data、Spring Security、Spring Cloud 等。
6. 使用樣板設計模式避免編寫大量且重複的程式碼，能夠縮短開發時間，提高效率和產能。

關於 Spring Boot 用於 REST API 的開發，讀者可參閱「Spring REST API 開發與測試指南：使用 Swagger、HATEOAS、JUnit、Mockito、PowerMock、Spring Test」一書。使用 Spring Boot 建構的專案，如果提供責任明確的 REST API，就已經是最基本的微服務程式了！

由於微服務已經成為建構基於雲的應用程式的常見的架構，Spring 社群開始提供 Spring Cloud，讓操作微服務並將其部署到私有雲或公共雲變得簡單。Spring Cloud 將一些流行的雲管理微服務框架包裝在一個通用框架中，並使用標註類別去部署和啟用這些技術。

基本上，Spring Boot 與 Spring Cloud 的分工是：

1. Spring Boot 協助建構微服務程式。
2. Spring Cloud 提供微服務部署與執行時需要的框架。

後續將介紹 Spring Cloud 內含的常用子框架。

1.3 本書範例專案與相關微服務技術

本書介紹如何使用 Spring Boot、Spring Cloud 和其他有用的現代技術以建立滿足微服務架構的應用程式。下圖概述了本書在後續內容使用的一些服務和技術整合：

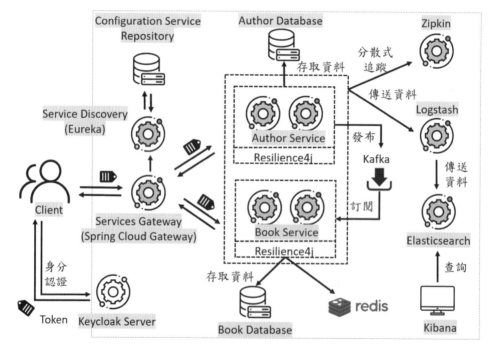

▲ 圖 1.4　本書使用的一些服務和技術整合

上圖描述了在我們將建立的微服務架構中更新和查詢 Author 資訊的用戶端請求。要啟動請求，用戶端首先需要使用 Keycloak 進行身份驗證以獲取存取令牌。獲取令牌後，用戶端向 Service Gateway 服務 (這裡使用 Spring Cloud Gateway) 發出請求。Service Gateway 服務是我們整個架構的入口點；該服務向 Service Discovery 服務 (這裡使用 Eureka) 查詢 Author 和 Book 服務的位置，然後呼叫這些微服務。

當請求抵達 Author 服務，它就會向 Keycloak 驗證存取令牌，以確認用戶端有權限呼叫該服務。完成身分驗證後，Author 服務會更新 Author 資料庫並查詢資訊，並以 HTTP 協定回應用戶端。

此外 Author 資料庫更新時，Author 服務也會向 Kafka 的訊息主題 (Message Topic) 發送一則訊息，以便讓 Book 服務了解資料曾經的異動。當訊息抵達 Book 服務時，會將特定資訊儲存在 Redis 的 in-memory 資料庫中。

在整個過程裡該架構使用 Zipkin，與 ELK Stack (Elasticsearch、Logstash、Kibana) 等分散式追蹤技術來管理和顯示日誌紀錄。

我們將在本書中漸次經歷上述不同的技術主題，並了解如何建立和整合不同服務元件。此外諸多服務如 Eureka、Gateway、Config、PostgreSQL、Keycloak、Zookeeper、Kafka、Redis、Elasticsearch、Kibana、Logstash、Zipkin 等於除錯 (debug) 時需提供實體位址，本書範例僅以邏輯名稱示意，再請讀者依實際狀況修正。

▍1.4 微服務編寫準則與開發模式

雖然建構單一微服務的概念很容易理解，但要運行和支援強大的微服務應用程式除了編寫服務程式碼，還需要考慮一些準則：

1. **大小合適 (right-sized)**：微服務的大小必須合適，這樣就不會承擔太多責任，而且也可以快速更改應用程式並降低整個應用程式崩潰的風險。
2. **位置透明 (location transparent)**：執行中的微服務應該要可以支援快速啟動和關閉多個服務實例，且不影響用戶端程式。

3. **彈性 (resilient)**：當用戶端程式存取到故障的服務時，為了避免產生連鎖失敗的骨牌效應，應該要能以**快速失敗 (fail-fast)** 的機制及時終止服務，以保護呼叫者並確保應用程式的整體完整性。

4. **可重複 (repeatable)**：應該確保微服務每一個新啟動的服務實例，都與其他已經存在的實例具有相同的設定和程式碼儲存庫。

5. **可擴展 (scalable)**：應該確保微服務之間的相依幅度最小，如此在效能不足時可以優雅地新增實例以擴展微服務。

後續將介紹數種微服務開發模式以實現前述微服務程式碼編寫準則，如：

1. 微服務核心開發模式
2. 微服務路由模式
3. 微服務用戶端彈性模式
4. 微服務安全模式
5. 微服務日誌紀錄和追蹤模式

1.4.1 微服務的核心模式

微服務的核心開發模式提醒我們要解決建構微服務的基礎問題：

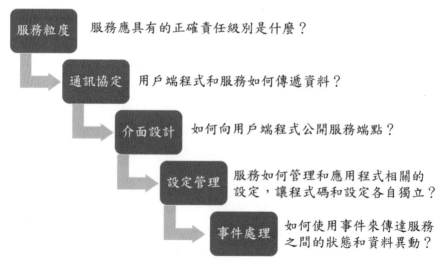

服務粒度　　　服務應具有的正確責任級別是什麼？

通訊協定　　　用戶端程式和服務如何傳遞資料？

介面設計　　　如何向用戶端程式公開服務端點？

設定管理　　　服務如何管理和應用程式相關的設定，讓程式碼和設定各自獨立？

事件處理　　　如何使用事件來傳達服務之間的狀態和資料異動？

▲ 圖 1.5　建構微服務的基礎問題

大致說明如下。在本書後續章節將有更多篇幅說明,也是本書內容主軸:

1. **服務粒度**:如何將業務領域分解為微服務,以便每一個微服務都有適當的責任級別?若服務過於粗粒度,相同職責可能在不同的業務問題域中重疊,使得服務難以維護,這和違反物件導向設計原則的**單一責任制 (SRP)** 時相似。若服務過於細粒化會增加應用程式的整體複雜性,如將存取資料儲存所需的資料抽象層也變成一種服務。

2. **通訊協定**:開發人員將如何與服務進行通訊?首先要決定使用**同步 (synchronous)** 或是**非同步 (asynchronous)** 協定:

   - 若是同步協定,最常見的通訊機制是基於 HTTP 的 REST,可以使用 XML、JSON 或 Thrift 等作為微服務間資料的交換格式。

   - 若是非同步協定,常見協定如**高級訊息佇列協定 (Advanced Message Queuing Protocol, AMQP)** 可以使用一對一的**佇列 (Queue)** 或一對多的**主題 (Topic)**,或是 RabbitMQ、Apache Kafka 和 Amazon Simple Queue Service 等訊息代理。

3. **介面設計**:如何設計服務的介面讓其他服務呼叫?如何建構自己的服務?最佳做法是什麼?這是平常程式設計就必須思考的問題。

4. **設定管理**:如何管理微服務的設定,即使在不同的環境或雲服務間也可以轉移?後續章節將介紹如何運用 Spring 的 Profiles 機制來導入**外部化設定 (externalized configuration)**。

5. **事件處理**:如何使用事件 (events) 來解耦 (decouple) 微服務,從而最大限度地減少服務之間被寫死 (hardcoded) 的依賴關係並提高應用程式的彈性?後續章節將介紹 Spring Cloud Stream 的事件驅動架構。

1.4.2 微服務的路由模式

微服務的路由模式讓用戶端應用程式可以找到服務的位置並路由到該服務。在微服務的架構中可能有數百個微服務實例在運行,為了資訊安全和保護服務內容,經常需要抽象化這些服務的實體 IP 位址,並為服務呼叫提供單一入口點。模式將包含:

1. **服務發現 (service discovery)**：透過服務發現 (discovery) 及服務註冊 (registry) 機制，可以讓微服務的用戶端程式找到它們，且無須將服務的實體 IP 位址寫死到用戶端程式中。要注意的是服務發現是一項內部服務，不是直接開放給用戶端程式的外部服務。本書將使用 Netflix 公司的 Eureka Service Discovery，其他服務註冊中心如 etcd、Consul 和 Apache Zookeeper 等也是常見選項。此外有些微服務架構沒有使用明確的服務註冊機制，改採用**服務網格 (Service Mesh)** 的**服務間 (interservice)** 通訊基礎設施，也有相似的效果。

2. **服務路由 (service routing)**：使用 Service Gateway 可以為所有服務提供單一入口點，以便統一微服務架構裡的多個服務和服務實例的安全策略與路由規則。後續章節將使用 Spring Cloud Gateway 示範實作。

合併使用服務發現和服務路由的架構，可以為路由模式提供完整解決方案：

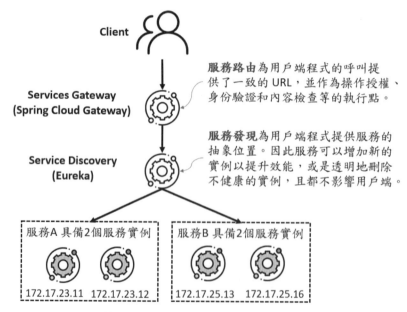

▲ 圖 1.6　合併使用服務發現和服務路由

雖然感覺起來有一個強烈的相依順序，如用戶端程式先接觸服務路由，然後是服務發現，然而這兩種模式並不相互依賴。例如我們可以在沒有服務路由的情況下實作服務發現，也可以在沒有服務發現的情況下實作服務路由，但都會讓整個微服務架構變得不完整。

1.4.3 微服務的用戶端彈性模式

由於微服務架構裡的服務元件是高度分散的，因此必須防止因為單一服務或服務實例的問題，導致向上並向外擴散到服務的用戶端，進而造成連鎖失敗的骨牌效應。後續章節將介紹四種用戶端彈性模式：

1. **用戶端負載均衡 (load balancing) 模式**：用於快取 (cache) 微服務的服務實例位址，以便對單一微服務的呼叫可以負載均衡到所有健康的服務實例。
2. **斷路器 (circuit breaker) 模式**：用於防止用戶端繼續呼叫失敗或有效能問題的服務。當服務運行緩慢時會消耗呼叫它的用戶端程式資源，因此讓這些微服務呼叫快速失敗，以便用戶端程式可以快速回應並採取適當的操作。
3. **回退 (fallback) 模式**：當呼叫服務失敗時，用於提供一種外掛 (plug-in) 機制，允許用戶端程式改呼叫其他替代服務以繼續工作。
4. **隔板 (bulkhead) 模式**：當微服務應用程式使用多個分散式資源執行它們的工作時，隔板模式可以區隔這些呼叫，避免一個不當的服務呼叫對架構裡的其他部分產生負面影響，如耗盡所有系統資源。

1.4.4 微服務的安全模式

實作安全模式可以確保微服務不對外開放，讓只有具備適當憑證的授權請求才能呼叫服務。透過以下三種機制可以建構保護微服務的身份驗證服務：

1. 身份驗證：確保服務的用戶端與提供的身份符合。
2. 授權：確保服務的用戶端只能執行有授權的操作。
3. 憑證管理和傳播：避免用戶端不斷地為交易中涉及的服務呼叫出示憑證。為了達成這個目的，必須先對基於令牌 (token) 的安全標準如 OAuth2 有基礎認識；令牌可能是 JWT(JSON Web Token) 或其他樣式，這些令牌可以從一個服務呼叫自動傳遞到下一個服務呼叫，如此可以在用戶端呼叫每一個服務前讓微服務架構進行身份驗證和授權檢查。

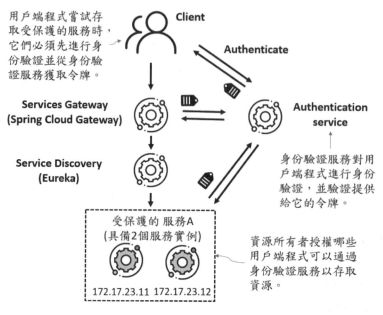

用戶端程式嘗試存取受保護的服務時，它們必須先進行身份驗證並從身份驗證服務獲取令牌。

Client

Authenticate

Services Gateway
(Spring Cloud Gateway)

Authentication
service

Service Discovery
(Eureka)

身份驗證服務對用戶端程式進行身份驗證，並驗證提供給它的令牌。

受保護的 服務A
(具備2個服務實例)

資源所有者授權哪些用戶端程式可以通過身份驗證服務以存取資源。

172.17.23.11　172.17.23.12

▲ 圖 1.7　身份驗證服務流程

1.4.5　微服務的日誌紀錄和追蹤模式

微服務架構的缺點是除錯、追蹤和監控問題要比單體程式困難許多，因為一個簡單的操作可能會在應用程式中觸發大量的微服務呼叫。後續章節將示範如何使用 Spring Cloud Sleuth、Zipkin 和 ELK Stack 等實現分散式追蹤，先介紹以下三種核心日誌紀錄和追蹤模式：

1. **日誌關聯 (log correlation)**：透過這種模式，我們可以實作**關聯 ID (correlation ID)**，並將所有因為單一交易或操作而呼叫的所有服務所生成的日誌紀錄關聯在一起。這個 ID 不會重複，且在交易或操作中的所有服務都會持有，可用於將每一個服務生成的日誌紀錄關聯在一起。

2. **日誌聚合 (log aggregation)**：透過這種模式可以將微服務及其各個實例產生的所有日誌紀錄彙整到一個跨服務的可查詢資料庫中，藉由各日誌紀錄的時間戳記也可以了解各服務效能狀況。

3. **微服務追蹤 (microservice tracing)**：透過這種機制可以「視覺化」跨服務的用戶端交易和操作流程，並了解各服務效能狀況。

下圖合併前述三種機制：

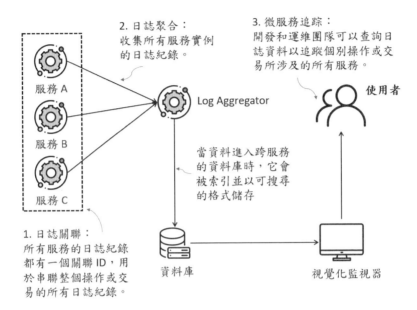

2. 日誌聚合：
收集所有服務實例
的日誌紀錄。

3. 微服務追蹤：
開發和運維團隊可以查詢日
誌資料以追蹤個別操作或交
易所涉及的所有服務。

服務 A

服務 B

服務 C

Log Aggregator

使用者

當資料進入跨服務
的資料庫時，它會
被索引並以可搜尋
的格式儲存

1. 日誌關聯：
所有服務的日誌紀錄
都有一個關聯 ID，用
於串聯整個操作或交
易的所有日誌紀錄。

資料庫

視覺化監視器

▲ 圖 1.8　微服務的日誌紀錄和追蹤模式

02

使用 Spring Cloud 打造
微服務生態系統

如果我們沒有依照前一章介紹的微服務編寫準則並套用開發模式，則設計、實作和維護微服務很快就會成為問題。當開始使用微服務解決方案時，必須應用最佳實踐來維持架構的高效能和高擴展性，以避免效能、瓶頸或操作問題。

在架構設計時，通常「系統越分散，可能失敗的地方就越多」，因此在微服務架構時更要注意可能面臨更多的故障點。因為我們現在擁有的是一個由多個相互交互的獨立服務組成的生態系統，而不是一個單一的整體應用程式。

為了避免可能的故障點，我們將使用 Spring Cloud 框架。Spring Cloud 提供了建構微服務架構時需要的所有元件，包含服務註冊和發現、斷路器、監控等，讓我們能夠以最少的設定快速構建微服務架構。

本章簡要介紹後續書籍內容使用的 Spring Cloud 元件技術。

2.1 Spring Cloud 關鍵技術

如果要自己實作前一章介紹的微服務編寫準則將是一項巨大的挑戰與工作。幸運的是 Spring 團隊已經將許多經過驗證的開源專案整合到一個 Spring 子專案中，統稱為 Spring Cloud (https://projects.spring.io/spring-cloud/)。

Spring Cloud 整合了 VMware、HashiCorp 和 Netflix 等公司釋出的開源專案並封裝在自己的交付模式中。它簡化了我們專案的設定，並為微服務架構中最需要的模式提供了解決方案，所以我們可以專注於編寫程式碼，而不需要煩惱微服務架構裡所有基礎設施的細節。

下表將上一章中列出的模式對應到實作它們的 Spring Cloud 內容：

⊕ 表 2.1 微服務開發模式與對應的 Spring Cloud 實作內容

微服務開發模式	子模式	Spring Cloud 實作內容
核心模式	微服務核心 (core microservice)	Spring Boot
	設定管理 (configuration management)	Spring Cloud Config
	非同步訊息傳播 (asynchronous messaging)	Spring Cloud Stream
路由模式	服務發現 (service discovery)	Spring Cloud Discovery/ Netflix Eureka
	服務路由 (service routing)	Spring Cloud Gateway
用戶端彈性模式	用戶端負載均衡 (client-side load balancing)	Spring Cloud LoadBalancer
	斷路器 (circuit breaker)	Resilience4j
	回退 (fallback)	Resilience4j
	隔板 (bulkhead)	Resilience4j
安全模式	授權 (authorization)	Spring Cloud Security/OAuth2
	身份驗證 (authentication)	Spring Cloud Security/OAuth2
	憑證管理和傳播 (credential management/propagation)	Spring Cloud Security/OAuth2 /JWT

微服務開發模式	子模式	Spring Cloud 實作內容
日誌紀錄和追蹤模式	日誌關聯 (log correlation)	Spring Cloud Sleuth
	日誌聚合 (log aggregation)	Spring Cloud Sleuth/ELK Stack
	微服務追蹤 (microservice tracing)	Spring Cloud Sleuth/Zipkin

2.1.1 Spring Cloud Config

Spring Cloud Config 藉由一個集中的服務與管理儲存庫來管理微服務架構中其他服務的設定資料，尤其是環境相關的部分，如此就可以和已經部署的微服務完全分離；並確保無論啟動多少個微服務實例，它們始終具有相同的設定。

Spring Cloud Config 有自己的設定管理儲存庫，也可以和以下開源專案整合：

⊕ 表 2.2 常見與 Spring Cloud Config 整合的開源專案

開源專案	說明
Git (https://git-scm.com/)	◆ Git 是一種開源的版本控制系統，可以管理和追蹤對文件的修改。 ◆ Spring Cloud Config 可以和 Git 儲存庫整合，並從中讀取應用程式的設定資料。
Consul (https://www.consul.io/)	◆ Consul 是一種開源的服務發現 (Service Discovery)，它可以讓其他微服務實例註冊，然後服務用戶端再查詢 Consul 以確認服務實例的位置。 ◆ Consul 還包括一個可以儲存鍵值 (key-value) 對的資料庫，Spring Cloud Config 可以使用它來儲存應用程式的設定資料。
Eureka (https://github.com/Netflix/eureka)	◆ Eureka 是一個開源的 Netflix 專案，與 Consul 一樣提供類似的服務發現功能，因此也具備可以讓 Spring Cloud Config 儲存設定資料的鍵值對資料庫。

2.1.2 Spring Cloud Service Discovery

使用 Spring Cloud Service Discovery 可以讓用戶端程式找出服務實例部署的實際位址，而且服務使用者是透過邏輯名稱呼叫服務，不用寫死實際 IP 位址。

Spring Cloud Service Discovery 還負責服務實例的註冊和註銷，因為關乎被呼叫服務的啟動和關閉狀態。

Spring Cloud Service Discovery 只是抽象層，可以搭配以下開源專案實作：

1. Consul (https://www.consul.io/)
2. Zookeeper (https://spring.io/projects/spring-cloud-zookeeper)
3. Eureka (https://github.com/Netflix/eureka)

後續範例實作選擇 Eureka，因為這是 Java 社群比較常用的選項；微服務架構可以用不同的方式或語言建構，Consul 與 Zookeeper 也相當活躍。

2.1.3 Spring Cloud LoadBalancer、Resilience4j

對於微服務用戶端彈性模式，Spring Cloud 可以和幾個開源專案如 Spring Cloud LoadBalancer 和 Resilience4j (https://github.com/resilience4j/resilience4j) 高度整合：

1. Spring Cloud LoadBalancer：Spring Cloud 早期與 Netflix 的 Ribbon 整合，後來推出自己的 Spring Cloud LoadBalancer 專案以取代 Ribbon，使用起來更加便利。
2. Resilience4j：Spring Cloud 早期與 Hystrix 整合，後來因為 Hystrix 已經處於維護模式，不再推出新功能，因此改整合 Resilience4j 以快速實現斷路器、重試、隔板等服務用戶端彈性模式。

使用 Spring Cloud LoadBalancer 不僅簡化與 Eureka 服務發現的整合，還能在呼叫服務時考慮負載均衡而呼叫未使用的服務實例。這讓即使 Eureka 暫時不可用，用戶端也可以繼續呼叫服務。

2.1.4 Spring Cloud Gateway

Service Gateway 為微服務應用程式提供路由的功能。顧名思義，它是一個代理服務請求的服務閘道，用以確保在呼叫目標服務之前，對微服務的所有呼叫都能透過一個統一的閘道。透過這種服務呼叫的集中化，我們可以實施標準的服務策略，例如安全授權、身份驗證、內容過濾和路由規則等。Spring Cloud Gateway (https://spring.io/projects/spring-cloud-gateway) 就是這樣的解決方案。

不過需要注意的是，Spring Cloud Gateway 預設是由 Spring Framework 5 Project Reactor (與 Spring Web Flux 整合) 和 Spring Boot 2 所建構，和傳統的 Spring MVC 有些不同。

2.1.5 Spring Cloud Stream

Spring Cloud Stream (https://cloud.spring.io/spring-cloud-stream) 可以將輕量級訊息代理工具如 RabbitMQ (https://www.rabbitmq.com) 和 Kafka(http://kafka.apache.org) 整合到微服務架構中，讓非同步訊息的交換也成為一種服務間的通訊方式。

2.1.6 Spring Cloud Sleuth、Zipkin

使用 Spring Cloud Sleuth (https://cloud.spring.io/spring-cloud-sleuth/) 可以自動在應用程式間的 HTTP 呼叫和訊息通道 (RabbitMQ、Apache Kafka) 埋入唯一的追蹤標識 ID，又稱為關聯 ID (correlation ID) 或追蹤 ID (tracking ID)。產出的日誌紀錄就會存有該 ID，分析之後可以得到流經不同服務時的所有操作細節和資料變化。

Spring Cloud Sleuth 再與 ELK Stack (https://www.elastic.co/what-is/elk-stack) 等日誌聚合工具，或 Zipkin (http://zipkin.io) 等追蹤工具相結合後，可以將追蹤結果視覺化，更容易分析與理解。

Zipkin 獲取由 Spring Cloud Sleuth 產生的日誌紀錄後，可以視覺化個別操作和交易所涉及的服務呼叫流程。

ELK Stack 則是三個開源專案的首字字母縮寫，分別是：

1. **Elasticsearch** (https://www.elastic.co) 是一個搜尋和分析引擎。
2. **Logstash** (https://www.elastic.co/products/logstash) 是一種伺服器端的資料處理管線 (pipeline)，可以轉換資料並發送到指定儲存庫。
3. **Kibana** (https://www.elastic.co/products/kibana) 是一個用戶端 UI，允許使用者查詢並視覺化結果。

2.1.7 Spring Cloud Security

Spring Cloud Security (https://cloud.spring.io/spring-cloud-security/) 是 一 個 身 份
驗證和授權的框架，用於控制誰可以存取服務及授權層級。因為 Spring Cloud
Security 是基於令牌 (token) 的，所以允許服務藉由身份驗證伺服器頒發的令牌
相互通訊。每一個被存取的服務都會檢查令牌以驗證用戶端程式的身份及其存
取權限。

Spring Cloud Security 也支援 JSON Web Tokens (JWT)。JWT (https://jwt.io) 的規
範對 OAuth2 令牌的格式進行了標準化，並規範令牌的數位簽章內容。

2.2 使用 Spring Cloud 的簡單範例

在上一節中，我們說明了後續將用於構建微服務的相關 Spring Cloud 技術。由
於這些技術中的每一項都是一個獨立的服務，因此會逐章說明細節。以下先示
範一個簡單的範例程式碼，這個微服務範例本身提供一個 API，該 API 會再呼
叫另一個微服務的 API。若可以完備 pom.xml 及其他相關屬性設定，這個範例
基本上是可以執行的！它讓我們理解將前述的一些技術整合到自己的微服務開
發中是一件容易的事：

```
1   import org.springframework.boot.SpringApplication;
2   import org.springframework.boot.autoconfigure.SpringBootApplication;
3   import org.springframework.cloud.netflix.eureka.EnableEurekaClient;
4   import org.springframework.http.HttpMethod;
5   import org.springframework.http.ResponseEntity;
6   import org.springframework.web.bind.annotation.PathVariable;
7   import org.springframework.web.bind.annotation.RequestMapping;
8   import org.springframework.web.bind.annotation.RequestMethod;
9   import org.springframework.web.bind.annotation.RestController;
10  import org.springframework.web.client.RestTemplate;
11
12  @SpringBootApplication
13  @RestController
14  @RequestMapping(value = "hello")
15  @EnableEurekaClient
16  public class SampleApplication {
```

```
17   public static void main(String[] args) {
18     SpringApplication.run(SampleApplication.class, args);
19   }
20
21   @RequestMapping(value = "/{greeting}", method = RequestMethod.GET)
22   public String localApi(@PathVariable("greeting") String greeting) {
23     return remoteApiCall(greeting);
24   }
25
26   private String remoteApiCall(String greeting) {
27     RestTemplate restTl = new RestTemplate();
28     ResponseEntity<String> resp =
29         restTl.exchange("http://logical-service-id/api/" + "{greeting}",
30                         HttpMethod.GET, null, String.class, greeting);
31     return resp.getBody();
32   }
33 }
```

在本範例中，行 15 標註 @EnableEurekaClient 表示本微服務程式將：

1. 向 Eureka 註冊。
2. 可以存取其他向 Eureka 註冊的微服務。

在行 29 要呼叫另一個遠端服務 API 時，我們使用邏輯的服務 ID，若再搭配處理過的 RestTemplate，則 Eureka 可以協助提供該遠端服務的物理 IP 位址。在程式裡不寫死實際的服務位址，而是使用邏輯名稱，讓未來微服務的擴充更具彈性；作為服務的使用者，我們也不需要知道該服務的位置，一切讓 Eureka 處理即可。

如果讓 RestTemplate 類別再搭配使用 Spring Cloud LoadBalancer 相關函式庫，則可以藉由邏輯的服務 ID 找出背後所有的服務實例位址，爾後每次用戶端呼叫服務時都會**循環 (round-robins)** 呼叫不同的服務實例來達到負載均衡的效果，無須透過一些硬體的**集中式負載均衡器 (centralized load balancer)**。

這種消除集中式負載均衡器並將其移至用戶端程式的做法，也可以消除因為負載均衡器的故障點 (failure point) 而影響整個微服務架構的風險，是我們設計架構時該考量的因素之一。

由這個範例我們可以體會在 Spring Cloud 中只需要幾個標註類別就可以為自己的微服務增加大量功能，這就是 Spring Cloud 的魅力。開發人員可以選擇使用

Netflix 和 Consul 等知名雲公司釋出的開源專案，但 Spring Cloud 更進一步將它們的使用簡化為幾個簡單的標註類別和程式設定。

2.3 本書範例專案

2.3.1 專案情境與需求

本書後續範例會以下領域 (Domain) 物件建構各自 Spring Boot 專案；然後逐漸搭配其他 Spring Cloud 元件以形成符合微服務架構的系統：

↻ 表 2.3 本書領域物件的屬性說明

領域物件	屬性欄位	說明
Book	id	內部流水號
	book_id	書籍編號
	author_id	**作者編號**
	description	書籍描述
	product_name	書籍名稱
	book_type	書籍分類
	comment	書友評論
Author	id	內部流水號
	author_id	**作者編號**
	name	作者姓名
	contact_name	聯絡稱謂
	contact_email	聯絡郵件
	contact_phone	聯絡電話

因為都具備作者編號「**author_id**」，因此兩者之間具備關聯性，這也讓之後發展出各別微服務時具有依賴關係：

1. Book 微服務專案：負責**書籍**的新增、修改、刪除、查詢等操作，也可以包含**作者**的資訊。

2. Author 微服務專案：負責作者的新增、修改、刪除、查詢等操作。

2.3.2 使用 Spring Initializr 建立專案

建立綱要專案

首先我們使用 Spring Initializr 為 Book 微服務新建一個綱要專案。Spring Initializr (https://start.spring.io/) 可以協助建立一個新的 Spring Boot 專案，需要先選擇合適的專案屬性：

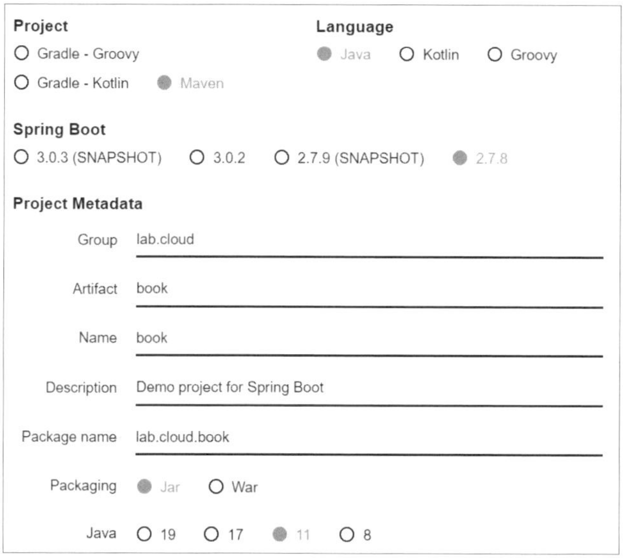

▲ 圖 2.1　設定專案屬性

與依賴函式庫：

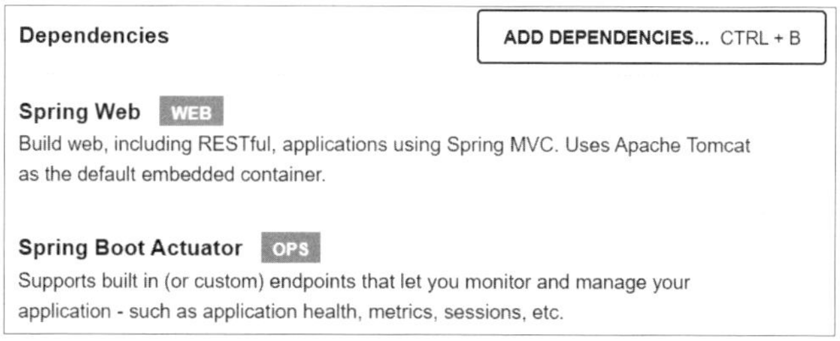

▲ 圖 2.2　選擇依賴項目

將下載的檔案解壓縮並作為 Maven 專案匯入 Eclipse。

建立套件

匯入 Eclipse 後再增加以下套件：

1. lab.cloud.book.controller

2. lab.cloud.book.service

3. lab.cloud.book.model

整體專案結構呈現如下：

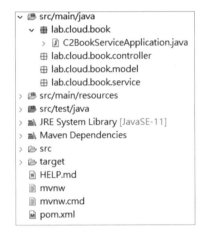

▲ 圖 2.3　Eclipse 中 Book 微服務的初始專案結構

檢視 pom.xml 文件內容

以下為專案的 pom.xml 文件內容：

🎯 範例：/c02-book-service/pom.xml

```
1  <parent>
2      <groupId>org.springframework.boot</groupId>
3      <artifactId>spring-boot-starter-parent</artifactId>
4      <version>2.7.8</version>
5      <relativePath /> <!-- lookup parent from repository -->
6  </parent>
7
8  <groupId>lab.cloud</groupId>
```

```
9   <artifactId>c02-book-service</artifactId>
10  <version>0.0.1-SNAPSHOT</version>
11  <name>c02-book-service</name>
12  <description>Demo project for Spring Boot</description>
13
14  <properties>
15      <java.version>11</java.version>
16  </properties>
17
18  <dependencies>
19      <dependency>
20          <groupId>org.springframework.boot</groupId>
21          <artifactId>spring-boot-starter-actuator</artifactId>
22      </dependency>
23      <dependency>
24          <groupId>org.springframework.boot</groupId>
25          <artifactId>spring-boot-starter-web</artifactId>
26      </dependency>
27
28      <dependency>
29          <groupId>org.springframework.boot</groupId>
30          <artifactId>spring-boot-starter-test</artifactId>
31          <scope>test</scope>
32      </dependency>
33  </dependencies>
34
35  <build>
36      <plugins>
37          <plugin>
38              <groupId>org.springframework.boot</groupId>
39              <artifactId>spring-boot-maven-plugin</artifactId>
40          </plugin>
41      </plugins>
42  </build>
```

🔊 **說明**

3	告訴 Maven 要引用 Spring Boot Starter 依賴包。
15	使用 Java 11。
21	引用 spring-boot-starter-actuator 對微服務架構至為重要。
25	因為是 REST API，引用 spring-boot-starter-web。
39	引用 spring-boot-maven-plugin 的插件後可以讓 Maven **建構 (build)** 和部署 **(deploy)** Spring Boot 程式。

在 Spring Boot 的程式中，不需要明確設定每個依賴的 Spring 函式庫，只要引用大項的**啟動器 (Starter)** 即可，可參考「Spring Boot 情境式網站開發指南：使用 Spring Data JPA、Spring Security、Spring Web Flow」一書的「8.2.2 以啟動器 (Starter) 簡化專案關聯 (Dependencies)」。

使用 Maven 插件啟動專案

Spring Boot 還提供 Maven 插件 (plugin) 以簡化應用程式的構建和部署，如範例 pom.xml 的行 39，將告訴 Maven 構建腳本安裝最新的 Spring Boot Maven 插件。 這個插件包含多個附加任務可以簡化 Maven 和 Spring Boot 之間的交互作用，如執行以下 mvn 指令可以啟動 Spring Boot 應用程式：

```
1  mvn spring-boot:run
```

結果如下：

▲ 圖 2.4　使用 Maven 插件啟動 Spring Boot 應用程式

執行以下 mvn 指令可以分析 Spring Boot 應用程式的依賴樹狀結構：

```
1  mvn dependency:tree
```

結果如下，可以發現其核心使用 Spring Framework 5.3.25 與 Tomcat 9.0.71：

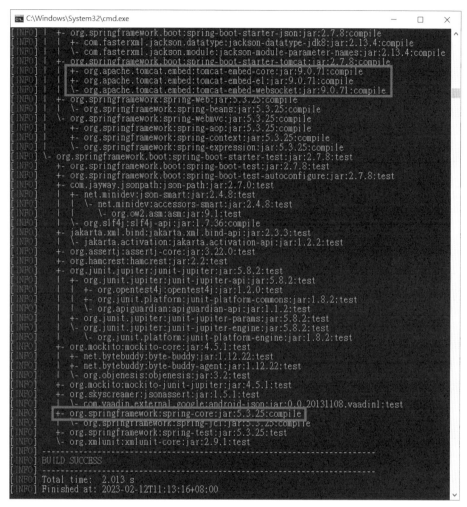

▲ 圖 2.5　使用 Maven 插件分析 Spring Boot 應用程式的依賴樹狀結構

本書內容著重在 Spring Cloud 的介紹，如對 Spring Boot 的架構或開發不熟悉，
請參考個人著作：

1. Spring Boot 情境式網站開發指南：使用 Spring Data JPA、Spring Security、
   Spring Web Flow

2. Spring REST API 開發與測試指南：使用 Swagger、HATEOAS、JUnit、
   Mockito、PowerMock、Spring Test

使用 Spring Boot 開發微服務程式

建構微服務架構經常涉及軟體開發團隊中多個角色的觀點，因為交付整個應用程式需要的不僅僅是技術人員，必須基於三個關鍵角色的協同合作：

1. 架構師：縱觀全局，將應用程式分解為單獨的微服務，讓微服務可以交互作用以交付解決方案。
2. 軟體開發人員：編寫程式碼並了解如何使用語言和開發框架來交付微服務。
3. DevOps 工程師：決定如何在正式和非正式環境中部署和管理服務。

在本章中，我們將從這些角色的觀點來演示如何設計和建構一組微服務，並延伸前一章的綱要專案使具備更多內容。

3.1 架構師的任務：設計微服務架構

架構師在軟體專案中的作用是提供需要解決的問題的工作模型。架構師提供了程式的架構，開發人員則根據這些架構來構建他們的程式碼，以便將應用程式的所有部分組合在一起。在建構微服務時，專案架構師關注三個關鍵任務：

1. 解析業務需求
2. 決定服務粒度
3. 定義服務介面

3.1.1 解析業務需求

面對複雜的事務，大多數人都嘗試將需要處理的問題分解成可管理的區塊，如此就不必把所有細節同時記在腦子裡；他們也會將問題分解為幾個基本部分，然後尋找這些部分之間存在的關係。

設計微服務架構也是這樣的思維。架構師將整塊的業務領域切割出業務子領域，這些子領域封裝了整體業務領域的特定業務規則和資料邏輯。例如架構師會嘗試理解需要開發程式碼的業務流程，並意識到這些程式碼將依賴於用戶和產品資訊。當切分出不同的子領域時，微服務的概念基本成形；如何設計微服務的介面將影響不同子領域的交互作用。

分解業務領域是一種藝術形式，而不是黑白分明的科學。常見使用以下準則來識別業務問題並將其分解為候選微服務：

1. **描述業務問題並注意使用到的名詞**。反覆出現的名詞代表使用頻率高，可以很好地代表核心業務領域並成為獨立的候選微服務。這準則和我們進行物件導向分析時決定領域 (Domain) 物件的習慣相似。
2. **注意動詞**。動詞強調動作，通常代表業務領域的自然輪廓或邊界。例如當對業務領域的描述是「當市場部門的 Jim 決定是否**出版**書籍 X 時，他需要**檢查**在書籍清單中相似書籍的庫存與銷售狀況。如果書籍 X 具有潛力就與作者簽約，並**更新**書籍清單」，則關鍵動詞可能是「出版」、「檢查」、「更新」，可以做為「書籍」微服務的候選 API 介面。

3. **關注資料凝聚力 (data cohesion)**。微服務必須完全擁有自己的資料，因此當分解業務領域時，需要凝聚高度相關的資料片段。如果突然出現非預期的資料，表示可能需要建立另一個候選微服務。

接下來要把這些準則應用到現實世界的問題中，例如本書用於管理書籍資產 (book stock) 的 B-stock 軟體需求，也就是前一章節建立的綱要專案。

在原先的設想裡，B-stock 是單體 Web 應用程式，它將部署到 Java EE 應用程式伺服器；但現在我們的目標是將該單體應用程式梳理成一組服務。為實現此一目標，首先要了解 B-stock 應用程式的使用者和一些業務利益相關者，並討論他們該如何與應用程式互動。下圖列舉一些訪談結果：

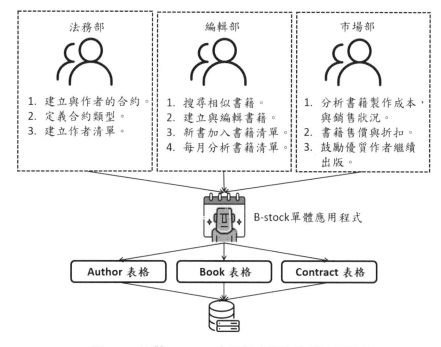

▲ 圖 3.1　列舉 B-stock 應用程式的業務利益相關者

藉由訪談我們也確定了應用程式的資料模型，將包含 Book、Author、Contract 等 3 個主要表格。

透過這樣的做法，我們也可以由 B-stock 業務領域分解出候選微服務：

▲ 圖 3.2　由 B-stock 業務領域分解出候選微服務

3.1.2 決定服務粒度

一旦我們有了一個簡化的資料模型，我們就可以開始定義在應用程式中需要哪些微服務的過程。由前一節分析，可以看到基於以下資料模型的三個候選微服務：

1. Author
2. Book
3. Contract

這些微服務可以選擇共享或擁有單獨的資料庫。然而，從資料模型中塑造服務涉及的不僅僅是將程式碼重新打包到單獨的微服務專案，它還必須梳理出服務將存取的實際資料庫表格，讓每一個服務存取其特定業務領域的表格。示意圖如下：

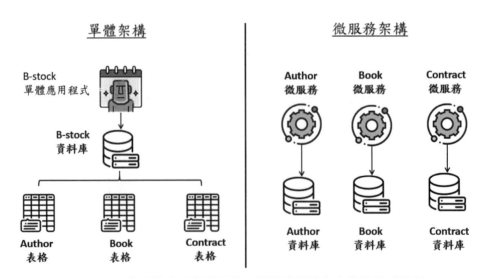

▲ 圖 3.3　與單體應用程式不同，微服務掌控各自業務領域資料

在微服務的架構裡，每一個服務都掌控各自業務領域的資料，但這並不表示每一個服務都一定要有自己的資料庫。要強調的是只有負責該業務領域的服務才能存取相關的資料表。

因此我們可以為每項服務建立單獨的資料庫；也可以在服務之間共享同一資料庫，但資料表格的存取應該要嚴格區分。

在我們將業務領域解構為個別服務後，還必須確定是否為服務定義了適當的「粒度」級別，簡單說就是服務該具備多少功能。既然是微服務，設計的功能就應該專注在特定業務領域，不能太駁雜；但過「微」也會造成不必要的維護問題，正確的認知是：

1. 微服務是比較細粒度的資料服務，但如果一開始就解構成過細的業務領域很容易走上極端。解構本身就需要資源，投入太多在解構的工作上經常會導致專案難度在初期就攀升。
2. 建議首先設計服務之間的交互作用，這也有助於建立業務領域的粗粒度介面，之後再重構成細粒度的微服務就好。重構粒度過粗的服務會比重構粒度過細的服務容易。
3. 隨著我們對業務領域的理解，服務具備的職責也會隨著時間推移而變化。當使用者請求新功能時，一開始可能會在原始的微服務先擴充，然後逐漸再發展出其他微服務。原始微服務也可能成為眾多新服務的**編排層 (orchestration layer)**，負責它們的治理、控管與協調。

微服務過於「粗」粒度的問題

不適當的粒度會有什麼問題？如果微服務過於「粗」粒度，可能會有幾個現象：

1. **服務的職責太多**。服務中的業務邏輯變得複雜，或是規則過於多樣化。
2. **服務管理的資料涉及太多資料表**。微服務是比較細粒度的資料服務，如果發現服務將資料保存到多個資料表，或接觸到業務子領域之外的資料表，通常表示服務粒度過大。一般來說可以參考「微服務不應擁有超過 3-5 個表格」的經驗法則，太多的表格就表示服務可能承擔太多責任。

3. **服務的測試案例 (test case) 過多**。隨著時間的推移，服務的規模和職責會不斷擴大；如果服務從一開始的少量測試案例就足夠，逐漸擴大到上百個單元或整合測試，就可能需要重構服務。

微服務過於「細」粒度的問題

微服務過於「細」粒度時可能會有幾個現象：

1. **基於相同的業務領域解構準則，某一業務領域的微服務增加快速**。當完成一項工作所需的服務數量急劇增加時，就表示從服務中組合業務邏輯將會變得複雜而困難。一種極端的不當情境是在一個業務領域中有數十個微服務，而每一個服務都只管理一個資料表格。
2. **每一個微服務彼此高度依賴**。此時將發現一部分的微服務不斷在彼此之間反覆呼叫以完成單一請求。
3. **微服務的功能只有單純的新增、修改、刪除、查詢資料表**。微服務是業務領域的表達，而非資料存取的抽象層；如果微服務只負責單純的新刪改查資料表，這樣的邏輯就過於細粒度了。

保持漸進的彈性思維

微服務架構的實作應該採用漸進的思維過程，因為很難在一開始就使用正確的設計。這也是為什麼最好從粗粒度開始，而不是細粒度。

同時不要對自己的設計過於武斷或堅持。例如有時候我們可能會開發一個結合 (join) 多個資料表的聚合服務，而不是實作多個存取獨立表格的微服務。因為接連呼叫獨立的微服務可能會過於繁瑣，日後不好維護；或者服務的業務邏輯領域 (domain) 不存在明確的邊界 (boundary)。這時候應該採取務實的方法並交付，而不是浪費時間試圖使設計完美，最後卻無法說明任何有意義的成效。

3.1.3 定義服務介面

架構師的最後一個任務是定義微服務程式之間如何溝通。微服務的開發可以不限程式語言和框架，因此要遵守的基本準則是介面設計必須易於理解和使用，建議如下：

1. **使用 REST 與理查森成熟度模型**。REST API 的方法核心是以 HTTP 作為服務的協定，應該使用標準的 HTTP 動詞，如 GET、PUT、POST 和 DELETE 等對服務基本行為建模。
2. **使用 URI 傳達意圖**。作為服務端點的 URI 應該描述業務領域中的不同資源，與資源間的關係。
3. **請求和回應格式使用 JSON**。JSON 是一種輕量級的資料序列化協定，相較於 XML 更容易使用。
4. **使用 HTTP 狀態碼來傳達結果**。HTTP 協定有豐富的標準回應狀態碼來回應服務結果。微服務程式應該了解這些狀態碼，並在所有服務裡始終如一地使用這些狀態碼。

以上細節可以參考「Spring REST API 開發與測試指南：使用 Swagger、HATEOAS、JUnit、Mockito、PowerMock、Spring Test」一書的「7. 簡介 REST」。

3.1.4 何時不該使用微服務？

本章討論了為什麼微服務是建構應用程式的強大架構模式，但並非所有情境都適合使用微服務架構，如以下情境就需要考慮是否使用微服務架構：

1. 組織無法負擔建構分散式系統的複雜性。
2. 伺服器或容器過多。
3. 應用程式不需要高度彈性和擴展性。
4. 資料存取模式複雜。

以下將一一說明。

組織無法負擔建構分散式系統的複雜性

由於微服務本質是分散式的小粒度程式，因此它們將為應用程式帶來一定程度的複雜性，這在大部分的單體應用程式中是不存在的。微服務架構需要高度的操作成熟度，除非公司願意負擔高度分散式應用程式成功所需的自動化和操作工作如監控、擴充等，否則不建議使用微服務架構。

伺服器或容器過多

微服務常見的部署模型是將一個微服務實例部署在一個 Docker 容器中。因此在基於微服務的大型應用程式中，可能會擁有 50 到 100 個伺服器或容器，它們也必須單獨在正式環境中建構和維護。即使這些服務在雲中或虛擬機上運行的成本較低，管理和監控這些服務的操作複雜性也不小。

應用程式不需要高度彈性和擴展性

微服務著重可重複使用，對於建構需要高度彈性和擴展性的大型應用程式非常有幫助，這也是許多雲端的公司願意採用微服務的原因。如果只是建構小型的部門級應用程式，或具有較少使用者的應用程式，則導入微服務等分散式架構的複雜度會導致性價比降低。

資料存取模式複雜

當開始評估微服務架構導入時，需要考慮服務本身與服務使用者的資料存取模式。微服務適合對**單一資料來源 (single data source)** 的少量表格進行存取，如果需求是跨多個資料來源進行複雜的資料聚合或轉換，則微服務的分散式特性將使工作變得困難；而且服務若承擔太多責任，也容易有效能問題。

3.2 開發者的任務：使用 Spring Boot 建構微服務

在上一章節中我們已經在 B-stock 業務領域裡建立了 Book 微服務的綱要專案，現在將進行其他工作事項：

1. 實作一個 Controller 類別，作為提供 Book 服務的端點。
2. 實作多國語言支援，使服務端點提供的資訊可以轉換不同的語言。
3. 實作 Spring HATEOAS 以提供充足的資訊，以便使用者與服務互動。
4. 使用 Lombok 函式庫在「編譯時期」自動產生 getter 和 setter 等方法以精簡領域 (Domain) 類別。

需要增加的依賴函式庫為：

🎯 範例：/c03-book-service/pom.xml

```
1  <dependency>
2      <groupId>org.springframework.boot</groupId>
3      <artifactId>spring-boot-starter-hateoas</artifactId>
4  </dependency>
5  <dependency>
6      <groupId>org.projectlombok</groupId>
7      <artifactId>lombok</artifactId>
8      <scope>provided</scope>
9  </dependency>
```

3.2.1 建立 Controller 類別

我們在前一章節已經完成一個 Spring Boot 的綱要專案，接下來要編寫一些程式碼來執行某些操作。在 Spring Boot 應用程式中，Controller 類別提供服務端點並將來自 HTTP 請求的資料對應到處理該請求的 Java 方法。本例中 BookController 類別公開了四個 HTTP 端點，它們對應到 POST、GET、PUT、DELETE 等 HTTP 方法：

🎯 範例：/c03-book-service/src/main/java/lab/cloud/book/controller/BookController.java

```
1   @RestController
2   @RequestMapping(value="v1/author/{authorId}/book")
3   public class BookController {
4
5    @Autowired
6    private BookService bookService;
7
8    @RequestMapping(value="/{bookId}", method = RequestMethod.GET)
9    public ResponseEntity<Book> getBook(
10       @PathVariable("authorId") String authorId,
11       @PathVariable("bookId") String bookId) {
12
13      Book book = bookService.getBook(bookId, authorId);
14      book.add(
15       linkTo(methodOn(BookController.class)
16          .getBook(authorId, book.getBookId())).withSelfRel(),
17       linkTo(methodOn(BookController.class)
```

```
18              .createBook(authorId, book, null)).withRel("createBook"),
19       linkTo(methodOn(BookController.class)
20              .updateBook(authorId, book)).withRel("updateBook"),
21       linkTo(methodOn(BookController.class)
22              .deleteBook(authorId, book.getBookId())).withRel("deleteBook")
23       );
24
25       return ResponseEntity.ok(book);
26   }
27
28   @PutMapping
29   public ResponseEntity<String> updateBook(
30       @PathVariable("authorId") String authorId,
31       @RequestBody Book request) {
32     return ResponseEntity.ok(bookService.updateBook(request, authorId));
33   }
34
35   @PostMapping
36   public ResponseEntity<String> createBook(
37    @PathVariable("authorId") String aid,
38    @RequestBody Book request,
39    @RequestHeader(value = "Accept-Language", required = false) Locale lo) {
40    return ResponseEntity.ok(bookService.createBook(request, aid, lo));
41   }
42
43   @DeleteMapping(value="/{bookId}")
44   public ResponseEntity<String> deleteBook(
45       @PathVariable("authorId") String authorId,
46       @PathVariable("bookId") String bookId) {
47     return ResponseEntity.ok(bookService.deleteBook(bookId, authorId));
48   }
49 }
```

🔊 說明

2	所有端點的 URL 都以「v1/author/{authorId}/book」開頭。
14-23	套用 Spring HATEOAS 讓使用者可以在操作 GET 方法時，取得操作其他連結的 URL。
28-33	PUT 方法可以在 HTTP 的 Body 中夾帶要更新的 Book 的 JSON 字串。
35-41	POST 方法可以在 Body 中夾帶要新建的 Book 的 JSON 字串。
39	以 @RequestHeader 指定使用 Header 參數 Accept-Language 更換顯示語系。

以上範例為 REST API 的實作，在「Spring REST API 開發與測試指南：使用 Swagger、HATEOAS、JUnit、Mockito、PowerMock、Spring Test」一書已有詳細說明，本書限於篇幅不再贅述。

3.2.2 建立 Domain 類別

在 Controller 類別中我們使用了領域 (Domain) 類別和服務類別，其中 Domain 類別 Book.java 內容如下。因為 Book 會做為 Spring HATEOAS 顯示的 model，故繼承父類別 RepresentationModel：

🎯 範例：/c03-book-service/src/main/java/lab/cloud/book/model/Book.java

```
 1  import org.springframework.hateoas.RepresentationModel;
 2
 3  import lombok.Getter;
 4  import lombok.Setter;
 5  import lombok.ToString;
 6
 7  @Getter
 8  @Setter
 9  @ToString
10  public class Book extends RepresentationModel<Book> {
11      private int id;
12      private String bookId;
13      private String description;
14      private String authorId;
15      private String productName;
16      private String bookType;
17  }
```

行 7-9 使用 Lombok 函式庫的標註類別，可以在「編譯時期」自動產生 getter、setter、toString() 等方法，不用在程式碼裡編寫，讓類別看起來更簡潔。

在 Domain 類別裡使用 Lombok

本範例專案已經在 pom.xml 加入 Lombok 函式庫，但若使用 Eclipse 開發與編譯專案，則 Eclipse 也需要安裝與設定。步驟為：

Step 1 到 Lombok 官網 (https://projectlombok.org/download.html) 下載 JAR 檔案 lombok.jar，並將 lombok.jar 放在 Eclipse 安裝目錄內，和 eclipse.exe 同目錄：

名稱	修改日期	類型	大小
configuration	2020/12/10 上午 11:33	檔案資料夾	
dropins	2020/12/10 上午 11:33	檔案資料夾	
features	2020/12/10 上午 11:33	檔案資料夾	
logs	2022/9/17 下午 08:44	檔案資料夾	
p2	2023/1/7 上午 08:04	檔案資料夾	
plugins	2020/12/10 上午 11:33	檔案資料夾	
readme	2020/12/10 上午 11:33	檔案資料夾	
.eclipseproduct	2020/12/2 下午 11:06	ECLIPSEPRODUCT ...	1 KB
artifacts.xml	2021/9/28 下午 09:02	XML 檔案	315 KB
eclipse.exe	2020/12/10 上午 11:36	應用程式	417 KB
eclipse.ini	2021/9/28 下午 09:02	組態設定	1 KB
eclipsec.exe	2020/12/10 上午 11:36	應用程式	129 KB
lombok.jar	2021/8/5 下午 02:05	Executable Jar File	1,878 KB

▲ 圖 3.4　將 lombok.jar 放在 Eclipse 安裝目錄

Step 2 雙擊 lombok.jar 檔案，或是在 lombok.jar 所在目錄啟動「命令提示字元」視窗並執行指令：

```
1   java -jar lombok.jar
```

將彈出 lombok.jar 安裝視窗：

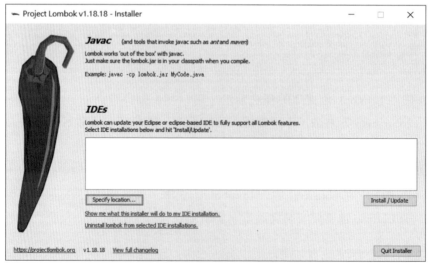

▲ 圖 3.5　lombok.jar 安裝視窗

Step 3 點擊 lombok.jar 安裝視窗的「Specify location…」按鍵，選擇 Eclipse 安裝目錄裡的 eclipse.exe 執行檔，然後點擊「Install / Update」按鍵，即可把 lombok.jar 安裝到指定的 Eclipse 中：

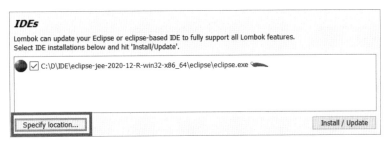

IDEs

Lombok can update your Eclipse or eclipse-based IDE to fully support all Lombok features.
Select IDE installations below and hit 'Install/Update'.

☑ C:\D\IDE\eclipse-jee-2020-12-R-win32-x86_64\eclipse\eclipse.exe

Specify location...   Install / Update

▲ 圖 3.6　安裝 lombok.jar

Step 4 完成安裝後開啟 Eclipse 安裝目錄裡的 eclipse.ini 檔案，最後一行會出現以下字樣，其中 YOUR_ECLIPSE_PATH 將顯示讀者的 Eclipse 安裝目錄：

```
1  -javaagent:YOUR_ECLIPSE_PATH\lombok.jar
```

3.2.3 建立 Service 類別

以下是 Service 類別，回傳的字串可藉由類別 MessageSource 轉換多國語系：

🎯 **範例：**/c03-book-service/src/main/java/lab/cloud/book/service/
BookService.java

```
1  @Service
2  public class BookService {
3
4    @Autowired
5    MessageSource messages;
6
7    public Book getBook(String bookId, String authorId) {
8      Book book = new Book();
9      book.setId(new Random().nextInt(1000));
10     book.setBookId(bookId);
11     book.setAuthorId(authorId);
12     book.setDescription("Software");
13     book.setProductName("Bstock");
14     book.setBookType("full");
15     return book;
16   }
```

```
17
18    public String createBook(Book book, String authorId, Locale locale) {
19      String responseMessage = null;
20      if (!ObjectUtils.isEmpty(book)) {
21        book.setAuthorId(authorId);
22        responseMessage = String.format(
23          messages.getMessage("book.create.message", null, locale),
          book.toString());
24      }
25      return responseMessage;
26    }
27
28    public String updateBook(Book book, String authorId) {
29      String responseMessage = null;
30      if (!ObjectUtils.isEmpty(book)) {
31        book.setBookId(authorId);
32        responseMessage = String.format(
33          messages.getMessage("book.update.message", null, null),
          book.toString());
34      }
35      return responseMessage;
36    }
37
38    public String deleteBook(String bookId, String authorId) {
39      String responseMessage = null;
40      responseMessage = String.format(
41        messages.getMessage("book.delete.message", null, null), bookId,
        authorId);
42      return responseMessage;
43    }
44  }
```

3.2.4 建立多國語系環境

本範例因為只有多國語系設定，就不再建立獨立的設定類別，直接設定在啟動類別裡：

🎯 範例：/c03-book-service/src/main/java/lab/cloud/book/
C2BookServiceApplication.java

```
1    @Bean
2    public LocaleResolver localeResolver() {
3      SessionLocaleResolver localeResolver = new SessionLocaleResolver();
4      localeResolver.setDefaultLocale(Locale.CHINESE);
5      return localeResolver;
```

```
6   }
7   @Bean
8   public ResourceBundleMessageSource messageSource() {
9       ResourceBundleMessageSource messageSource =
                                        new ResourceBundleMessageSource();
10      messageSource.setUseCodeAsDefaultMessage(true);
11      messageSource.setBasenames("messages");
12      return messageSource;
13  }
```

並準備好 /c03-book-service/src/main/resources/**messages_en.properties** 與 /c03-book-service/src/main/resources/**messages_zh_TW.properties** 等兩個多國語系翻譯檔。

3.2.5 測試服務

啟動專案後進行測試：

1. 以網址 http://localhost:8080/v1/author/jim/book/JimBook1 搭配 GET 方法測試查詢：

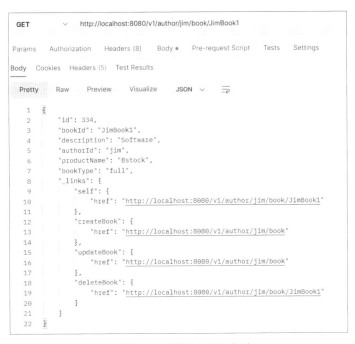

▲ 圖 3.7　測試 GET 方法

2. 以網址 http://localhost:8080/v1/author/jim/book/1234567890 搭配 DELETE 方法刪除 Book，並測試「預設」的繁體中文多國語系 Locale.CHINESE：

▲ 圖 3.8　測試 DELETE 方法

3. 使用 POST 方法呼叫端點 http://localhost:8080/v1/author/jim/book 並夾帶以下 JSON 字串以測試新增 Book；測試時並指定 HTTP 標頭 Accept-Language 值為 en：

```
1  {
2      "bookId":"1234567890",
3      "description":"my book",
4      "authorId":"jim",
5      "productName":"JimBook2",
6      "bookType":"Java"
7  }
```

結果：

▲ 圖 3.9　由 HTTP 標頭設定多國語系值

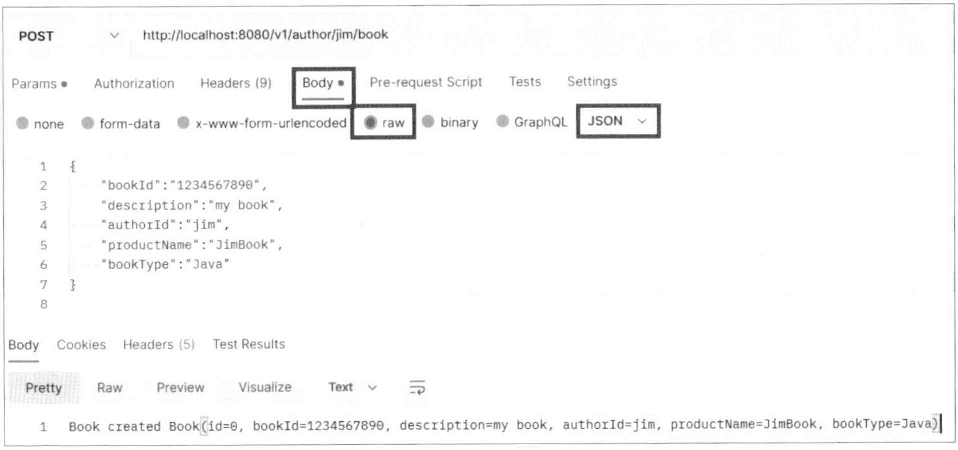

▲ 圖 3.10　由 HTTP 本體設定 JSON 字串

其他服務端點再請讀者自行測試。

現在，我們已經有一個正在運行的服務專案。最後我們將切換到 DevOps 工程師的視角，以認識如何操作服務、打包並部署。

3.3 DevOps 的任務：打造精密的執行環境

DevOps 是一個比較新興的 IT 領域。對於微服務的應用而言，就是在服務運行後對其進行管理與監控。慣例上可以從四個原則入門，本書後續章節也會說明 Spring Cloud 如何支援這些基礎原則：

1. **微服務應該是獨立的**。管理員可以使用軟體工具獨立部署一個服務裡的多個實例，並對個別服務實例進行啟動或移除。

2. **微服務應該是可以設定的**。當服務實例啟動時，微服務可以從集中的儲存裝置中讀取自己需要的設定資料，或者由環境變數中讀取設定資訊；而且設定服務不需要人工作業。

3. **微服務實例需要對用戶端透明**。用戶端程式不應該寫死服務的確切位址，而且應該能與 Service Discovery 對話，因為這可以讓它無須知道服務確切物理位址就可定位服務實例。

4. **微服務應該傳達自己的健康狀況**，這也是微服務架構維持高可用的關鍵部分。當微服務實例無法運行時，Service Discovery 需要略過壞掉的服務實例，只提供用戶端可用的健康服務實例。在 Spring Cloud 裡使用 Spring Boot Actuator 來顯示每一個微服務實例的健康狀況。

從 DevOps 的角度來看，我們必須先解決微服務的運營需求，並將這四項原則轉化為一組標準的生命週期事件，讓微服務由建構到部署完成都會經歷這些生命週期：

1. **服務組裝 (service assembly)**：確保打包和部署服務時可以維持重複性 (repeatability) 和一致性 (consistency)，亦即特定的服務程式碼以特定的方式反覆打包部署後都能建立一致的執行狀況。
2. **服務引導 (service bootstrapping)**：將服務程式碼和與環境相關的設定分開，以便微服務實例在任何環境中都可以快速部署並啟動，而無須人工干預。
3. **服務註冊與發現 (service registration & discovery)**：部署新的微服務實例時，如何讓其他用戶端程式發現新的服務實例。
4. **服務監控 (service monitoring)**：由於高可用性需求，同一服務的運行多個實例是很常見的。從 DevOps 的角度來看，我們需要監控並確保路由避開所有故障的服務實例，並移除它們。

下圖顯示這四個生命週期的組成步驟：

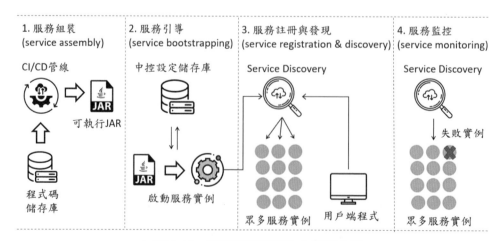

▲ 圖 3.11　微服務的四個生命週期步驟

3.3.1 服務組裝：打包和部署微服務

從 DevOps 的角度來看，微服務架構的一個關鍵概念是可以快速部署多個微服務實例以反饋應用程式環境的變化，如使用者請求的突然湧入、某實例突然故障等。因應這個需求，需要將建構好的微服務打包成可安裝或部署的單一製品 (artifact)，並在其中定義其所有依賴項目。這些依賴項目還必須包含微服務運行時需要的驅動引擎，如 HTTP 伺服器或應用程式容器 (Container)。

這個持續建構 (build)、打包 (package) 和部署 (deploy) 的過程就是服務組裝，也就是圖 3.11 的第一個步驟。下圖顯示此步驟的更多詳細資訊：

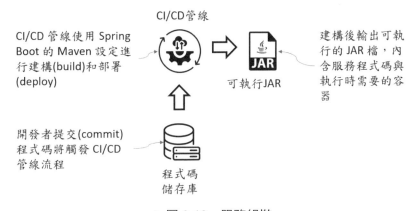

▲ 圖 3.12　服務組裝

在我們使用 Spring Boot 開發專案時，它可以和 Maven 一起建構可執行的 JAR 檔案，並在裡面內嵌 Tomcat 引擎。執行以下指令可以將 Book 服務建構為可執行 JAR，並啟動該 JAR：

```
1  mvn clean package spring-boot:run
```

或是

```
1  mvn clean package && java -jar target/c03-book-service-0.0.1-SNAPSHOT.jar
```

對於某些運營團隊來說，將執行環境直接嵌入到 JAR 裡是部署應用程式的重大轉變！因為在傳統基於 Java Web 的應用程式中，應用程式都被部署到 Java EE 伺服器裡。新的模式意味著應用程式伺服器本身就是一個實體，將和部署在它裡面的應用程式一樣舉足輕重，而且將被一組系統管理者管理並監督伺服器設定。

在分離「應用程式伺服器設定」與「應用程式」的部署過程中也引入了可能的故障點。這是因為在許多組織中，應用程式伺服器的設定不受程式碼版本控制，而是透過使用者介面或自行開發的管理腳本進行管理。小幅異動的應用程式伺服器設定很容易逐漸改變伺服器環境，然後就發生看似隨機的服務中斷。

3.3.2 服務引導：管理微服務的設定

服務引導的生命週期步驟發生在微服務的首次啟動並載入其應用程式的設定資訊時。下圖為引導過程提供了更多細節：

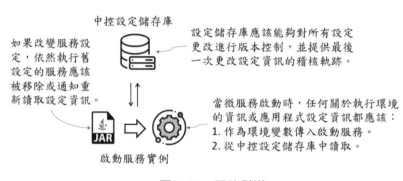

▲ 圖 3.13　服務引導

許多應用程式開發人員都有遇過讓應用程式的運行行為變為可設定 (configurable) 的需求。通常這可能涉及：

1. 從與應用程式一起部署的屬性文件中讀取設定資訊。
2. 從一些資料儲存機制如關聯式資料庫中讀取設定資訊。

微服務經常會遇到相同類型的設定需求，特別的是在於雲中的微服務應用程式可能有數百甚至數千個實例在回應請求，而且可能遍布全球。對於大量地理上分散的服務，重新部署服務以同時啟用新的設定資料變得困難，此時改將資料儲存在服務外部的資料儲存庫中可以解決這個問題。但是雲中的微服務也帶來了一些變革與挑戰：

1. 設定資料的結構趨於簡單，且通常是讀多寫少。在這種情況下，以關聯式資料庫來儲存設定資料這類簡單的鍵 - 值對 (key-value pair) 的資料模型就顯得不適合。

2. 由於設定資料被經常讀取但不常更改，因此必須具有低延遲 (low latency) 的可讀性。

3. 設定資料的儲存庫必須具有高可用性且靠近讀取資料的微服務程式。該儲存庫不能完全關閉，否則會變成微服務架構的單點故障 (SPOF, Single Point Of Failure)，亦即一旦失效就會讓整個系統無法運作。

在後續章節我們將說明如何使用簡單的鍵值資料儲存庫來管理微服務應用程式設定資料。

3.3.3 服務註冊和發現：用戶端如何與微服務通訊

從微服務使用者的角度來看，微服務應該是位址透明的。因為在雲端的環境中，伺服器是短暫的抽象概念，這也意味著雲端運行服務的伺服器的存在週期通常比在公司資料中心運行的伺服器短。雲端的服務可以透過分配給運行服務的伺服器的全新 IP 地址來快速啟動和移除。

當把服務視為短暫存在、甚至用過即丟的物品之後，微服務架構就可以透過運行多個服務實例來達到高擴展性和高可用性；每項服務都分配有一個唯一且臨時的 IP 地址，滿足使用者需求的雖然是同一服務，但由不同服務實例提供。

臨時服務的不利之處在於，隨著服務實例不斷地起起落落，人工或手動管理勢必導致服務中斷，必須自動化管理。微服務實例需要向第三方 Service Discovery 註冊自己。這個註冊過程稱為服務註冊與發現，也就是圖 3.11 的第三個生命週期步驟。下圖顯示此步驟的更多詳細資訊：

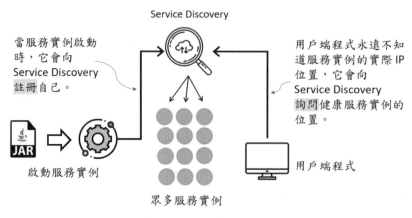

▲ 圖 3.14　服務註冊和發現

當微服務實例向 Service Discovery 註冊時，它會告訴 Service Discovery 兩件事：

1. 物理 IP 位址。
2. 應用程式可用於搜尋的服務邏輯名稱。

某些 Service Discovery 還需要一個可以執行微服務程式健康檢查的 URL，它會週期性確認微服務程式處於運行狀態。

所以用戶端程式可以透過 Service Discovery 以取得微服務程式的位址。

3.3.4 服務監控：傳達微服務的健康狀況

Service Discovery 不僅引導用戶端找到微服務應用程式的實際位址，更可以在引導的過程中過濾有問題的服務實例，確保找到的服務實例是健康的。Service Discovery 監控有註冊的每一個服務實例的健康狀況，並從其路由表中刪除任何失敗的服務實例，以確保不會向用戶端提供失敗的服務實例。

一個微服務程式上線後，Service Discovery 會持續監控和呼叫其用於健康檢查的 API 或 URL，以確保該服務實例可用。這就是圖 3.11 的第四個生命週期步驟。下圖顯示此步驟的更多詳細資訊：

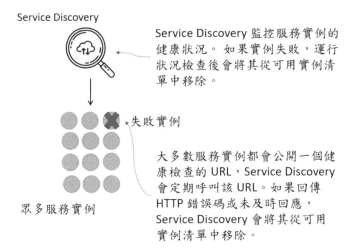

▲ 圖 3.15　服務監控

透過建構一致的健康檢查介面，我們可以使用雲端的監控工具來檢測問題並做適當的處理。如果 Service Discovery 發現服務實例有問題，它可以採取修正措施，如關閉有問題的實例或啟動其他服務實例。

在使用 REST 的微服務環境中，建構健康檢查介面的最簡單方法是公開一個可以回傳 JSON 內容和 HTTP 狀態碼的 HTTP 端點。如果不是使用 Spring Boot 建置微服務應用程式，開發人員必須自己建立並編寫回傳服務健康狀況的端點。

使用 Spring Boot 公開一個健康檢查的端點變得很簡單，只需要修改 pom.xml 加入 Spring Actuator 依賴項目即可：

◎ 範例：/c03-book-service/pom.xml

```
1  <dependency>
2      <groupId>org.springframework.boot</groupId>
3      <artifactId>spring-boot-starter-actuator</artifactId>
4  </dependency>
```

Spring Actuator 提供開箱即用 (out-of-the-box) 的操作端點，可以幫助管理員了解服務的健康狀況。接下來呼叫 Book 服務上的 http://localhost:8080/actuator/health 端點，應該就會看到回傳的健康資料：

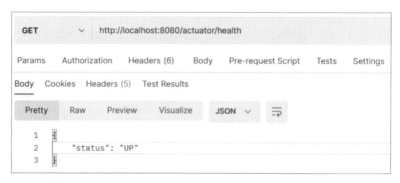

▲ 圖 3.16　呼叫 http://localhost:8080/actuator/health 結果

其他關於 Actuator 的說明，請參閱「Spring Boot 情境式網站開發指南：使用 Spring Data JPA、Spring Security、Spring Web Flow」一書的「8.3 使用 Spring Boot 執行器取得網站執行狀況」。

3.4 結語

要實作雲端的微服務需要有一個整合願景，將架構師、開發人員和 DevOps 工程師的專長整合到一個有凝聚力的願景中：

1. 架構師：專注於業務領域的邊界，在描述業務領域知識並傾聽使用者描述的業務需求後，就可以定義出合適的微服務粒度。若不然，也可以從粗粒度的微服務開始，然後重構到更小的服務，而不是開發一大群小服務後開始整併。和大多數的架構一樣，微服務架構不容易一次規劃到位。

2. 軟體開發工程師：服務很小並不意味著良好的設計原則將被拋到九霄雲外。這個角色專注於建構分層服務，其中服務中的每一層都有不同的職責；但也要避免在微服務的程式碼中建構出另一個小型的單體程式，並嘗試讓每一個微服務各自獨立。

3. DevOps 工程師：優質不斷線的服務不會憑空出現。這個角色不僅需要關注如何自動建構和部署服務，還需要監控服務的健康狀況並在出現問題時做出反應。與編寫業務邏輯相比，DevOps 工程師通常需要更多的長遠規劃。

04

整合 Docker 建構微服務
專案與環境

為了成功建構微服務，我們需要解決**可移植性 (portability)** 問題：如何在不同的地方執行微服務？

近年來**容器 (Container)** 的概念越來越流行，以至於從軟體架構中的「最好可以有」逐漸成為「一定要有」。使用容器可以方便地移轉軟體並執行在不同的平台，例如從開發人員的筆電到實體或虛擬的企業級伺服器。我們可以用更小、適應性更強的虛擬化軟體容器取代傳統的網站伺服器，這些容器為我們的微服務提供快速部署、可移植性和高擴展性等優勢。

本章將簡要介紹如何使用 Docker 容器，因為它可以用於所有主要的雲提供商。我們將說明什麼是 Docker，以及如何將 Docker 與微服務整合。到本章結束時，讀者將能夠安裝並執行 Docker，使用 Maven 建立映像檔，並在容器中執行微服務。

此外，使用 Docker 後不再需要擔心安裝微服務執行所需的所有先決條件。唯一要求是要先有一個安裝 Docker 的環境。

▌ 4.1　應該選擇虛擬機還是容器技術？

在許多公司中，虛擬機 (Virtual Machine, VM) 仍然是軟體部署的標的。在本節中我們將說明虛擬機和容器之間的主要區別。

「虛擬機」是一種軟體環境，它允許我們在一台實體電腦中模擬另一台電腦的操作。過程中這些模擬的電腦管理程序，將分配所需數量的記憶體、CPU 核心、硬碟空間和其他資源如網路、PCI 插件等。

「容器」則是一個包含虛擬作業系統的套件，它允許我們在隔離和獨立的環境中執行應用程式，而且可以配備該應用程式執行時必須的依賴項目如 JDK。

這兩種技術有相似之處，比如存在允許執行這兩種技術的管理程序或容器引擎，但實現它們的方式使虛擬機和容器非常不同。下圖可以看到兩者主要區別：

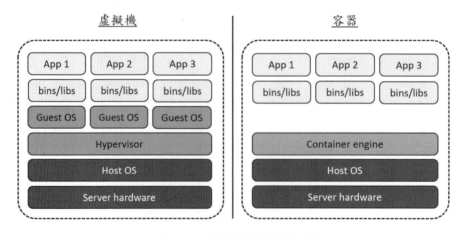

▲ 圖 4.1　虛擬機和容器的區別

上圖乍看並沒有太大的區別，但容器中消失了 Guest OS 層，且虛擬機的 Hypervisor 層被容器的 Container Engine 所取代，這代表虛擬機和容器之間的巨大技術差異：

虛擬機 (Virtual Machine, VM)

在虛擬機中，我們必須提前設定需要多少硬體資源，如將使用多少虛擬 CPU、記憶體和硬碟空間。定義這些值可能是一項棘手的任務，必須洽詢虛擬技術提供廠商，並謹慎考慮以下因素：

1. CPU 與記憶體或可在不同的虛擬機之間共享，依虛擬技術提供商的設定為主。
2. 虛擬機中的硬碟空間可以設定為只使用它需要的空間。可以定義虛擬機硬碟最大值，但只能使用實體機的硬碟上可用的空間。

容器 (Container)

容器代表一種邏輯打包機制，可以為容器內的核心應用程式的執行提供所需的一切軟體支援。對於容器，我們還可以使用如 Kubernetes 設定我們需要的記憶體和 CPU，但這不是必需的。如果不指定這些值，容器引擎將為容器分配必要的資源以使其正常執行。因為容器不需要完整的作業系統，而是共用實體主機底層的作業系統，這減少了主機的負載、使用的儲存空間、和啟動應用程式所需的時間，因此容器比虛擬機更輕量。

選擇使用容器部署微服務

最後，這兩種技術各有利弊，最終取決於使用者的具體需求。如果想處理多種作業系統，或在一台伺服器上管理多個應用程式，並執行需要作業系統功能的應用程式，那麼虛擬機較貼近實體機，是較適合的解決方案。

本書介紹微服務的架構將選擇使用「容器」作為部署標的。我們使用容器虛擬化作業系統級別，而不是像使用虛擬機方法去虛擬化硬體級別，因此可以建立比在地端的實體機或雲端的虛擬機上執行的更輕、更快解決方案。

如今，性能和可攜性 (portability) 是公司決策制定的關鍵因素，因此了解將要使用的技術的優點很重要。藉由將容器與微服務結合使用，將可以具備以下優勢：

1. 容器可以隨處執行，方便開發和實作，也可以增加移植性。
2. 容器裡搭配的軟體由自己決定，提供了與其他應用程式完全隔離的可預測環境的能力。
3. 容器比虛擬機的啟動與停止速度更快。
4. 容器是可擴展的，可以主動調度和管理以優化資源利用，提高執行在其中的應用程式的性能和可維護性。
5. 可以在最少數量的伺服器上實現最多數量的應用。

在介紹完虛擬機和容器之間的區別後，接下來仔細審視容器 Docker。

▌4.2 使用 Docker 容器技術

4.2.1 什麼是 Docker ？

Docker 是一個基於 Linux 的開源容器引擎，由 dotCloud 的創辦人兼首席執行官 Solomon Hykes 於 2013 年 3 月建立。Docker 最初負責在應用程式中啟動和管理容器，這項技術使我們能夠將實體機的資源與不同的容器共享。

IBM、微軟和 Google 等巨擘對 Docker 的支援使這項技術能夠轉化為軟體開發人員的基本工具。如今 Docker 不斷發展壯大，是目前使用最廣泛的工具之一，可以在任何伺服器上部署帶有容器的軟體。

Docker Engine 是整個 Docker 容器的核心部分。它是一個遵循「client-server」模式的應用程式，架構如下：

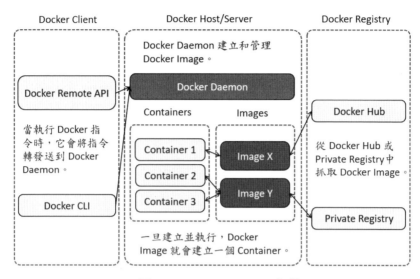

▲ 圖 4.2　Docker Engine 架構

Docker Engine 包含以下組件：

1. Docker Daemon：一個名稱為 dockerd 的背景程序，也代表 client-server 模式裡的 **server**，它允許我們建立和管理 Docker Image。用戶端呼叫 REST API 或由 CLI 輸入指令，最終都會發送指令給 Docker Daemon。

2. Docker Client：使用者藉由 Docker Client 與 Docker 互動，是 client-server 模式裡的 **client**。當使用者執行指令時，Docker Client 負責將指令發送給 Docker Daemon。

3. Docker Image：

   * Docker Image 常見中文譯名為「映像檔」，後續內容會穿插使用中英文名稱。

   * 可以把 Docker Image 想像成一個已經打包好的「靜態」的執行環境，裡面包含的東西可以是一個空的作業系統，或是作業系統再加上所有預期要執行的應用程式。

   * Docker Image 是用來建立 Docker Container 的唯讀模板，產生的 Docker Container 就是「動態」的執行實例。建立 Docker Container 時可以用預設設定，或是藉由其他的指令來修改，一個 Image 可以建立多個 Container。因為 Image 是唯讀的，也就是說 Container 所產生的變更不會影響原本的 Image，但 Docker 可以使用變更後的 Container 建立新的 Image。

- Docker Image 可以從 Docker Registry 中直接下載。如果 Docker Registry 沒有合適的 Docker Image，可以使用 Dockerfile 自己客製並上傳 Docker Registry，將在後續章節說明如何使用 Dockerfile。

4. Docker Container：使用 Docker 指令指定某 Docker Image 名稱執行時，該 Image 就會建立一個 Docker Container，Docker Image 裡面被打包的主應用程式和其他環境資源也會同時被啟動。Docker API 或 Docker CLI 也有停止和刪除 Docker Container 的對應指令。

5. Docker Registry：存放 Docker Image 的地方，可以是網際網路上公開 (public) 的資源，如 Docker Hub，或是企業內部自己架設的私有 (private) 的 Registry。

6. Docker Volume：當移除 Docker Container 時，存放在 Docker Container 裡的資料也會一起被移除。若要保存資料在實體的硬碟，就需要使用 Docker Volume 指示 Docker Container 將資料存放在指定實體硬碟路徑。可以使用 Docker API 或 Docker CLI 進行管理。

7. Docker Network：允許 Container 連接到其他網路，可以將其視為與隔離的 Container 的一種通訊方式。Docker 包含以下五種網路驅動類型：bridge、host、overlay、none 和 macvlan。

下圖顯示了 Docker 的工作原理，Docker Client 藉由 CLI 或 REST API 發送指令給 Docker Daemon 以進行容器的所有操作。圖中顯示在 Docker Registry 中找到 Docker Image，再回到 Docker Server 建立 Container 的流程：

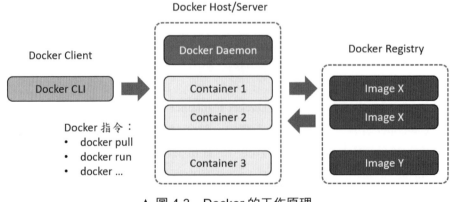

▲ 圖 4.3　Docker 的工作原理

後續我們將繼續說明如何使用 Docker，以及如何與我們前一章的 Book 範例專案整合。

4.2.2 安裝 Docker Desktop 與 WSL

不同的作業系統安裝 Docker 的方式均不同，以 Windows 為例，要先到 Docker 官網 (https://www.docker.com/products/docker-desktop/) 下載「Docker Desktop」，檔名為「Docker Desktop Installer.exe」，安裝完成後畫面如下，點擊按鍵「Close and restart」後，會重啟個人電腦：

▲ 圖 4.4　完成 Docker Desktop 安裝

重新進入 Windows 並啟動 Docker Desktop 時「可能」會出現以下警示訊息：

▲ 圖 4.5　Docker Desktop 需要新版的 WSL

這表示 Docker Desktop 需要新版的 WSL (Windows Subsystem for **Linux**)。不同於大部分的應用程式，Docker 是一個系統層面的應用程式，這代表 Docker 需要更多底層的系統存取權限。WSL 是一個基於 Windows 平台的副程式 (subroutine)，舊版 WSL 對 Docker 的支援性不佳；然而隨著微軟 Hyper-V 技術的成熟，新版 WSL 已經可以很好地支援 Docker，這也是為什麼 Docker 啟動時會檢查並提示需要新版的 WSL。

接下來可以依照前圖的提示以 OS 指令進行更新，或是於網址 https://wslstorestorage.blob.core.windows.net/wslblob/wsl_update_x64.msi 下載更新軟體包「wsl_update_x64.msi」後進行安裝。本書採用後者，啟動時的畫面如下：

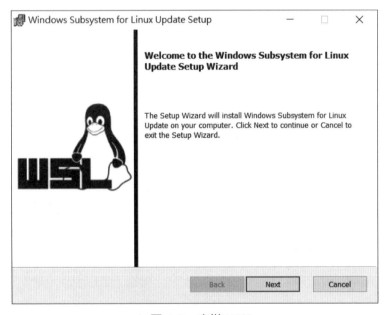

▲ 圖 4.6　安裝 WSL

完成後就可以正常啟動 Docker Desktop：

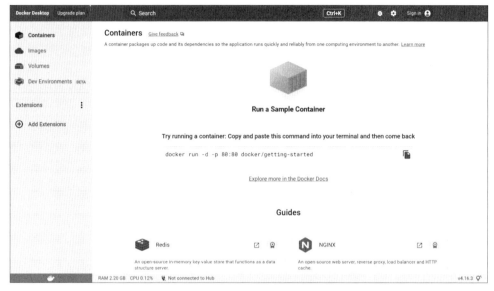

▲ 圖 4.7　正常啟動 Docker Desktop

同時 Docker Compose 也隨著 Docker 一併安裝完成：

▲ 圖 4.8　以 docker-compose version 指令檢查版本

4.2.3　常用 Docker 指令介紹

在完成 Docker Desktop 的安裝並啟動後，就已經啟動了 Docker Engine。後續對 Docker 的使用與理解，我們著重在以下的操作流程，同時搭配常用指令：

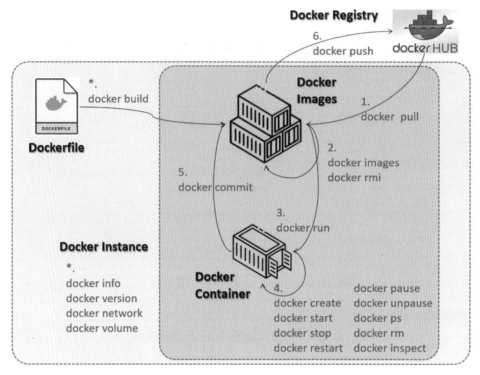

▲ 圖 4.9　Docker Engine 操作流程與常用指令

指令說明如後。

1. docker pull

由 Docker Registry 下載映像檔，如：

```
1  docker pull ubuntu:18.04
2  docker pull ubuntu:latest
```

其中 ubuntu 是 Linux 作業系統的映像檔。冒號之後接著版本號，也可以是 latest 表示最新，不指定版本號預設就是下載最新版的映像檔。

2.1. docker images

參考 https://docs.docker.com/engine/reference/commandline/images/，列表本機的所有映像檔，指令執行後如下：

```
C:\Users\user>docker images
REPOSITORY    TAG        IMAGE ID       CREATED        SIZE
ubuntu        18.04      5d2df19066ac   4 weeks ago    63.1MB
ubuntu        latest     58db3edaf2be   4 weeks ago    77.8MB
```

▲ 圖 4.10　指令 docker images 執行結果

要注意的是指令顯示的第一個欄位名稱 REPOSITORY，在 Docker Desktop 的 Images 功能選單則顯示為 Name。

2.2. docker rmi

參考 https://docs.docker.com/engine/reference/commandline/rmi/，刪除指定映像檔，如：

```
1  docker pull ubuntu:20.04
2  docker rmi ubuntu:18.04
```

綜合前次指令，使用 Docker Desktop 的 Images 功能選單可以看到以下結果：

	Name	Tag	Status	Created	Size	Actions		
☐	**ubuntu** e40cf56b4be3	20.04	Unused	27 days ago	72.78 MB	▶	⋮	🗑
☐	**ubuntu** 58db3edaf2be	latest	Unused	about 1 month ago	77.8 MB	▶	⋮	🗑

▲ 圖 4.11　Docker Desktop 的 Images 功能選單顯示結果

容器的生命週期與指令

後續的流程 3 與 4 和容器的生命週期有關，整理如下圖。由 https://docs.docker.com/engine/reference/commandline/ps 的說明，狀態 (status) 可以分成 **Created**、Restarting、**Running**、Removing、**Paused**、**Exited** 和 Dead。其中 Restarting、Removing、Dead 狀態是內部使用，用於追蹤指令 docker ps 中可見的狀態之間的轉換。

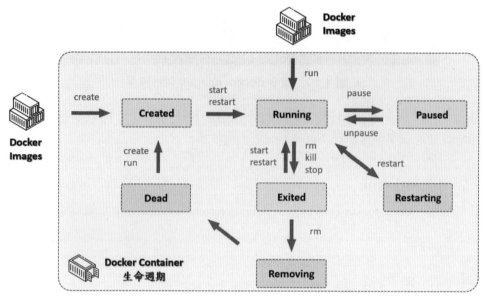

▲ 圖 4.12　Docker Container 生命週期與常用指令

4.1. docker create

參考 https://docs.docker.com/engine/reference/commandline/create/，指令用於建立容器，如：

```
1  docker pull ubuntu:22.04
2  docker create ubuntu:latest
3  docker create -i -t --name mycontainer ubuntu
```

🔊 說明

1	下載映像檔 ubuntu:22.04。
2	使用映像檔 ubuntu:latest 建立容器，但不指定名稱，此時 Docker 會隨機命名。
3	使用映像檔 ubuntu 建立容器，並： ◆ 以「--name」選項命名容器為 mycontainer。 ◆ 以「-i (或 --interactive)」選項要求標準輸入 (STDIN) 保持開啟。 ◆ 以「-t (或 --tty)」選項配置一個偽冒的 **TTY(teletype)**。TTY 是一種接受字元輸入的終端裝置 (char device)，具備多種類型，通常使用 TTY 簡稱。

使用 Docker Desktop 的 Containers 功能選單可以看到以下結果，注意其狀態顯示為 Created：

	Name	Image	Status	Port(s)	Started	Actions
☐	gracious_napier 08a191823fbc	ubuntu:latest	Created			▶ ⋮ 🗑
☐	mycontainer e9dceb42fab0	ubuntu	Created			▶ ⋮ 🗑

▲ 圖 4.13　Docker Desktop 的 Containers 功能選單顯示結果

4.2. docker start

參考 https://docs.docker.com/engine/reference/commandline/start/，指定名稱以啟動容器，如：

```
1  docker container start --attach -i mycontainer
```

📢 說明

1	以「-i (或 --interactive)」選項要求**標準輸入 (STDIN)** 保持開啟。 以「--attach」選項附著**標準輸出 (STDOUT)** 與**標準錯誤輸出 (STDERR)** 並且傳遞訊號。

效果是啟動容器後可以輸入文字指令如「echo jim」並有結果「jim」輸出作為互動：

```
C:\Users\user>docker container start --attach -i mycontainer
root@e9dceb42fab0:/# echo jim
jim
root@e9dceb42fab0:/#
```

▲ 圖 4.14　啟動容器並輸入文字進行互動

使用 Docker Desktop 的 Containers 功能選單可以看到以下結果，注意其狀態轉換為 Running：

	Name	Image	Status	Port(s)	Started	Actions
☐	gracious_napier 08a191823fbc	ubuntu:latest	Created			▶ ⋮ 🗑
☐	mycontainer e9dceb42fab0	ubuntu	Running		10 minutes ag ■	⋮ 🗑

▲ 圖 4.15　容器狀態轉換為 Running

3. docker run

參考 https://docs.docker.com/engine/reference/commandline/run/，結合 create 和 start 指令，就是 run 指令，範例如下：

```
1  docker run -it --name mycontainer ubuntu
```

📢 說明

1	使用「-it」選項合併 -i 與 -t，讓容器擁有標準的輸入輸出能力，就可以輸入指令並預期輸出結果。 其他常用選項如： ◆ **-d**：讓容器進入背景執行。 ◆ **-p**：將主機的埠號綁定到容器的埠號，格式為 \<host-port\>:\<container-port\>，冒號前面是本機的埠號，冒號後面則是容器中的埠號。 ◆ **-v**：用於掛載目錄，其格式為 \<host-volume\>:\<container-volume\>，冒號前面是本機的目錄位置，冒號後面則是容器中的路徑，且必須是絕對路徑。

可以輸入文字並有結果輸出作為互動：

```
C:\Users\user>docker run -it --name mycontainer ubuntu
root@d36b1a3c52c0:/# echo jim
jim
```

▲ 圖 4.16　執行容器並輸入文字進行互動

4.3. docker stop

參考 https://docs.docker.com/engine/reference/commandline/stop/ 的說明，指令用於停止執行中的容器，如：

```
1  docker stop mycontainer
```

指令 stop 完成後狀態轉換成 Exited：

	NAME ↑	IMAGE	STATUS	PORT(S)	STARTED			
☐	mycontainer 969fb6695c1a	ubuntu:22.04	Exited (137)	-			▶	🗑

▲ 圖 4.17　容器狀態轉換成 Exited

4.4. docker restart

參考 https://docs.docker.com/engine/reference/commandline/restart/ 的說明，指令
用於重啟容器，如：

`1` docker **restart** mycontainer

指令完成後狀態轉換為 Running：

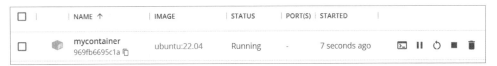

▲ 圖 4.18　容器狀態轉換為 Running

4.5. docker pause

參考 https://docs.docker.com/engine/reference/commandline/pause/ 的說明，指令
用於暫停容器裡的所有程序，如：

`1` docker **pause** mycontainer

指令完成後狀態轉換成 Paused，且原本因選項「-it」而開啟的互動模式也無法
輸入任何文字：

▲ 圖 4.19　容器狀態轉換成 Paused

4.6. docker unpause

參考 https://docs.docker.com/engine/reference/commandline/unpause/ 的說明，指
令用於取消暫停容器裡的所有程序，如：

`1` docker **unpause** mycontainer

指令完成後狀態轉換為 Running，且互動模式恢復運作：

▲ 圖 4.20　容器狀態轉換為 Running

4.7. docker rm

參考 https://docs.docker.com/engine/reference/commandline/rm/ 的說明，指令用於移除容器，如：

```
1  docker rm mycontainer
2  docker rm --force mycontainer
```

🔊 **說明**

1	回報錯誤訊息並要求移除前先停止容器，或加上強制移除的選項：Error response from daemon: You cannot remove a running container 969fb669.... Stop the container before attempting removal or **force remove**.
2	使用「--force」選項強制移除容器。

指令完成後以容器名稱搜尋已無資料：

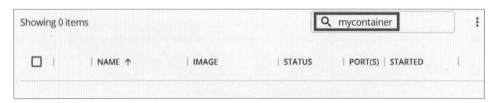

▲ 圖 4.21　容器被移除

4.8. docker ps

參考 https://docs.docker.com/engine/reference/commandline/ps/ 的說明，指令用於容器列表，如：

```
1  docker ps
2  docker ps -a
```

🔊 **說明**

1	預設只顯示狀態為 Running 的容器。
2	使用「--all」或「-a」選項列出所有容器及其狀態。

4.9. docker inspect

參考 https://docs.docker.com/engine/reference/commandline/inspect/ 的說明，指令用於取得 Docker 物件的詳細資訊，預設以 JSON 格式呈現資料，如：

```
1   docker inspect --type=container mycontainer
```

🔊 **說明**

1	使用「--type」選項指定要呈現的物件是容器，依官方文件說明可以是 container｜image｜node｜network｜secret｜service｜volume｜task｜plugin。

摘錄部分結果：

```
1   [
2       {
3           "Id": "7d5c373d...",
4           "Created": "2023-03-01T02:33:17.151237379Z",
5           "Path": "/bin/bash",
6           "Args": [],
7           "State": {
8               "Status": "running",
9               "Running": true,
10              "Paused": false,
11              "Restarting": false,
12              "OOMKilled": false,
13              "Dead": false,
14              "Pid": 1780,
15              "ExitCode": 0,
16              "Error": "",
17              "StartedAt": "2023-03-01T02:33:17.496528023Z",
18              "FinishedAt": "0001-01-01T00:00:00Z"
19          },
20          "Image": "sha256:58db3edaf2be....",
21          "ResolvConfPath": "/var/lib/docker/containers/7d5c373d.../resolv.conf",
22          "HostnamePath": "/var/lib/docker/containers/7d5c373d.../hostname",
23          "HostsPath": "/var/lib/docker/containers/7d5c373d.../hosts",
```

```
24        "LogPath": "/var/lib/docker/containers/7d5c373d.../7d5c373d...-
                                                              json.log",
25        "Name": "/mycontainer",
26        "RestartCount": 0,
27        "Driver": "overlay2",
28        "Platform": "linux",
29        ...,
```

5. docker commit

參考 https://docs.docker.com/engine/reference/commandline/commit/ 的說明，指令用於將容器的改變另存為新的映像檔。指令格式為：

```
1   docker commit [OPTIONS] CONTAINER [REPOSITORY[:TAG]]
```

如以下官方文件範例：

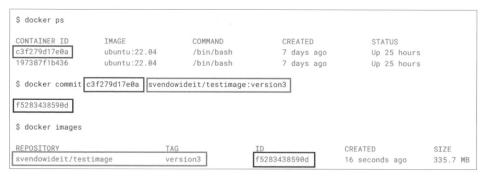

▲ 圖 4.22　指令 docker commit 的官方文件範例

6. docker push

參考 https://docs.docker.com/engine/reference/commandline/push/ 的說明，指令用於上傳映像檔到 Docker Registry。指令格式為：

```
1   docker push [OPTIONS] NAME[:TAG]
```

如以下官方文件範例：

```
1   docker commit c16378f943fe rhel-httpd:latest
2   docker tag rhel-httpd:latest registry-host:5000/myadmin/rhel-httpd:latest
3   docker push registry-host:5000/myadmin/rhel-httpd:latest
```

🔊 **說明**

1	使用 docker commit 將容器 (ID:16378f943fe) 存為新映像檔 rhel-httpd:latest。
2	假設 Docker Registry 的主機是 registry-host:5000。 使用 docker tag 把新映像檔 rhel-httpd:latest 設為標籤 registry-host:5000/myadmin/rhel-httpd:latest，其中 myadmin 是登入 Docker Registry 的帳號名稱或是自定義的命名空間。
3	使用 docker push 把代表新映像檔的標籤 registry-host:5000/myadmin/rhel-httpd:latest 上傳。

docker build

參考 https://docs.docker.com/engine/reference/commandline/build/ 的說明，指令可以把 Dockerfile 建構成為映像檔，其格式為：

```
1  docker build [OPTIONS] PATH | URL | -
```

指定 Dockerfile 所在路徑 (PATH) 即可建構映像檔，如：

```
1  docker build . --build-arg JAR_FILE=target/c04-book-service-0.0.1-SNAPSHOT.jar
```

🔊 **說明**

1	Dockerfile 在執行指令的目錄「.」。 使用選項「--build-arg」傳入建構映像檔需要的參數與值「JAR_FILE=target/c04-book-service-0.0.1-SNAPSHOT.jar」。

Dockerfile 將在下一章節介紹。

docker info

參考 https://docs.docker.com/engine/reference/commandline/info/ 的說明，指令用於顯示 Docker 的系統資訊。如：

```
1  docker info
```

節錄部分範例資訊如下：

```
1  Client:
2   Context:    default
```

```
3    Debug Mode: false
4    Plugins:
5     buildx: Docker Buildx (Docker Inc., v0.8.2)
6     compose: Docker Compose (Docker Inc., v2.7.0)
7     extension: Manages Docker extensions (Docker Inc., v0.2.8)
8     sbom: View the packaged-based Software Bill Of Materials (SBOM) for an
      image (Anchore Inc., 0.6.0)
9     scan: Docker Scan (Docker Inc., v0.17.0)
10   Server:
11    Containers: 21
12     Running: 1
13     Paused: 0
14     Stopped: 20
15    Images: 61
16    Server Version: 20.10.17
17    Storage Driver: overlay2
18     Backing Filesystem: extfs
19   ...
```

docker version

參考 https://docs.docker.com/engine/reference/commandline/version/ 的說明，指令用於顯示 Docker 的版本資訊。如：

```
1    docker version
```

節錄部分範例資訊如下：

```
1    Client:
2    Cloud integration: v1.0.28
3    Version:              20.10.17
4    API version:          1.41
5    Go version:           go1.17.11
6    Git commit:           100c701
7    Built:                Mon Jun  6 23:09:02 2022
8    OS/Arch:              windows/amd64
9    Context:              default
10   Experimental:         true
11   Server: Docker Desktop 4.11.1 (84025)
12   Engine:
13    Version:             20.10.17
14    API version:         1.41 (minimum version 1.12)
15    Go version:          go1.17.11
16    Git commit:          a89b842
17    Built:               Mon Jun  6 23:01:23 2022
```

```
18  OS/Arch:          linux/amd64
19  Experimental:     false
20  ...
```

在本指令範例中，可知 Docker Client 與 Docker Engine 的版本都是 **20.10.17**，
Docker Desktop 版本則是 **4.11.1**。

docker network

參考 https://docs.docker.com/engine/reference/commandline/network/ 的 說 明，指
令用於管理 Docker Network，又延伸出子指令如下：

↻ 表 4.1 Docker Network 的相關指令

指令名稱	功能
docker network **connect**	連線指定 Docker Network
docker network **create**	建立 Docker Network
docker network **disconnect**	結束與指定的 Docker Network 的連線
docker network **inspect**	顯示指定 Docker Network 的資訊
docker network **ls**	列表 Docker Network
docker network **prune**	移除本機電腦未使用的 Docker Network
docker network **rm**	刪除指定的 Docker Network

這個主題和本書比較無關，有需要的讀者可自行參閱。

docker volume

參考 https://docs.docker.com/engine/reference/commandline/volume/ 的說明，指令
用於管理 Docker Volume，又延伸出子指令如下：

↻ 表 4.2 Docker Volume 的相關指令

指令名稱	功能
docker volume **create**	建立 Docker Volume
docker volume **inspect**	顯示指定的 Docker Volume 資訊
docker volume **ls**	列表 Docker Volume

指令名稱	功能
docker volume **prune**	移除本機電腦未使用的 Docker Volume
docker volume **rm**	刪除指定的 Docker Volume
docker volume **update**	更新指定的 Docker Volume

這個主題和本書比較無關，有需要的讀者可自行參閱。

4.3 使用 Dockerfile 建立 Docker 映像檔

如同前述說明，Docker 可以由 Docker Registry 中找到合適的 Docker Image，如果沒有，可以使用 Dockerfile 自己客製。下圖顯示由 Dockerfile 產製映像檔的流程：

▲ 圖 4.23　Dockerfile 產製映像檔的流程

Dockerfile 編寫完成後，執行 docker build 指令來建立映像檔；映像檔準備就緒後，可以再執行 docker run 指令來建立並啟動容器。

Dockerfile 是一個簡單的文字檔，內容包含 Docker Client 用來建立和準備映像檔的一系列**指示 (instruction)** 和**指令 (command)**。Dockerfile 中使用的指令與Linux 指令類似，這使得 Dockerfile 更容易理解，以下是一個簡單範例：

🎯 範例：/c04-dockerfile-lab/Dockerfile

```
1  FROM openjdk:11-slim
2  ARG JAR_FILE=target/*.jar
3  COPY ${JAR_FILE} app.jar
4  ENTRYPOINT ["java","-jar","/app.jar"]
```

其中 FROM、ARG、COPY、ENTRYPOINT 等都是 Dockerfile 裡使用的**指示 (instruction)**。指示可以使用小寫或大寫，但是為了區別指示和其參數值，經驗上習慣使用大寫。後續列舉常用的 Dockerfile 指示，詳盡說明可參考官方文件 https://docs.docker.com/engine/reference/builder/。本章範例 /c04-dockerfile-lab/ Dockerfile 的功能與目的將在介紹完常用 Dockerfile 指示後說明。

4.3.1 Dockerfile 的編寫指示介紹

1. FROM

用於指定一個「基底映像檔」來啟動建構「客製映像檔」的流程。Dockerfile 不能憑空建立映像檔，而是基於基底映像檔再予以客製，所以這個指示 FORM 就是「由 ... 而來」的意思，格式為：

```
FROM <image>:<tag>
FROM <image>
```

範例如下：

```
1  FROM ubuntu:15.04
2  FROM ubuntu
```

2. LABEL

用於新增屬性資料 (metadata) 到要產製的映像檔內，常見有作者、說明、版本資訊等，格式為：

```
LABEL <key>=<value> <key>=<value> <key>=<value> ...
```

範例如下：

```
1  LABEL description="label sample" version="1.0" author="Jim"
```

3. ENV

用於設定環境變數，支援二種格式：

```
ENV <key> <value>
# key 後接空白鍵，再連著 value。
```

```
ENV <key>=<value> ...
# 多組時以空白鍵隔開。
```

使用 ENV 設定環境變數後，在 Dockerfile 中其他的指令就可以利用；之後執行 Container 時也可以使用。ENV 範例如下：

```
1  ENV param1="/var/log" param2="1.0"
2  ENV param3 /tmp/test.txt
```

4. ARG

設定在建置映像檔時可傳入的參數，包含變數名稱以及其預設值。格式為：

```
ARG <name>[=<default value>]
```

ARG 和 ENV 的功能類似，都可以設定變數。ARG 設定的參數與值可以搭配 docker build 指令，以提供建置映像檔使用，但在 Container 中無法使用。ARG 範例如下：

```
1  ARG param4
   # 無預設值。
2  ARG param5=defaultValue
   # 有預設值。
```

建構映像檔案，使用指令選項「--build-arg」指定參數與值：

```
1  docker build --build-arg param4=someValue
```

5. COPY

用於複製「本地端的檔案 / 目錄」到「映像檔內指定位置」，格式為：

```
COPY <src>... <dest>
```
```
COPY ["<src>",... "<dest>"]
```

1. 本地端的來源位置可以多個。
2. 映像檔的指定位置是目錄的話需要以「/」結尾，可以是絕對路徑或者相對於 WORKDIR 定義值的相對路徑，如果不存在將自動建立。

COPY 範例如下：

```
1  COPY file1.txt file2.xml ./
2  COPY ["file1.txt", "file2.xml" "./"]
```

6. ADD

和 COPY 一樣，可將「本地端的檔案 / 目錄」新增到「映像檔內的指定位置」，
其格式為：

```
ADD <src>... <dest>

ADD ["<src>",... "<dest>"]
```

雖然 ADD 和 COPY 功能類似，但有二點大不同：

1. ADD 的來源路徑支援 URL，也就是說可以加入遠端的檔案，COPY 則不支
   援 URL。
2. 若來源檔案是壓縮檔 (副檔名為 gzip、bzip2、xz)，則使用 ADD 加入檔案時
   會自動解壓縮，而 COPY 不會。

ADD 的範例如下：

```
1  ADD file1.txt file2.xml ./
2  ADD http://example.com/foobar /
   # 將產生檔案 /foobar。
```

7. VOLUME

在映像檔中建立一個**掛載點 (mount point)**，指令格式如下：

```
VOLUME <mount>
```

範例如下：

```
1  VOLUME ["/var/log/"]
2  VOLUME ["/demo1","/demo2"] 或
3  VOLUME /var/log 或
4  VOLUME /var/log /var/db
```

使用 VOLUME 來定義掛載點時，將無法指定本機對應目錄，對應目錄是自動產生，可以透過 docker inspect 來查詢目錄資訊。所以當使用相同的映像檔建立不同容器時，彼此藉由 VOLUME 所定義的掛載點是區隔的。

以 exec 或 shell 型式執行作業系統指令

後續的 3 個指示 RUN、CMD、ENTRYPOINT 都和執行 OS 指令有關。在開始之前必須先了解 2 個 Dockerfile 型式的差異：

1. 以 exec 型式執行 OS 指令，就是將指令以 JSON 陣列方式進行表達，也是官方建議的型式：

```
["executable","param1","param2"]
```

2. 以 shell 型式執行 OS 指令，如同一般 shell 指令：

```
command param1 param2
```

以 OS 指令「ls -alh」搭配 RUN 指示為例：

```
1  RUN ["ls", "-alh"]
   # exec 型式。
2  RUN ls -alh
   # shell 型式。
```

8. RUN

執行指定的指令。RUN 可以多個，每加一個 RUN，就會在基底映像檔加上一層客製，以此類推直到建構完成最後的映像檔。其指令形式分為 shell 與 exec 二種：

```
RUN ["executable", "param1", "param2"]
# 以 exec 的形式執行指令，如果 Linux 上不想用預設的 shell 執行指令，就可以透過這種方式改指定
以其他 shell 執行。

RUN command param1 param2
# 以 shell 或 bat 的形式執行，Linux 預設 /bin/sh -c，Windows 預設 cmd /S /C。
```

範例如下：

```
1  RUN echo hello
   # 使用 Linux 預設的 /bin/sh -c 執行指令 echo hello。
```

```
2   RUN ["/bin/bash", "-c", "echo hello"]
    # 改指定以 /bin/bash -c 執行指令 echo hello。
3   RUN ["c:\\windows\\system32\\tasklist.exe"]
    # 使用 Windows 預設的 cmd /S /C 執行 tasklist.exe。
```

因為每一個 RUN 就會新增一層，為了減少不必要的層級與映像檔大小，可以利用「&&」來串連多個命令，並使用「\」斷行增加可讀性，如以下範例行 1 與行 2 的差別：

```
1   RUN echo hello1
    RUN echo hello2
    RUN echo hello3
2   RUN echo hello1 &&\
        echo hello2 &&\
        echo hello3
```

9. CMD

設定映像檔在啟動容器時預設要執行的指令，支援三種格式：

```
CMD ["executable","param1","param2"]
# 以 exec 的形式執行指令。

CMD command param1 param2
# 以 shell 的形式執行指令。

CMD ["param1","param2"]：
# 搭配 ENTRYPOINT 使用，CMD 的參數將作為 ENTRYPOINT 的預設參數。
```

CMD 範例如下：

```
1   CMD echo "This is a test." | wc -
2   CMD ["/usr/bin/ls","--help"]
```

使用 CMD 的注意事項：

1. Dockerfile 中只能有一行 CMD，若有多行 CMD，則只有最後一行有效。
2. 若在建立容器時有帶執行的命令，則 CMD 的指令會被遮蔽：

```
1   docker run <image id>
    # CMD 所定義的指令會被執行。
2   docker run <image id> echo hello
    # 容器改執行 echo hello，而原本 CMD 定義的指令不會被執行。
```

10. ENTRYPOINT

和 CMD 一樣用來設定映像檔啟動容器時要執行的指令，但不同的是 ENTRYPOINT 一定會被執行，而不會像 CMD 有可能被覆寫的情況發生，支援二種格式：

```
ENTRYPOINT ["executable", "param1", "param2"]
#. 以 exec 的形式執行指令
```

```
ENTRYPOINT command param1 param2
#. 以 shell 的形式執行指令
```

ENTRYPOINT 範例如下：

```
1  ENTRYPOINT echo "This is a test." | wc -
2  ENTRYPOINT ["/usr/bin/ls","--help"]
```

使用 ENTRYPOINT 的注意事項：

1. Dockerfile 中只能有一行 ENTRYPOINT。若有多行 ENTRYPOINT，則只有最後一個被執行。

2. 若在建立容器時有帶執行的命令，ENTRYPOINT 的指令不會被覆蓋，也就是一定會執行。

3. 如果想要覆蓋 ENTRYPOINT 的預設值，則在啟動容器時，可以加上「--entrypoint」的參數，如 docker run --entrypoint。

另外，ENTRYPOINT 與 CMD 可以搭配使用，此時 CMD 的參數將作為 ENTRYPOINT 的預設參數。假設 Dockerfile 的定義如下：

```
1  ENTRYPOINT ["/bin/echo", "Hello"]
2  CMD ["World"]
```

則：

```
1  docker run -i -t <image id>
   # 輸出「Hello World」。
2  docker run -i -t <image id> Jim
   # 輸出「Hello Jim」，因為 CMD 的值被 Jim 覆寫。
```

4.3.2 使用 docker build 指令建構映像檔

Dockerfile 常用的指示已經在上一小節說明，接下來將使用本章的範例專案 c04-dockerfile-lab 進行示範。Dockerfile 位於專案根目錄中：

（⊚） 範例：/c04-dockerfile-lab/Dockerfile

```
1  FROM openjdk:11-slim
2  ARG JAR_FILE=target/*.jar
3  COPY ${JAR_FILE} app.jar
4  ENTRYPOINT ["java","-jar","/app.jar"]
```

建構映像檔之前需要先有 Spring Boot 的 JAR 檔，因此先在本章專案根目錄 /c04-dockerfile-lab，亦即有 pom.xml 檔案的路徑執行 Maven 指令：

```
1  mvn clean package
```

指令完成將產出 /c04-dockerfile-lab/target/c04-dockerfile-lab-0.0.1-SNAPSHOT.jar。因為 Dockerfile 也位在專案根目錄，因此同一路徑繼續執行 docker buid 指令：

```
1  docker build --tag spring-boot-image .
```

指令中使用選項「--tag」命名產出的映像檔名為 spring-boot-image，因此由 Docker Desktop 的 Images 功能選單可以看到：

NAME ↑		TAG	IMAGE ID	CREATED	SIZE
spring-boot-image	IN USE	latest	a28149dceb4b	37 minutes ago	443.35 MB

▲ 圖 4.24　使用 Dockerfile 建構映像檔

最後，使用 docker run 指令由映像檔建立容器並啟動：

```
1  docker run -d -p 8080:8080 --name spring-boot-container spring-boot-image
```

其中：

1. 選項「-d」表示背景模式執行容器。
2. 選項「-p 8080:8080」表示以主機的 8080 埠號對應容器的 8080 埠號。
3. 選項「--name spring-boot-container」指定容器名稱為 spring-boot-container。
4. 指令末端為建置容器的映像檔名稱 spring-boot-image。

指令完成後由 Docker Desktop 的 Containers 功能選單可以看到執行中的容器：

▲ 圖 4.25　使用映像檔產生容器

在瀏覽器輸入網址 http://localhost:8080 可以看到結果：

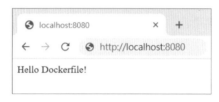

▲ 圖 4.26　容器執行結果

4.4 使用 Docker Compose 定義和 管理 Docker 容器群組

4.4.1 Docker Compose 的安裝與簡介

Docker Desktop 在不同的作業系統有不同的安裝方式，可以參照官方的說明 https://docs.docker.com/compose/install/。在 Windows 平台中，安裝 Docker Desktop 後將自動安裝 Docker 與 Docker Compose。

前一小節介紹的 Dockerfile 主要用來描述「一個映像檔的組成」，讓使用者可以對基底映像檔再進行客製以產出自己的映像檔；而 Docker Compose 則是用來描述「單一或群組服務的組成」。例如在架設網站的時候可能會使用到 Tomcat、PostgreSQL、Redis 等不同的容器服務，此時就可以使用 Docker Compose 來描述並設定這些服務之間的關聯，如啟動順序、通訊埠等，並一次啟動所有容器。

Docker Compose 的設定檔案「docker-compose.yml」採用 YAML 的格式撰寫，每一個服務都由容器提供，如以下範例：

```
1   version: <docker-compose-version>
2   services:
3     database:
4       image: <database-docker-image-name>
5       ports:
6         - "<host-port>:<container-port>"
7       environment:
8         POSTGRES_USER: <databaseUser>
9         POSTGRES_PASSWORD: <databasePassword>
10        POSTGRES_DB:<databaseName>
11    <service-name>:
12      image: <service-docker-image-name>
13      ports:
14        - "<host-port>:<container-port>"
15      environment:
16        PROFILE: <profile-name>
17        DATABASESERVER_PORT: "<databasePort>"
18      networks:
19          backend:
20  networks:
21    backend:
22      driver: bridge
```

YAML 的撰寫著重在空格、對齊、Key/Value、大小寫等的用法，因為內容有縮排，更方便讓開發人員閱讀與維護。有興趣的讀者可參考 https://yaml.org/spec/1.2.0/。

接下來介紹常用的 docker-compose.yml 編寫指示與 Docker Compose 指令。

4.4.2 docker-compose.yml 的編寫指示介紹

編寫 docker-compose.yml 時常用的指示 (instructions) 列舉如下：

1. version

用來指定 Docker Compose 的版本，如前述範例行 1，可參考官方的相容性列表 (https://docs.docker.com/compose/compose-file/compose-versioning/)，根據自己安裝的 Docker Engine 版本決定合適的版本。如本書的 Docker Engine 版本為 v20.10.17：

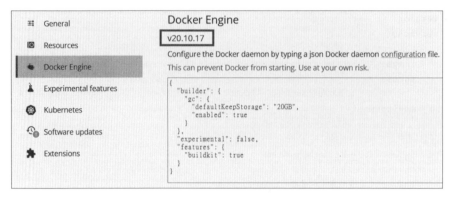

▲ 圖 4.27　Docker Engine 版本

故設定如下：

```
1   version: '3.8'
```

2. services

用於指定要部署的眾多服務 / 容器，如前述範例行 2。接著如範例行 3 與 11 開始設定個別服務 / 容器名稱，啟動後其設定名稱成為 Docker 實例的 DNS 名稱，用於讓其他服務識別並存取。此外需要編寫各自的參數與值，將使用指示如 image、port、environment 等：

1. **image**：指定容器的映像檔名稱或映像檔 ID。
2. **port**：用來定義本機與容器間埠號的對應關係，也可以說是定義已啟動的 Docker 容器開放給主機以外存取的埠號，基本的格式是 <host-port>:<container-port>。
3. **environment**：將環境變數傳遞給起始 Docker 映像檔，類似「docker run -e」的指令效果，以下二種寫法皆可：

```
7   environment:
8     POSTGRES_USER: <databaseUser>
9     POSTGRES_PASSWORD: <databasePassword>
```

或

```
7   environment:
8     - POSTGRES_USER=<databaseUser>
9     - POSTGRES_PASSWORD=<databasePassword>
```

3. network

允許自定義網路，允許我們建立複雜的網路拓撲：

1. 前述範例行 20 先定義整個架構的網路，並在行 21 指定個別網路名稱，允許多個。若未定義網路，Docker Compose 會自動建立 default network，其名稱為「目錄名稱 _default」，這裡的目錄名稱是指 docker-compose.yml 所在的目錄，因此 networks 是可以省略的。行 22 指定個別網路類型，預設是「bridge」，還有其他類型如 host、overlay、macvlan、none 等。型態 bridge 的網路允許 docker-compose.yml 內的容器實例與 Docker Daemon 所在的主機相連。

2. 個別容器決定使用哪一個網路，如前範例行 18、19。

4.4.3 Docker Compose 的指令介紹

Docker Compose 常用的指令如下，要在 docker-compose.yml 所在的目錄執行指令，或以選項「-f」指定 docker-compose.yml 檔案位置：

1. 顯示安裝的 Docker Compose 的版本：

```
docker-compose version
```

2. 為設定檔內所有的 Service 指示建構映像檔，並啟動所有的容器成為服務，選項「-d」表示要求在背景執行：

```
docker-compose up -d
```

3. 把容器、網路等因 docker-compose up 產生的東西移除。選項「-v」把設定檔中建立的 volume 刪除：

```
docker-compose down -v
```

4. 提供最新部署的所有日誌紀錄：

```
docker-compose logs
```

5. 指定服務名稱，以查詢特定的日誌紀錄：

```
docker-compose logs <service_id>
# docker-compose logs bookService
```

6. 輸出系統中部署的容器列表：

```
docker-compose ps
```

7. 停止容器，但不會移除，可以用 docker-compose start 再重新啟動：

```
docker-compose stop
```

8. 啟動容器，和 docker-compose stop 配合使用：

```
docker-compose start
```

9. 檢查設定檔的有效性：

```
docker-compose config
```

4.5 整合 Docker 與微服務

先前篇章主要是讓讀者對 Docker 有初步了解，事實上開發人員毋需熟稔 Docker 的所有使用，有基礎概念即可。接下要來把 Docker 與我們的 Book 微服務整合，以建立一個可攜、可擴展和可管理的微服務。

4.5.1 使用 Maven 插件 dockerfile-maven-plugin 支援 Docker

要讓 Spring Boot 程式和 Docker 結合，首先要將插件 dockerfile-maven-plugin 新增到範例專案的 pom.xml，以建構 Docker 映像檔，如以下行 7-27：

◎ 範例：/c04-book-service/pom.xml

```
1  <build>
2    <plugins>
3      <plugin>
4        <groupId>org.springframework.boot</groupId>
5        <artifactId>spring-boot-maven-plugin</artifactId>
6      </plugin>
7      <plugin>
8        <groupId>com.spotify</groupId>
9        <artifactId>dockerfile-maven-plugin</artifactId>
```

```
10        <version>1.4.13</version>
11        <configuration>
12         <repository>${docker.image.prefix}/${project.artifactId}</repository>
13         <tag>${project.version}</tag>
14         <buildArgs>
15           <JAR_FILE>target/${project.build.finalName}.jar</JAR_FILE>
16         </buildArgs>
17        </configuration>
18        <executions>
19          <execution>
20            <id>default</id>
21            <goals>
22              <goal>build</goal>
23              <goal>push</goal>
24            </goals>
25          </execution>
26        </executions>
27      </plugin>
28    </plugins>
29  </build>
```

這個 pom.xml 一共使用了兩個插件 (plugin)：

1. spring-boot-maven-plugin

第一個是 spring-boot-maven-plugin，之前介紹過可以用來簡化 Maven 和 Spring Boot 程式之間的交互作用，如執行 mvn 指令如下可以啟動 Spring Boot 應用程式：

```
1  mvn spring-boot:run
```

2. dockerfile-maven-plugin

第二個插件 dockerfile-maven-plugin 和 Docker 相關，先要了解 pom.xml 中相關的標籤、Maven 變數與值：

⊕ 範例：/c04-book-service/pom.xml

```
11  <configuration>
12      <repository>${docker.image.prefix}/${project.artifactId}</repository>
13      <tag>${project.version}</tag>
14      <buildArgs>
15          <JAR_FILE>target/${project.build.finalName}.jar</JAR_FILE>
```

```
16        </buildArgs>
17   </configuration>
```

1. 使用 <repository> 標籤設定 Docker 的遠端儲存庫名稱，值由 Maven 變數 ${docker.image.prefix} 和 ${project.**artifactId**} 決定：

   • 由以下行 3，變數 ${docker.image.prefix} 的值為「bstock」：

🎯 **範例：/c04-book-service/pom.xml**

```
1   <properties>
2       <java.version>11</java.version>
3       <docker.image.prefix>bstock</docker.image.prefix>
4   </properties>
```

   • 由以下，變數 ${project.**artifactId**} 的值為「c04-book-service」：

🎯 **範例：/c04-book-service/pom.xml**

```
1   <artifactId>c04-book-service</artifactId>
```

2. 使用 <tag> 標籤設定遠端的 Docker 儲存庫的標籤。由變數 ${project.**version**} 決定值，參考以下標籤推導其值為「0.0.1-SNAPSHOT」：

🎯 **範例：/c04-book-service/pom.xml**

```
1   <version>0.0.1-SNAPSHOT</version>
```

3. 使用本專案的 Dockerfile 建構映像檔需要變數 JAR_FILE，將由 Maven 的標籤 <JAR_FILE> 定義值為 ${project.build.**finalName**}.jar；其中變數 ${project.build.**finalName**} 定義在父級別 (Super) 的 POM 中，如下。因此在本例中的推導值是「c04-book-service-0.0.1-SNAPSHOT.jar」，就是產出的 JAR 檔名稱：

🎯 **範例：https://maven.apache.org/pom.html#BaseBuild_Element**

```
1   <finalName> ${project.artifactId}-${project.version} </finalName>
```

在建構映像檔前必須先有 Spring Boot 打包完成的 JAR，再以 JAR 檔建構成映像檔。啟動打包 JAR 檔與映像檔的指令可以合併執行：

```
1      mvn clean package dockerfile:build
```

4.5.2 編寫 Dockerfile

現在我們已經將插件新增到 pom.xml 中，要產生映像檔還必須編寫 Dockerfile，並將其新增到範例專案中。後續我們將介紹兩種 Dockerfile 文件編寫方式：

1. 基本型 Dockerfile：把 Spring Boot 打包產出的 JAR 檔案，整個複製到映像檔中。

2. 多段式 Dockerfile：把 Spring Boot 打包產出的 JAR 檔案，僅挑選重要內容並複製到映像檔中。

基本型 Dockerfile

在這個 Dockerfile 中，我們將 Spring Boot 打包後的 JAR 檔案直接複製到 Docker 映像檔中，如以下範例：

🎯 **範例：/c04-book-service/Dockerfile**

```
1  FROM openjdk:11-slim
2  LABEL desc="Basic Dockerfile"
3  ARG JAR_FILE
4  COPY ${JAR_FILE} app.jar
5  ENTRYPOINT ["java","-jar","/app.jar"]
```

📢 **說明**

1	使用 openjdk:11-slim 作為基底映像檔。
2	新增說明標籤。
3	定義變數 JAR_FILE，值由 Maven 進行建構映像檔時傳入。本範例專案的實際值是「target/c04-book-service-0.0.1-SNAPSHOT.jar」，參考 pom.xml 的 <configuration> 與 <buildArgs> 標籤。
4	將 target/c04-book-service-0.0.1-SNAPSHOT.jar 複製到映像檔中成為 app.jar。
5	設定啟動容器時要執行的指令為 java -jar /app.jar。

多段式 Dockerfile

在基本型的 Dockerfile 中我們將整個 JAR 檔複製到映像檔，等同於多了一層；使用多階段式 (multi-stage) 建構則允許我們只將對應用程式執行重要的東西才包進映像檔中，具有優化效能的效果，如以下範例：

🎯 範例：/c04-book-service/Dockerfile

```
1   # stage 1
2   FROM openjdk:11-slim as build
3   LABEL desc="Multistage Dockerfile"
4   ARG JAR_FILE
5   COPY ${JAR_FILE} app.jar
6
7   RUN mkdir -p target/dependency
8       && (cd target/dependency; jar -xf /app.jar)
9
10  # stage 2
11  FROM openjdk:11-slim
12
13  VOLUME /tmp
14
15  ARG DEPENDENCY=/target/dependency
16  COPY --from=build ${DEPENDENCY}/BOOT-INF/lib /app/lib
17  COPY --from=build ${DEPENDENCY}/META-INF /app/META-INF
18  COPY --from=build ${DEPENDENCY}/BOOT-INF/classes /app
19
20  ENTRYPOINT ["java","-cp","app:app/lib/*",
    "lab.cloud.book.C4BookServiceApplication"]
```

🔊 說明

1-8	第一階段
2	使用 openjdk:11-slim 作為基底映像檔以建立暫時使用的映像檔，並命名為 build。除了用於第一階段的步驟外，也用於第二階段的行 16-18。 這一階段的映像檔負責建立和解壓縮 Spring Boot 的 JAR 檔。
5	將 target/c04-book-service-0.0.1-SNAPSHOT.jar 複製到映像檔中，且檔名為 app.jar。
7-8	在映像檔內： ◆ 使用 OS 指令 mkdir -p 建立目錄 target/dependency，不存在的目錄自動建立。 ◆ 使用 OS 指令 cd 進入該目錄。 ◆ 使用 JDK 指令 jar -xf 將 /app.jar 解壓縮到目前目錄。
10-20	第二階段
11	使用 openjdk:11-slim 作為基底映像檔以建立另一個新的映像檔，這也是我們需要的最終映像檔。

13	在映像檔中建立一個掛載點 /tmp，讓執行時期 Spring Boot 用來建立 Tomcat 的 預 設 工 作 目 錄，參 考 https://github.com/spring-guides/gs-spring-boot-docker/issues/66。
15	宣告 DEPENDENCY 變數，值為 /target/dependency，也是第一階段行 7-8 解壓縮 JAR 的目錄。 第二階段無法使用第一階段宣告的變數。
16	由第一階段的映像檔的解壓縮目錄中，複製 BOOT-INF/lib 成為最終映像檔的 /app/lib 的內容。
17	由第一階段的映像檔的解壓縮目錄中，複製 META-INF 成為最終映像檔的 /app/META-INF 的內容。
18	由第一階段的映像檔的解壓縮目錄中，複製 BOOT-INF/classes 成為最終映像檔的 /app 的內容。
20	設 定 啟 動 容 器 時 要 執 行 的 指 令 為 java -cp app:app/lib/* lab.cloud.book. C4BookServiceApplication。

使用 JDK 指令「jar tf」分析 JAR 內容

前述 Dockerfile 範例的行 16-18 由解壓縮的 Spring Boot 專案的 JAR 檔中複製關鍵的 3 個目錄到映像檔中。這些 JAR 的關鍵目錄可以由「jar tf」指令分析 JAR 檔內容得知，如下：

⊙ 範例：jar tf c04-book-service-0.0.1-SNAPSHOT.jar

```
1   org/
2   org/springframework/
3   org/springframework/boot/
4   org/springframework/boot/loader/
5   org/springframework/boot/loader/ClassPathIndexFile.class
6   org/springframework/boot/loader/ExecutableArchiveLauncher.class
7   ...
8   META-INF/
9   META-INF/MANIFEST.MF
10  META-INF/maven/
11  META-INF/maven/lab.cloud/
12  META-INF/maven/lab.cloud/c04-book-service/pom.xml
13  ...
14  BOOT-INF/
15  BOOT-INF/classes/
16  BOOT-INF/classes/lab/
17  BOOT-INF/classes/lab/cloud/
```

```
18  BOOT-INF/classes/lab/cloud/book/
19  BOOT-INF/classes/lab/cloud/book/controller/
20  BOOT-INF/classes/lab/cloud/book/model/
21  BOOT-INF/classes/lab/cloud/book/service/
22  BOOT-INF/classes/application.properties
23  BOOT-INF/classes/lab/cloud/book/C4BookServiceApplication.class
24  ...
25  BOOT-INF/lib/
26  BOOT-INF/lib/spring-boot-2.7.8.jar
27  BOOT-INF/lib/spring-boot-autoconfigure-2.7.8.jar
28  ...
```

多段式 Dockerfile 的優點

Docker 官網 (https://docs.docker.com/develop/develop-images/dockerfile_best-practices/#minimize-the-number-of-layers) 建議在建構映像檔時應該最小化層 (layer) 數，這對確保它們的性能非常重要。使用 RUN、COPY、ADD 等指示會增加映像檔的層數，愈多將導致效能遞減；其他指示則只產生暫時性的中介層，不會增加映像檔的大小。

在情形許可下，官網建議構建映像檔時使用多段式 (multi-stage)，並且只將需要的工件 (artifact) 複製到最終映像檔中。這讓我們可以在中間的構建階段中使用一些工具並增加除錯資訊，而且不會增加最終階段產出的映像檔的大小。

Spring 官網 (https://spring.io/guides/topicals/spring-boot-docker/) 也是使用多段式 Dockerfile 建構 Spring Boot 的映像檔：

```
# syntax=docker/dockerfile:experimental
FROM eclipse-temurin:17-jdk-alpine AS build
WORKDIR /workspace/app

COPY . /workspace/app
RUN --mount=type=cache,target=/root/.gradle ./gradlew clean build
RUN mkdir -p build/dependency && (cd build/dependency; jar -xf ../libs/*-SNAPSHOT.jar)

FROM eclipse-temurin:17-jdk-alpine
VOLUME /tmp
ARG DEPENDENCY=/workspace/app/build/dependency
COPY --from=build ${DEPENDENCY}/BOOT-INF/lib /app/lib
COPY --from=build ${DEPENDENCY}/META-INF /app/META-INF
COPY --from=build ${DEPENDENCY}/BOOT-INF/classes /app
ENTRYPOINT ["java","-cp","app:app/lib/*","hello.Application"]
```

▲ 圖 4.28 多段式 Dockerfile 範例

dockerfile-maven-plugin 與 docker-maven-plugin

有些開發團隊或專案會使用插件「docker-maven-plugin」讓 Maven 可以支援 Docker，不過該插件已經不建議使用，建議改用 dockerfile-maven-plugin，參考 https://github.com/spotify/docker-maven-plugin 的說明：

▲ 圖 4.29　建議不要使用 docker-maven-plugin

4.5.3　建構 Docker 映像檔並執行

建構 Docker 映像檔

建構映像檔時必須要先有專案的 JAR 檔。如果 target 資料夾中沒有 JAR 檔案，就必須先在專案的 pom.xml 檔案所在目錄執行以下 Maven 指令以打包 JAR 檔案：

```
1  mvn clean package
```

接下來因為已經將插件 dockerfile-maven-plugin 新增到範例專案的 pom.xml 中，所以可以直接使用以下指令建構 Docker 映像檔：

```
1  mvn dockerfile:build
```

最後來檢視 Docker 映像檔的建構成果：

1. 基本型 Dockerfile 因為只有 1 個階段，不計 openjdk:11-slim 將只產生 1 個映像檔。可以由 Docker Desktop 的 Images 功能選單看到：

NAME	TAG	IMAGE ID	CREATED ↓	SIZE
bstock/c4-book-service	0.0.1-SNAPSHOT	fba322e236b5	less than a minute ago	446.5 MB

▲ 圖 4.30　Docker Desktop 顯示 1 個新映像檔產生

由指令「docker image ls」或「docker images」也可以檢視映像檔清單：

▲ 圖 4.31　指令顯示 1 個新映像檔產生

2. 多段式 Dockerfile 因為本例有 2 個階段，不計 openjdk:11-slim 將產生 2 個映像檔。可以由 Docker Desktop 的 Images 功能選單看到：

NAME	TAG	IMAGE ID	CREATED ↓	SIZE
bstock/c4-book-service	0.0.1-SNAPSHOT	266453df0fc8	less than a minute ago	446.37 MB
<none>	<none>	0dfaca117da9	less than a minute ago	469.54 MB

▲ 圖 4.32　Docker Desktop 顯示 2 個新映像檔產生

由指令「docker image ls」或「docker images」也可以檢視映像檔清單：

▲ 圖 4.33　指令顯示 2 個新映像檔產生

用來啟動成為容器只有名稱為 bstock/c04-book-service 的映像檔。

啟動 Docker 容器

有了 Docker 映像檔後，可以使用「docker run」指令啟動容器，選項「-d」允許在背景執行容器：

1 `docker` **run** `-d bstock/c04-book-service:0.0.1-SNAPSHOT`

成功啟動將會回傳容器 ID 如 4741f6021bd0...，每次 ID 都不同：

▲ 圖 4.34 指令啟動後回傳容器 ID

或是由 Docker Desktop 的 Images 功能選單啟動。將滑鼠游標移到映像檔資料列，再點擊後端的 Run 按鍵：

▲ 圖 4.35 啟動容器的按鍵

此時到 Docker Desktop 的 Containers 功能選單可以看到使用指定映像檔的容器已經啟動。在未指定容器名稱的情況下，每次容器名稱都可能不同，但映像檔名稱固定：

▲ 圖 4.36 Docker Desktop 顯示容器執行中

也可以使用「docker ps」指令查看所有正在執行的容器。該指令列出所有正在執行的容器及其對應的容器 ID、映像檔、指令、建立日期、狀態、埠號和名稱：

▲ 圖 4.37 指令 docker ps 執行結果

如果需要停止指定容器，可以以其容器 ID 執行指令「docker stop」，如：

1 `docker` **stop** `4741f6021bd0`

將停止容器。

4.5.4 使用 Buildpacks 建構 Docker 映像檔

在本節中我們將簡介如何使用 Spring Boot v2.3 之後的新功能建立 Docker 的映像檔。使用條件是：

1. 安裝 Docker 和 Docker Compose。
2. 微服務是等於或大於版本 2.3 的 Spring Boot 應用程式，本範例專案為 2.7.8。

這些新功能有助於改進和 Buildpacks 的整合。

使用 Buildpacks

Buildpacks 是提供應用程式和框架依賴函式庫的工具，可以將我們的應用程式碼轉換為可執行的映像檔，過程中可以偵測並取得應用程式執行所需要的一切資源。它目前是由 paketo 社群 (https://paketo.io/) 維護，因此產品名稱又稱為「paketobuildpacks」。**如果要使用它建構映像檔，就不需要在 pom.xml 裡引用插件 dockerfile-maven-plugin，也不需要事先編寫 Dockerfile 檔案**，測試前建議都予移除。

Spring Boot 在版本 2.3.0 開始支援以 paketobuildpacks 來建構 Docker 映像檔，使用 Maven 或 Gradle 都可以支援，本書則以 Maven 為主。要開始建構映像檔，只需要在範例專案的根目錄執行以下指令：

```
1   mvnw spring-boot:build-image
```

指令 mvnw 是 Maven Wrapper 的縮寫，使用 Spring Initializr 建立 Spring Boot 專案時會自動在專案根目錄加入 mvnw 指令檔。當需要特定版本的 Maven，或是想執行 mvn 指令卻沒有安裝 Maven 時，就可以改用這個指令。所以也可以執行指令：

```
1   mvn spring-boot:build-image
```

首次執行時，會發現需要先下載 paketobuildpacks 的映像檔：

```
1   [INFO]  > Pulling builder image 'docker.io/paketobuildpacks/builder:base' 0%
2   [INFO]  > Pulling builder image 'docker.io/paketobuildpacks/builder:base' 1%
3   [INFO]  > Pulling builder image 'docker.io/paketobuildpacks/builder:base' 2%
4   ...
```

因此完成時除了範例專案的映像檔外，還可以發現 Docker Desktop 裡多了 2 個映像檔，分別是 paketobuildpacks/builder 和 paketobuildpacks/run：

NAME ↑	TAG	IMAGE ID	CREATED	SIZE
paketobuildpacks/builder	base	1a5600035f54	about 43 years ago	1.3 GB
paketobuildpacks/run	base-cnb	ac36e9dcf163	11 days ago	88.13 MB

▲ 圖 4.38　產品 paketobuildpacks 的 2 個映像檔

完成時指令視窗如下，映像檔名稱為「c04-book-service」：

```
命令提示字元                                              —    □    ×
[INFO]
[INFO] Successfully built image 'docker.io/library/c04-book-service:0.0.1-SNAPSHOT'
[INFO]
[INFO] -----------------------------------------------------------------------
[INFO] BUILD SUCCESS
[INFO] -----------------------------------------------------------------------
[INFO] Total time:  01:11 min
[INFO] Finished at: 2023-06-28T18:36:44+08:00
[INFO] -----------------------------------------------------------------------
```

▲ 圖 4.39　指令最終顯示成功建構映像檔

查詢 Docker Desktop：

NAME ↑	TAG	IMAGE ID	CREATED	SIZE
c04-book-service	0.0.1-SNAPSHOT	dca855743585	over 43 years ago	267 MB

▲ 圖 4.40　使用 paketobuildpacks 產生映像檔

如果想要自定義映像檔名稱，可以如下修改 pom.xml，新增行 4-10：

範例：/c04-book-service/pom.xml

```
1  <plugin>
2    <groupId>org.springframework.boot</groupId>
3    <artifactId>spring-boot-maven-plugin</artifactId>
4    <configuration>
5      <image>
6        <name>
7          ${docker.image.prefix}/${project.artifactId}:${project.version}
8        </name>
9      </image>
```

```
10    </configuration>
11    </plugin>
```

再執行一次「mvnw spring-boot:build-image」：

NAME ↑	TAG	IMAGE ID	CREATED	SIZE
bstock/c04-book-service	0.0.1-SNAPSHOT	0612a9e6fd15	over 43 years ago	267 MB

▲ 圖 4.41　設定映像檔名稱後再使用 paketobuildpacks

啟動容器的指令不變：

```
1    docker run bstock/c04-book-service:0.0.1-SNAPSHOT
```

4.5.5　使用 Docker Compose 啟動服務

使用 Docker 時經常會一併使用 Docker Compose，它是一種服務編排工具，允許使用者將許多服務定義為一個組，然後將它們作為一個單元一起啟動。Docker Compose 還包括為每一個服務定義環境變數的功能。

Docker Compose 使用 YAML 文件來定義需要管理的服務。後續本書的每一章的範例專案都會有一個名為 docker-compose.yml 的文件，該文件將設定章節微服務範例與相依服務的啟動方式。

本章範例專案的 docker-compose.yml 文件內容如下：

📌 範例：/c04-book-service/docker-compose.yml

```
1    version: '3.8'
2    services:
3      bookservice:
4        image: bstock/c04-book-service:0.0.1-SNAPSHOT
5        ports:
6          - "8080:8080"
7        environment:
8          - "SPRING_PROFILES_ACTIVE=dev"
9        networks:
10         backend:
11           aliases:
```

```
12              - "mybookservice"
13  networks:
14    backend:
15      driver: bridge
```

🔊 **說明**

3	對每一個啟動的服務命名，也作為其他服務可以存取的 DNS 名稱。
4	Docker Compose 首先在本地 Docker 儲存庫中尋找要啟動的目標映像檔，找不到時會再檢查私有的 Docker Registry 或 Docker Hub (http://hub.docker.com)，再沒有將啟動容器失敗。
6	定義啟動的 Docker 容器的埠號，將給外界連線使用。
8	將環境變數 SPRING_PROFILES_ACTIVE 與其值傳遞給映像檔，容器啟動時將會套用到微服務專案中。
10	命名服務所屬的網路。
12	指定網路上服務的別名。
14	使用預設的網路驅動類型 bridge 建立一個名為 backend 的自定義網路。

具備 docker-compose.yml 後，可以在文件目錄執行以下指令來啟動文件定義的服務：

```
1  docker-compose up
```

執行後，在 Docker Desktop 的 Containers 功能選單可以看到 docker-compose.yml 設定的容器已經啟動：

	NAME ↑	IMAGE	STATUS	PORT(S)	STARTED	
☐	⌄ ⬡ c04-book-service 1 container	-	Running (1/1)	-		❚❚ ↻ ■ 🗑
☐	⬢ c04-book-service_bookservice_1 898fc5652c50 ⧉	bstock/c04-book-service:0.0.1-SNAPSHOT	Running	8080	48 seconds 🔗 🖼	❚❚ ↻ ■

▲ 圖 4.42　容器已經啟動

圖中顯示 2 筆資料，第一筆是 docker-compose.yml 所在的資料夾名稱，第二筆是啟動的容器。這樣的顯示方便呈現多個服務時的群組關係或階層結構。

也可以執行 docker ps 指令來查看所有正在執行的容器：

```
C:\Users\Jim.Tzeng>docker ps
CONTAINER ID    IMAGE                                     COMMAND                CREATED
898fc5652c50    bstock/c04-book-service:0.0.1-SNAPSHOT    "java -jar /app.jar"   2 minutes ago
```

▲ 圖 4.43　指令 docker ps 顯示的欄位資訊 (1/2)

```
STATUS          PORTS                      NAMES
Up 2 minutes    0.0.0.0:8080->8080/tcp     c04-book-service_bookservice_1
```

▲ 圖 4.44　指令 docker ps 顯示的欄位資訊 (2/2)

現在我們已經認識容器，以及如何將 Docker 與我們的微服務整合。下一章中將建立 Spring Cloud 的設定伺服器。

05

使用 Spring Cloud Config Server 管理微服務的設定

本章提要

5.1 設定資料的複雜性與管理原則
5.2 建構 Spring Cloud Config Server 的微服務用戶端
5.3 建構 Spring Cloud Config Server
5.4 保護機敏設定資料

大部分的軟體開發人員都理解應該將應用程式設定資料與程式碼分開,這意味著不該在程式碼中寫死某些設定值。如果沒有這樣做,將導致每次對設定進行更改時,都必須重新編譯和重新部署應用程式。

不過將應用程式的設定資料與程式碼完全分離,雖然使開發人員和操作人員無須重新編譯就可以更改設定,但也帶來了複雜性;因為開發人員必須要再考慮設定檔的管理和部署。

許多開發人員使用屬性檔案,如 YAML、Properties 等,來儲存他們的設定資料。接下來這些屬性檔案就成為專案程式碼的一部分然後被儲存在如 Git、SVN 等程式原始碼的版本控制系統。

這種方法適用一般應用程式,但在處理可能包含數百個微服務的基於雲的應用程式時,它很快就會出現問題。如每一個微服務又可能執行多個服務實例,導致不同時間啟動的服務實例可能套用不同系統設定;因此突然之間過去的簡單直接過程變得很重要，整個團隊疲於奔命處理所有設定檔案。又假設系統有數百個微服務，每一個微服務可能至少包含如正式、測試與開發等三種環境的不同設定。如果我們不在應用程式之外管理那些屬性設定檔案，每次有變化都必須在程式碼儲存庫中搜尋檔案，予以修改，後再依照 CI、CD 流程最終重新啟動應用程式。

為了避免這種災難性的情況，作為基於雲的微服務開發的最佳實踐，我們應該考慮以下幾點：

1. 將應用程式的設定與實際部署的程式碼完全分開。
2. 建構不會改變 (immutable) 的應用程式映像檔，即使執行環境由測試改變為正式也不需要異動。
3. 藉由環境變數，或是集中管理的設定資料儲存庫，在服務啟動時將設定資料注入到應用程式中。

本章將介紹基於雲的微服務應用程式中，管理應用程式設定資料所需要的核心原則和模式。然後建構一個獨立的設定伺服器 (Config Server)，將整合微服務與其用戶端，並保護一些機敏的設定如密碼。

5.1 設定資料的複雜性與管理原則

有效管理應用程式的設定對於在雲中執行的微服務至關重要，因為微服務實例需要在最少的人工干預下快速啟動。若部署微服務時需要人工手動設定，就可能造成服務意外中斷、和對擴展性挑戰 (scalability challenges) 的延遲回應。以下是管理應用程式設定資料經常要遵循的四個原則：

1. 隔離 (segregate)：我們需要將服務設定資料與服務主程式的部署完全分開。理想的做法是服務啟動時自動讀取環境變數，或是從集中管理的設定資料儲存庫讀取。
2. 抽象 (abstract)：除了前述的隔離原則外，還需要以抽象的手段讀取設定資料。如同 DAO 設計模式，我們不應該編寫直接讀取設定資料儲存庫的程式碼，無論是基於檔案還是 JDBC 資料庫；應該使用基於 REST 的 JSON 服務將查詢應用程式設定資料的做法一般化，以因應多種資訊儲存庫的情況。

3. 集中 (centralize)：因為基於雲的應用程式可能有數百個服務，所以應該將用於保存設定資料的不同儲存庫的數量減到最少，亦即將應用程式的設定集中到少量的儲存庫中。

4. 強化 (harden)：由於設定資料將與部署的服務完全隔離並集中，因此提供設定資料的服務的穩定性變得非常重要，必須具備高可用性 (available) 和冗餘性 (redundant)。

此外，當把設定資料與可執行的程式碼分開時，我們正在建立一個需要管理和版本控制的服務相依項目；應用程式設定資料的異動需要追蹤和版本控制，這是無庸置疑的。管理不善的應用程式設定資料容易產生難以檢測的錯誤、無預期的效能障礙、甚至服務中斷。

5.1.1　設定資料的管理架構

如同本書在第三章說明的微服務建構生命週期，微服務載入設定資料的管理的時機點發生在微服務的引導 (bootstrapping) 階段：

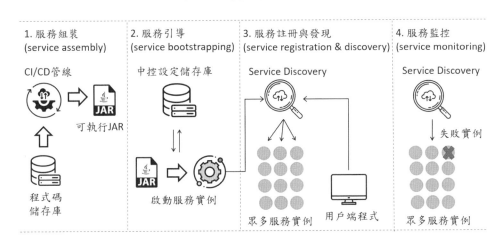

▲ 圖 5.1　微服務建構的四個生命週期步驟

下圖將前一小節中列出的四個原則，即隔離、抽象、集中和強化，應用在微服務的引導階段，並呈現資訊設定服務如何在此步驟中發揮關鍵作用：

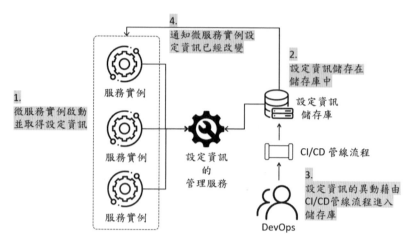

▲ 圖 5.2　設定資料的服務架構概念

上圖中有多項活動正在進行，每一個步驟的概要如下：

1. 當一個微服務實例啟動時，將呼叫「設定資料的管理服務」以讀取自己執行環境需要的設定資料。

2. 實際的設定資料儲存在儲存庫中。根據設定資料儲存庫的實作，如關聯資料庫、有版本控制的文件、使用 key-value 格式的資料儲存庫等，我們可以選擇不同的方式來保存設定資料。

3. 應用程式的設定資料的管理應該與其部署方式脫鉤。資料管理的異動可以經由建構和部署管道進行，如 CI/CD 流程，因此這些異動可以標記版本號碼資訊，並在不同的環境如開發、暫存、正式等進行部署。

4. 當設定資料異動時，使用這些資訊的微服務應該被通知並同步更新資訊。

至此，對於架構我們已經有了較為完整的概念，它說明了設定資料的管理模式的組成，以及如何組合在一起。接下來了解有那些具體服務實作可以幫助我們達成設定資料的管理。

5.1.2 設定資料的管理實作

設定資料的管理有許多開源專案可以選擇，常見如下表：

↻ 表 5.1 管理設定資料的解決方案

專案名稱	描述	特性
etcd	使用 Go 語言編寫，可用於 Service Discovery 和鍵值對 (key-value pair) 型態的設定資料的管理。其分散式計算模型採用 raft 協定 (https://raft.github.io/)。	◆ 快速且可擴展。 ◆ 可分散。 ◆ 以命令列驅動。 ◆ 易於使用和設定。
Eureka	由 Netflix 公司建立，已經累積眾多使用者。可用於 Service Discovery 和鍵值對型態的設定資料的管理。	◆ 以分散式的鍵值對儲存。 ◆ 具備眾多且彈性的設定。 ◆ 提供開箱即用的動態用戶端刷新功能。
Consul	由 HashiCorp 公司建立，類似於 etcd 和 Eureka，但其分散式計算模型使用不同的演算法。	◆ 快速。 ◆ 可以整合 Service Discovery 與 DNS。 ◆ 提供開箱即用的動態用戶端刷新功能。
Zookeeper	Apache 的開源專案，提供分散式鎖定功能。通常用作存取鍵值對型態的設定資料的管理解決方案。	◆ 歷史悠久的解決方案。 ◆ 使用起來較複雜。 ◆ 可用於設定資料的管理，但建議已經在架構的其他部分使用 Zookeeper 時才考慮。
Spring Cloud Configuration Server	Spring 的開源專案，可以對於不同的後端儲存庫提供通用的設定資料的管理解決方案。	◆ 非分散式的鍵值對儲存架構。 ◆ 可以整合基於 Spring 或非 Spring 的服務。 ◆ 可以使用多種後端以儲存設定資料，包括共享檔案系統、Eureka、Consul 或 Git。

本書將使用 Spring Cloud Configuration Server，或簡稱為 Spring Cloud Config Server，或簡稱為 Config Server。原因是：

1. 易於設定和使用。
2. 使用一些簡單的標註就可以和 Spring Boot 緊密結合。
3. 提供多種可以儲存設定資料的後端儲存庫。
4. 可以直接與 Git 整合，我們將在本章說明。

因此本章後續著重在：

1. 設定 Spring Cloud Config Server。將示範 2 種不同的機制來提供應用程式設定資料：
   * 檔案系統
   * Git 儲存庫
2. 繼續建構 Book 微服務，並從資料庫中查詢資料。
3. 整合 Spring Cloud Config Server 與 Book 微服務，以提供應用程式的設定資料。

5.2 建構 Spring Cloud Config Server 的微服務用戶端

在前面的章節中，我們建構了一個簡單的 Book 微服務框架，其開放的端點 API 都是預先編寫的結果。在本節中我們將使用 PostgreSQL 資料庫與 Spring Data JPA 充實 Book 微服務內容，讓原本的 API 可以對真實資料庫進行資料的新增、修改、刪除與查詢。

PostgreSQL 是一套強大的開源資料庫，支援標準 SQL 語法進行資料操作。在本章範例將使用 Docker 自動下載 PostgreSQL 映像檔並啟動資料庫服務，讀者不需要自行安裝資料庫軟體。

5.2.1 設定微服務用戶端讀取 Spring Cloud Config Server 的資料

設定 pom.xml

要讓 Book 微服務可以連接 Config Server，需要在 Maven 文件新增依賴項目「spring-cloud-starter-config」，將包含與 Spring Cloud Config Server 作用的所有類別。加上 Book 微服務預計使用 PostgreSQL 資料庫與 Spring Data JPA，新增 pom.xml 的相關依賴 (dependency) 如下：

🎯 範例：/c05-book-service/pom.xml

```
1  <dependency>
2      <groupId>org.springframework.cloud</groupId>
3      <artifactId>spring-cloud-starter-config</artifactId>
4  </dependency>
5  <dependency>
6    <groupId>org.springframework.boot</groupId>
7    <artifactId>spring-boot-starter-data-jpa</artifactId>
8  </dependency>
9  <dependency>
10     <groupId>org.postgresql</groupId>
11     <artifactId>postgresql</artifactId>
12 </dependency>
```

設定 application.yml

本章將 Book 微服務連線 PostgreSQL 的 JPA 相關設定資料，存放在 Spring Cloud Config Server 中。

首次啟動 Book 微服務時，Book 微服務將先載入自己的設定檔。內容只包含必要資訊，其餘則連線 Config Server 讀取：

🎯 範例：/c05-book-service/src/main/resources/application.yml

```
1  spring:
2    application:
3      name: book-service
4    profiles:
5      active: dev      # prod
6    config:
7      import: configserver:http://configserver:8071
```

🔊 **說明**

2-3	設定 Book 微服務的名稱為「book-service」。
4-5	設定 Book 微服務的 Profile 名稱為「dev」或「prod」。 Spring Profile 機制是 Spring 框架提供的核心功能，它允許我們將 Spring Bean 執行在不同的環境，常見如開發 (dev)、測試 (test)、暫存 (staging)、正式 (production) 等。
6-7	設定 Book 微服務依賴的 Config Server。使用 spring.config.import 作為屬性名稱，值固定以「configserver:」開頭；之後接 Config Server 的真實位址，本例以 http://configserver:8071 示意，後續內容也請讀者皆以合適位址置換。這也是 Spring Cloud 在 2020.X 版之後的新設定方式。

YAML 檔案的基本書寫原則

YAML 檔案的基本書寫原則整理如下：

1. 區分大小寫。
2. 使用縮排表示階層關係。
3. 不可以使用 tab 鍵縮排，只使用空格鍵 (space) 縮排。
4. 縮排長度沒有限制，只要文字對齊就代表一個階層。
5. 註釋使用 # 符號。
6. 基本上字串可以不使用**引號**強調，但：

   * 如果參數值是 10，但想要強調參數值是字串時，可以考慮使用 '10' 或 "10"。使用某些 API 解析 YAML 檔案時也可以因此得到字串型態。
   * 當參數值包含特殊字元如 { } : [ ] , & * # ? | - < > = ! % \ @ 等且無法通過 YAML 編輯器的編譯時，可以使用引號。
   * 使用**單引號**可以忽略字串裡的跳脫字元，如 '\n' 可以得到 \n。
   * 使用**雙引號**會解析字串裡的跳脫字元，如 "\n" 將解析為換行符號。

關於引號的使用可以參考範例 /c05-configserver/src/main/resources/application.yml 與範例 /c05-configserver/src/main/java/lab/cloud/configserver/YamlLabController.java。

Book 微服務與 Config Server 的互動

接下來 Book 微服務將藉由 application.yml 行 7 的 Config Server 的服務端點,傳送服務名稱與 Profile 以取得對應的設定資料。假設 Config Server 使用**檔案系統**作為設定資料儲存庫,則互動過程如下:

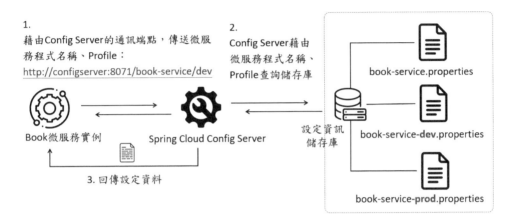

1.
藉由 Config Server 的通訊端點,傳送微服務程式名稱、Profile:
http://configserver:8071/book-service/dev

Book 微服務實例 Spring Cloud Config Server

3. 回傳設定資料

2.
Config Server 藉由微服務程式名稱、Profile 查詢儲存庫

設定資訊儲存庫

book-service.properties

book-service-**dev**.properties

book-service-**prod**.properties

▲ 圖 5.3 以 Book 微服務的 Profile(如 dev) 取得設定資料

以圖例而言,因為服務名稱是「book-service」,Profile 是「dev」,因此會讀取設定檔「book-service-dev.properties」的內容。

因為大部分設定資料如資料庫連線等都轉移到 Config Server 的儲存庫中,我們在後續「5.3.3. 使用檔案系統儲存設定資料」章節將繼續說明。

在 PostgreSQL 的資料庫服務與 Config Server 服務已經啟動的前提下,如果想要覆寫 Book 微服務的 application.yml 的 Profile 預設值並指向另一個 prod 環境,可以在使用 Book 微服務的專案 JAR 檔案動服務時,以「-D」的系統屬性「覆寫」參數並執行 JAR:

```
1  java
2  -Dspring.config.import=http://configserver:8071
3  -Dspring.profiles.active=prod
4  -jar target/c05-book-service-0.0.1-SNAPSHOT.jar
```

於 Docker 容器中覆寫 Profile

本書後續章節範例都允許在 Docker 容器中執行。

如果使用本書範例專案中的 docker-compose.yml 來啟動所有 Docker 服務，則 Book 微服務的 Profile 是 dev，如以下範例行 4：

🎯 **範例**：/c05-bstock-parent/c05-docker/docker-compose.yml

```
1  bookservice:
2    image: bstock/c05-book-service:0.0.1-SNAPSHOT
3    environment:
4      - SPRING_PROFILES_ACTIVE=dev
5      - SPRING_CONFIG_IMPORT=configserver:http://configserver:8071
```

也可以藉由相依於環境的 Docker Compose 文件來模擬不同的環境，進而達到類似前述以指令覆寫參數的效果。關鍵是為 Docker Compose 準備一個「環境變數設定文件」，檔案名稱與內容如下：

🎯 **範例**：/c05-bstock-parent/c05-docker/c05.env

```
1  SPRING_PROFILES_ACTIVE=prod
```

檔案位置為：

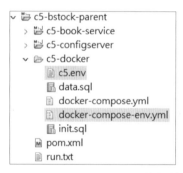

▲ 圖 5.4　準備 docker-compose-env.yml 的相依設定文件 c05.env

與其搭配的 docker-compose-env.yml 文件相關設定為：

🎯 **範例**：/c05-bstock-parent/c05-docker/docker-compose-env.yml

```
1  bookservice:
2    image: bstock/c05-book-service:0.0.1-SNAPSHOT
```

```
3   environment:
4     - SPRING_PROFILES_ACTIVE=${SPRING_PROFILES_ACTIVE}
5     - SPRING_CONFIG_IMPORT=configserver:http://configserver:8071
```

因為環境變數設定文件 (本例為 c05.env) 內使用的參數名稱為 **SPRING_PROFILES_ACTIVE**，其值就可以成為 docker-compose-env.yml 的變數替代字串 **${SPRING_PROFILES_ACTIVE}** 的值，如範例行 4，具備替代效果。

只要在使用 docker-compose 指令時同時以「 --env-file 」選項指定該環境變數設定文件即可：

```
1   docker-compose
2     -f c05-docker/docker-compose-env.yml
3     --env-file c05-docker/c05.env
4   up
```

5.2.2 使用介面 Environment 或 @Value 讀取設定資料

在 PropertyController 類別中示範了兩種讀取設定檔的方式，特別是屬性 lab.profile， 它 位 於 /c05-bstock-parent/**c05-configserver**/src/main/resources/config/book-service.properties 設定檔內，下一個章節將說明 Book 微服務如何由 Config Server 內取回該設定。我們可以把該檔案的所有設定屬性視為 Book 微服務所有，即便目前它位在 Config Server 內。藉由該屬性的顯示，可以判定目前的 Book 微服務處在哪一個 Profile：

範例：/c05-book-service/src/main/java/lab/cloud/book/controller/PropertyController.java

```
1    @RestController
2    public class PropertyController {
3
4      @Value("${lab.profile}")
5      private String labprofile;
6
7      @GetMapping(value = "/labprofile")
8      public ResponseEntity<String> getLabprofile() {
9        return ResponseEntity.ok(labprofile);
10     }
11
12     @Autowired
```

```
13    private Environment env;
14
15    @GetMapping(value = "/property/{key}")
16    public ResponseEntity<String> getBook(@PathVariable("key") String key) {
17      return ResponseEntity.ok(env.getProperty(key));
18    }
19  }
```

🔊 說明

4	使用 @Value 標註類別欄位，加上參數名稱，如 ${lab.profile}，可以注入設定參數值到該類別欄位。 啟動服務後存取的端點是 http://localhost:8080/labprofile。
12-13	使用介面 Environment 的物件參考 env，也可以協助取得設定參數值。
17	使用 env.getProperty(key) 取得參數值，此處變數 key 為設定檔的參數名稱，如 lab.profile。 啟動服務後存取的端點是 http://localhost:8080/property/lab.profile。

5.2.3 微服務用戶端的資料設計

表格設計與初始資料載入

Book 微服務為簡化設計，將內容著重在微服務架構的探討，涉及的表格只有兩個：

ⓖ 範例：/c05-bstock-parent/c05-docker/init.sql

```
1   CREATE TABLE IF NOT EXISTS public.authors (
2     author_id text COLLATE pg_catalog."default" NOT NULL,
3     name text COLLATE pg_catalog."default",
4     contact_name text COLLATE pg_catalog."default",
5     contact_email text COLLATE pg_catalog."default",
6     contact_phone text COLLATE pg_catalog."default",
7     CONSTRAINT authors_pkey PRIMARY KEY (author_id)
8   )
9   CREATE TABLE IF NOT EXISTS public.books (
10    book_id text COLLATE pg_catalog."default" NOT NULL,
11    author_id text COLLATE pg_catalog."default" NOT NULL,
12    description text COLLATE pg_catalog."default",
13    product_name text COLLATE pg_catalog."default" NOT NULL,
```

```
14    book_type text COLLATE pg_catalog."default" NOT NULL,
15    comment text COLLATE pg_catalog."default",
16    CONSTRAINT books_pkey PRIMARY KEY (book_id),
17    CONSTRAINT books_author_id_fkey FOREIGN KEY (author_id)
18        REFERENCES public.authors (author_id) MATCH SIMPLE
19        ON UPDATE NO ACTION
20        ON DELETE NO ACTION
21        NOT VALID
22 )
```

分別是表格 authors 與 books，其 ER Diagram 如下：

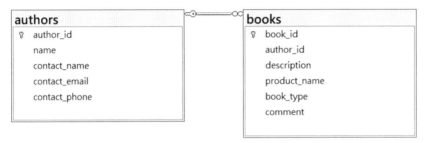

▲ 圖 5.5　表格 authors 與 books 的 ER Diagram

表格資料的初始化使用以下 SQL 檔：

📝 範例：/c05-bstock-parent/c05-docker/data.sql

```
1    INSERT INTO public.authors VALUES ('author-id-1', 'Bstock', 'jim', 'jim@gmail.
     com', '888888888');
2    INSERT INTO public.authors VALUES ('author-id-2', 'CloudLab', 'Admin',
     'jim@gmail.com', '888888888');
3    INSERT INTO public.authors VALUES ('author-id-3', 'Bstock', 'jim', 'jim@gmail.
     com', '888888888');
4    INSERT INTO public.books VALUES ('book-id-1', 'author-id-1', 'Software
     Product', 'Bstock', 'complete', 'I AM DEV');
5    INSERT INTO public.books VALUES ('book-id-2', 'author-id-2', 'Software
     Product', 'Bstock', 'complete', 'I AM DEV');
```

前述的 init.sql 與 data.sql 可以編寫在 docker-compose.yml 或 docker-compose-env.yml，利用 volumes 的設定讓 postgres 可以在啟動時一併載入並執行，如以下範例行 9-11：

範例：/c05-bstock-parent/c05-docker/docker-compose.yml

```
 1  database:
 2    image: postgres:latest
 3    ports:
 4      - "5432:5432"
 5    environment:
 6      POSTGRES_USER: "postgres"
 7      POSTGRES_PASSWORD: "postgres"
 8      POSTGRES_DB:       "bstock"
 9    volumes:
10      - ./init.sql:/docker-entrypoint-initdb.d/1-init.sql
11      - ./data.sql:/docker-entrypoint-initdb.d/2-data.sql
```

資料類別設計使用 Spring Data JPA

Book 微服務的資料相關類別設計採用 Spring Data JPA，主要類別如下，讀者可以直接下載隨書範例以了解程式碼。相關概念可以參考「Spring Boot 情境式網站開發指南：使用 Spring Data JPA、Spring Security、Spring Web Flow」一書：

▲ 圖 5.6　資料類別設計使用 Spring Data JPA

5.3 建構 Spring Cloud Config Server

5.3.1 選擇專案的依賴項目

Spring Cloud Config Server 是一個基於 REST 的應用程式,建構在 Spring Boot 之上。Config Server 不需要是獨立的伺服器,可以選擇將其嵌入到現有的 Spring Boot 應用程式中,或是啟動一個新的 Spring Boot 專案並將 Config Server 嵌入其中。比較好的做法是與其他應用程式分開。

建構 Config Server 的第一件事是使用 Spring Initializr (https://start.spring.io/) 建立一個 Spring Boot 專案,設定如下:

▲ 圖 5.7 設定 Spring Cloud Config Server 專案

1. 選擇 Maven 作為專案類型。

2. 選擇 Java 程式語言。

3. 選擇最新或更穩定的 Spring 版本。本例於撰稿時選擇 2.7.9,因為版本 2.7.10-SNAPSHOT 尚未穩定,版本 3.0.4 以上需要 Java 17。

4. 欄位 Group 輸入 lab.cloud,欄位 Artifact 輸入 c05-configserver。

5. 其他欄位將自動帶入值,如套件名稱自動呈現 lab.cloud.configserver。

6. 選擇以 JAR 檔案型態打包。

7. 選擇 Java 11 版本。

8. 新增 Config Server 和 Spring Boot Actuator 的相依項目。

下載專案後，其初始 pom.xml 文件如下：

```
1   <parent>
2       <groupId>org.springframework.boot</groupId>
3       <artifactId>spring-boot-starter-parent</artifactId>
4       <version>2.7.9</version>
5       <relativePath /> <!-- lookup parent from repository -->
6   </parent>
7   <groupId>lab.cloud</groupId>
8   <artifactId>c05-configserver</artifactId>
9   <version>0.0.1-SNAPSHOT</version>
10  <name>c05-configserver</name>
11  <description>Demo project for Spring Boot</description>
12  <properties>
13      <java.version>11</java.version>
14      <spring-cloud.version>2021.0.5</spring-cloud.version>
15  </properties>
16  <dependencies>
17      <dependency>
18          <groupId>org.springframework.boot</groupId>
19          <artifactId>spring-boot-starter-actuator</artifactId>
20      </dependency>
21      <dependency>
22          <groupId>org.springframework.cloud</groupId>
23          <artifactId>spring-cloud-config-server</artifactId>
24      </dependency>
25
26      <dependency>
27          <groupId>org.springframework.boot</groupId>
28          <artifactId>spring-boot-starter-test</artifactId>
29          <scope>test</scope>
30      </dependency>
31  </dependencies>
32  <dependencyManagement>
33      <dependencies>
34          <dependency>
35              <groupId>org.springframework.cloud</groupId>
36              <artifactId>spring-cloud-dependencies</artifactId>
37              <version>${spring-cloud.version}</version>
38              <type>pom</type>
39              <scope>import</scope>
40          </dependency>
41      </dependencies>
```

```
42  </dependencyManagement>
43
44  <build>
45      <plugins>
46          <plugin>
47              <groupId>org.springframework.boot</groupId>
48              <artifactId>spring-boot-maven-plugin</artifactId>
49          </plugin>
50      </plugins>
51  </build>
```

這個 pom.xml 不是本專案的最終定版，至少還缺少前一章節介紹的 Docker 相依項目和設定，但是可以關注一些內容：

1. 由範例行 4，Spring Boot 版本為 2.7.9。

2. 由範例行 14，Spring Cloud 版本由 Spring Initializr 網站參考 Spring Boot 版本後，自動決定為 2021.0.5。

3. 範例行 19、23 的專案依賴項目與我們設定相同，為 spring-boot-starter-actuator 與 spring-cloud-config-server。

4. 範例 32-42 是 Spring Cloud 的 BOM 表。BOM 是 Bill of Materials 的縮寫，中文譯為「物料清單」。BOM 文件常見於製造業，是為了製造終端產品所使用的文件，內容記載了原物料清單、主 / 副加工流程、各部位明細、半成品與成品數量等資訊。這和 Spring Cloud 由許多獨立子專案集合一起有相似的地方。如果我們的微服務專案要為每一個引入的獨立子專案標註版本號，將會是件麻煩的事；因此 Spring Cloud 的專案就使用 BOM 的概念，只要決定 Spring Cloud 的版本，就會決定所有獨立子專案的版本，無須為引用的相依子專案如 spring-cloud-config-server 聲明版本號。

5. 範例行 14 定義 **<spring-cloud.version>** 的標籤值，即為行 37 的變數 **${spring-cloud.version}** 值。

關於 Spring Cloud 的版本號與 Maven 內容呈現

Spring Cloud 使用一種非傳統的機制在 Maven 專案裡表達它的版本控制。因為 Spring Cloud 是許多獨立子專案的集合，所以 Spring Cloud 團隊使用「Release Train」的字眼代表發布專案更新，有火車頭帶領多節火車廂的味道，參考 https://spring.io/projects/spring-cloud：

The table below outlines which version of Spring Cloud maps to which version of Spring Boot.

Table 1. Release train Spring Boot compatibility

Release Train	Release Train
2022.0.x aka Kilburn	3.0.x
2021.0.x aka Jubilee	2.6.x, 2.7.x (Starting with 2021.0.3)
2020.0.x aka Ilford	2.4.x, 2.5.x (Starting with 2020.0.3)
Hoxton	2.2.x, 2.3.x (Starting with SR5)
Greenwich	2.1.x
Finchley	2.0.x
Edgware	1.5.x
Dalston	1.5.x

Spring Cloud Dalston, Edgware, Finchley, and Greenwich have all reached end of life status and are no longer supported.

▲ 圖 5.8　Spring Cloud 團隊的 release train

上表同時也是 Spring Boot 與 Spring Cloud 的版本對應關係，左側是 Spring Cloud，右側是 Spring Boot，且 Spring Boot 是獨立於 Spring Cloud 發布的，要注意兩者間的相容關係。若使用 Spring Initializr 網站建立基於 Spring Boot 的 Spring Cloud 專案架構，就由 Spring Initializr 決定版本。所有組成 Spring Cloud 的子專案都打包在一個 Maven BOM 下，作為一個整體發布。

Spring Cloud 團隊先前使用倫敦地鐵站的名稱作為其版本的名稱，每一個主要版本都指定一個倫敦地鐵站，已經發布了多個版本，從 **A**ngel、**B**rixton、**C**amden、**D**alston、**E**dgware、**F**inchley、**G**reenwich 到 **H**oxton，每一站的第一個字母恰好是 A、B、C、D、E、F、G、H。現今則以西元年份開頭作為版本號碼。

使用 application.* 或 bootstrap.* ？

建立 Spring Cloud Config Server 的下一步是建立一個文件來定義 Config Server 的核心設定，以便它可以執行。文件有幾種選項：

1. **application**.properties
2. **application**.yml

3. **bootstrap**.properties

4. **bootstrap**.yml。

包含兩種檔名，附檔名是「*.properties」或「*.yml」只是書寫風格不同：

1. application.*

2. bootstrap.*

其中 bootstrap.* 文件是特定的 Spring Cloud 文件類型，會在 application.* 文件之「前」被載入。該文件用於指定 Spring 應用程式名稱、設定資料儲存庫的類型與位置、加密 / 解密資訊等。

以往，大部分的 Config Server 都使用 bootstrap.* 進行設定；不過由 Spring Cloud 的 2020.* 版開始有了很大變化：

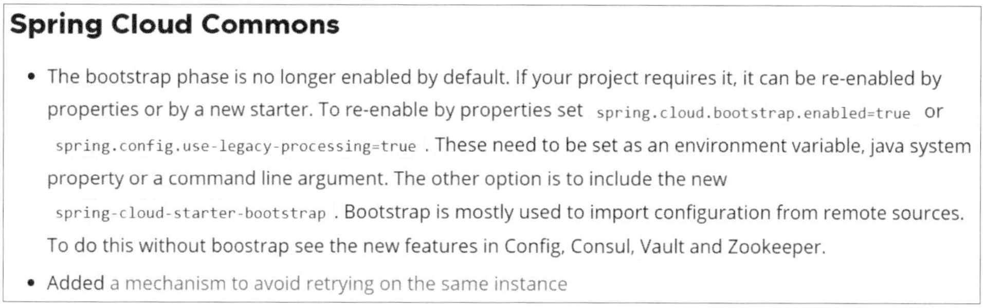

Spring Cloud Commons

- The bootstrap phase is no longer enabled by default. If your project requires it, it can be re-enabled by properties or by a new starter. To re-enable by properties set `spring.cloud.bootstrap.enabled=true` or `spring.config.use-legacy-processing=true`. These need to be set as an environment variable, java system property or a command line argument. The other option is to include the new `spring-cloud-starter-bootstrap`. Bootstrap is mostly used to import configuration from remote sources. To do this without boostrap see the new features in Config, Consul, Vault and Zookeeper.
- Added a mechanism to avoid retrying on the same instance

▲ 圖 5.9　Spring Cloud 的 2020.* 版之後對 bootstrap 的改變

依照文件說明，以往 Spring Cloud 會在啟動階段 (bootstrap phase) 由遠端資源匯入設定資料，但該階段已經預設不再啟用。若要維持舊設定與機制不變，需要使用以下其中之一：

1. spring.cloud.bootstrap.enabled=true

2. spring.config.use-legacy-processing=true

詳細內容請參考 https://spring.io/blog/2020/10/07/spring-cloud-2020-0-0-m4-aka-ilford-is-available。本書範例將使用 application.yml 設定 Config Server：

🎯 **範例：/c05-configserver/src/main/resources/application.yml**

```yml
spring:
  application:
    name: config-server
  profiles:
    active: native
  cloud:
    config:
      server:
        native:
          search-locations: classpath:/config
server:
  port: 8071
encrypt:
  key: jimsecretkey
management:
  endpoints:
    web:
      exposure:
        include: "*"
```

📣 **說明**

1-3	設定應用程式名稱，會用在服務發現 (Service Discovery) 與監控中，將在下一章節說明。
4-5	定義 Config Server 的 Profile 使用「native」，表示以「檔案系統」儲存設定資料。
6-10	設定資料在檔案系統裡的儲存路徑為 classpath:/config
11-12	設定埠號為 8071。
13-14	設定加解密的密鑰，將在章節 5.4 說明使用方式。
15-19	因為是範例，啟用所有 Spring Boot Actuator 的端點。

行 5 與行 10 決定設定資料在 Config Server 的儲存方式與路徑。除了代表檔案系統的 native 外，常見還有 Git 儲存庫，將在本章後續說明。

5.3.2 設定 Spring Cloud Config Server 的啟動類別

建立 Spring Cloud Config Server 的下一步是設定啟動類別：

🎯 範例：/c05-configserver/src/main/java/lab/cloud/configserver/
C5ConfigurationServerApplication.java

```
1  @SpringBootApplication
2  @EnableConfigServer
3  public class C5ConfigurationServerApplication {
4    public static void main(String[] args) {
5      SpringApplication.run(C5ConfigurationServerApplication.class, args);
6    }
7  }
```

注意範例行 2 使用 **@EnableConfigServer** 標註啟動類別，表示該 Spring Boot
專案將作為 Spring Cloud Config Server。

下一步是為我們的設定資料定義搜尋位置，將由最基礎的檔案系統開始。

5.3.3 使用檔案系統儲存設定資料

本例使用 application.yml 決定設定資料的儲存庫為檔案系統，這也是最簡單的
操作方法，節錄相關設定如下：

🎯 範例：/c05-configserver/src/main/resources/application.yml

```
1   spring:
4     profiles:
5       active: native
6     cloud:
7       config:
8         server:
9           native:
10            search-locations: classpath:/config
```

注意行 5 設定值 native 與行 9 的階層文字 native 必須相同，是關於 Spring
Cloud Config Server 的 Profile 設定。一般 Profile 設定值常見有開發 (dev)、測
試 (test)、正式 (production) 等，代表 Spring 程式執行在不同的環境中；**Spring
Cloud Config Server 的 Profile 設定值則是 native、git 等**。本例使用 native。

行 10 的階層文字 search-locations 的值決定設定資料儲存位置，本例為專案的類別路徑。也可以使用「file:///」取代「classpath:」以指定絕對路徑：

```
10          search-locations: file:///C:\...\src\main\resources\config
```

當使用「classpath:/config」作為設定值時，設定資料的檔案就會儲存在專案的類別路徑 /config 下：

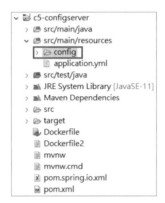

▲ 圖 5.10　Config Server 的設定路徑儲存位置

因為目前只供給 Book 微服務專案來讀取，參考 /c05-book-service/src/main/resources/application.yml 設定內容，檔名格式必須為「book-service*」。為了對應 Book 微服務的 2 種 Profile，我們必須準備 2 個設定檔：

1. **book-service-dev.properties**
2. **book-service-prod.properties**

又因為兩個設定檔會有部分內容重複；此時如同子類別共用父類別的概念，將相同的內容抽出做為預設 (default) 設定檔，檔名為 **book-service.properties**，如此一共有 3 個設定檔位於 Config Server 的類別路徑 /config 內：

▲ 圖 5.11　Book 微服務共 3 個設定檔位於 Config Server

配對關係如下。雖然存在預設 (default) 設定檔，但啟動 Book 微服務時必須指定
Profile 是 dev 或 prod。若未指定將如下圖進入左側 default 的 Profile，因為只存
取到 book-service.properties，導致執行時期因設定資料不足而發生系統錯誤：

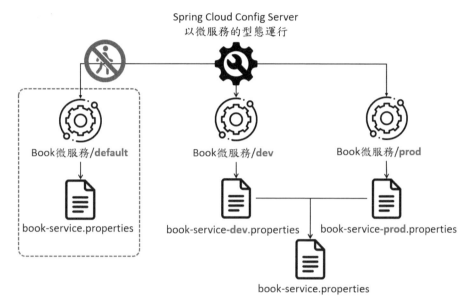

▲ 圖 5.12　設定資料檔與 Profile 的配對關係

此外，猶如子類別與父類別的關係，dev 與 prod 的設定檔除了繼承 default 設定
檔的所有屬性之外，也可以覆寫 default 設定檔的屬性。

節錄 default 的設定資料檔如下：

🎯 範例：/c05-configserver/src/main/resources/config/
book-service.properties

```
1  lab.profile= I AM THE DEFAULT   # 會被 dev 和 prod 的設定值覆寫
2  # data related settings
3  spring.jpa.hibernate.ddl-auto=none
4  spring.jpa.database=POSTGRESQL
5  spring.jpa.show-sql = true
6  spring.jpa.hibernate.naming-strategy = org.hibernate.cfg.ImprovedNamingStrategy
7  spring.jpa.properties.hibernate.dialect =
   org.hibernate.dialect.PostgreSQLDialect
8  spring.datasource.platform=postgres
9  spring.datasource.driver-class-name= org.postgresql.Driver
```

```
10  spring.datasource.testWhileIdle = true
11  spring.datasource.validationQuery = SELECT 1
12  # Actuator settings
13  management.endpoints.web.exposure.include=*
14  management.endpoints.enabled-by-default=true
```

其中：

1. 行 1 的屬性 lab.profile 用來識別目前環境。

2. 行 2-11 的屬性與資料庫相關，而且無關 dev 或 prod 環境。

3. 行 12-14 的屬性為 Actuator 設定。

接下來比較 dev 與 prod 的 Profile 的設定資料檔，明顯差異在屬性 lab.profile。通常資料庫 JDBC URL 在正式環境與測試環也會不同，但本例為方便示範而採取共用資料庫。

以下是 dev 的 Profile 的設定資料檔：

📀 範例：/c05-configserver/src/main/resources/config/
book-service-dev.properties

```
1  lab.profile= I AM DEV
2  # data source
3  spring.datasource.url = jdbc:postgresql://database:5432/bstock
4  spring.datasource.username = postgres
5  spring.datasource.password = postgres
```

以下是 prod 的 Profile 的設定資料檔：

📀 範例：/c05-configserver/src/main/resources/config/
book-service-prod.properties

```
1  lab.profile= I AM PROD
2  # data source
3  spring.datasource.url = jdbc:postgresql://database:5432/bstock
4  spring.datasource.username = postgres
5  spring.datasource.password = postgres
```

5.3.4 啟動微服務架構的所有服務

使用 Docker Compose 啟動所有微服務

到目前為止，使用檔案系統作為 Spring Cloud Config Server 的實作已經大體完成。為了要方便控管專案，本章與本書後續都將使用 Maven 的 **Multiple Modules Project** (https://maven.apache.org/guides/mini/guide-multiple-modules.html)，將微服務架構裡的相關專案包裹成子模組，在 Eclipse 的 Project Explorer 功能檢視結構如下：

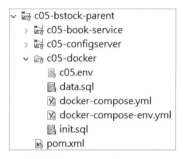

▲ 圖 5.13　本章範例採用 Maven 的 Multiple Modules Project

啟動微服務架構的所有子專案前先進入專案根目錄，本例為 /c05-bstock-parent，再執行以下指令：

```
1  mvn clean package dockerfile:build
2  docker-compose -f c05-docker/docker-compose.yml up
```

完成後可以在 Docker Desktop 看到 Book 微服務、Config Server 與 PostgreSQL 資料庫均已經啟動：

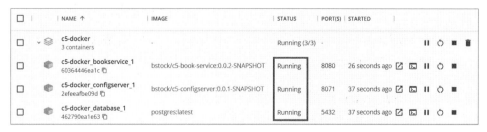

▲ 圖 5.14　在 Docker Desktop 中相關服務已經啟動

讀者也可以如先前在「於 Docker 容器中覆寫 Profile」篇章中的說明，在使用 docker-compose 指令時併同「--env-file」選項指定該環境變數設定文件以啟動專案：

```
1  docker-compose
2    -f c05-docker/docker-compose-env.yml
3    --env-file c05-docker/c5.env
4    up
```

要檢視啟動狀況，可以使用瀏覽器或 Postman 指向 http://localhost:8071/book-service/default，可以看到以 JSON 形式顯示的訊息以及 book-service.properties 文件中的所有屬性：

```
1  {
2    "name": "book-service",
3    "profiles": [
4      "default"
5    ],
6    "label": null,
7    "version": null,
8    "state": null,
9    "propertySources": [
10      {
11        "name": "classpath:/config/book-service.properties",
12        "source": {
13          "lab.profile": "I AM THE DEFAULT",
14          "lab.refresh": "before",
15          "spring.jpa.hibernate.ddl-auto": "none",
16          "spring.jpa.database": "POSTGRESQL",
17          "spring.datasource.platform": "postgres",
18          "spring.jpa.show-sql": "true",
19          "spring.jpa.hibernate.naming-strategy": "org.hibernate.cfg.ImprovedNamingStrategy",
20          "spring.jpa.properties.hibernate.dialect": "org.hibernate.dialect.PostgreSQLDialect",
21          "spring.datasource.driver-class-name": "org.postgresql.Driver",
22          "spring.datasource.testWhileIdle": "true",
23          "spring.datasource.validationQuery": "SELECT 1",
24          "management.endpoints.web.exposure.include": "*",
25          "management.endpoints.enabled-by-default": "true"
```

▲ 圖 5.15　檢視 default 的 Profile 顯示訊息

以 Postman 指向 http://localhost:8071/book-service/dev，可以看到 book-service-dev.properties 與 book-service.properties 文件中的所有屬性：

🎯 範例：http://localhost:8071/book-service/dev

```
1  {
2    "name": "book-service",
3    "profiles": [
4      "dev"
```

```
5      ],
6      "label": null,
7      "version": null,
8      "state": null,
9      "propertySources": [
10       {
11         "name": "classpath:/config/book-service-dev.properties",
12         "source": {
13           "lab.profile": "I AM DEV",
14           "spring.datasource.url": jdbc:postgresql://database:5432/bstock",
15           "spring.datasource.username": "postgres",
16           "spring.datasource.password": "postgres"
17         }
18       },
19       {
20         "name": "classpath:/config/book-service.properties",
21         "source": {
22           "lab.profile": "I AM THE DEFAULT",
23           "spring.jpa.hibernate.ddl-auto": "none",
24           "spring.jpa.database": "POSTGRESQL",
25           "spring.datasource.platform": "postgres",
26           "spring.jpa.show-sql": "true",
27           "spring.jpa.hibernate.naming-strategy":
                                      "org.hibernate.cfg.ImprovedNamingStrategy",
28           "spring.jpa.properties.hibernate.dialect":
                                      "org.hibernate.dialect.PostgreSQLDialect",
29           "spring.datasource.driver-class-name": "org.postgresql.Driver",
30           "spring.datasource.testWhileIdle": "true",
31           "spring.datasource.validationQuery": "SELECT 1",
32           "management.endpoints.web.exposure.include": "*",
33           "management.endpoints.enabled-by-default": "true"
34         }
35       }
36     ]
37   }
```

檢視 Spring Boot Actuator 的資訊

因為在 Book 微服務中啟用了 Spring Boot Actuator 機制：

🎯 **範例**：/c05-configserver/src/main/resources/config/ book-service.properties

```
1   management.endpoints.web.exposure.include=*
2   management.endpoints.enabled-by-default=true
```

也可以藉由 http://localhost:8080/actuator/env 端點確認執行中的 Profile。/env 端點提供有關服務的完整設定資料，包括啟動服務的屬性和端點，節錄部分資訊如下：

```
1   {
2       "activeProfiles": [
3           "dev"
4       ],
5       "propertySources": [
6           {
7               "name": "server.ports",
8               "properties": {
9                   "local.server.port": {
10                      "value": 8080
11                  }
12              }
13          },
14          {
15              "name": "servletContextInitParams",
16              "properties": {}
17          },
18          {
19              "name": "systemProperties",
20              "properties": {
21                  "awt.toolkit": {
22                      "value": "sun.awt.X11.XToolkit"
23                  },
24                  "java.specification.version": {
25                      "value": "11"
```

▲ 圖 5.16　http://localhost:8080/actuator/env

不過 Actuator 不適合暴露太多資訊，避免成為駭客攻擊的標的。建議搭配 Spring Secuirty 設定認證與授權以進行端點存取控管，讀者可以參考「Spring Boot 情境式網站開發指南：使用 Spring Data JPA、Spring Security、Spring Web Flow」一書的「8.3 使用 Spring Boot 執行器取得網站執行狀況」。

使用基於檔案系統的 Spring Cloud Config Server 解決方案相當容易，但這也意味一個微服務架構中的所有服務實例都將依賴於這個服務提供的共享文件掛載點；一旦 Config Server 失敗，整個架構將失敗。

後續將示範使用基於 GitHub 的 Config Server 來儲存應用程式設定資料。

5.3.5 使用 Git 儲存設定資料

如前所述，使用檔案系統作為 Spring Cloud Config Server 的後端儲存庫對於基於雲的應用程式來說不一定適合。這是因為開發團隊必須設定和管理一個共享的檔案系統，該檔案系統安裝在 Config Server 的所有實例上。

本節要示範的是另一種以 Git 作為儲存庫的 Spring Cloud Config Server。藉由 Git 可以直接版本控制微服務程式的設定資料，並提供一種簡單的機制將 Profile 整合到建構和部署的流程管道中。修改後的 application.yml 如下：

範例：/c05-configserver/src/main/resources/application.yml

```
 1  spring:
 2    application:
 3      name: config-server
 4    profiles:
 5      active: native, git
 6    cloud:
 7      config:
 8        server:
 9          native:
10            search-locations: classpath:/config
11            order: 2
12          git:
13            uri: https://github.com/rueyjium/spring-cloud-config-repo.git
14            order: 1
```

由行 5 的設定，可以知道 Profile 除了原本的「native」外，再新增了一個「git」，使用逗號區隔。

行 11 的 spring.cloud.config.server.**native**.order 與 行 14 的 spring.cloud.config.server.**git**.order 的參數值分別代表 native 與 git 等兩種 Profiles 的作用順序，數值較小的勝出，因此本例的 Profile 優先使用 git。

行 13 的設定表示新增了一個參數 spring.cloud.config.server.git.uri，指向有設定資料檔的 Git 位址，本例為 https://github.com/rueyjium/spring-cloud-config-repo.git：

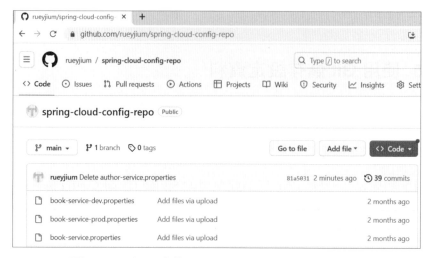

▲ 圖 5.17　以 Git 作為 Config Server 的設定資料儲存庫

本例的 Git 位址其資源是公開的。如果是私有的就需要在設定檔中提供授權的帳號與密碼，可以參考 https://cloud.spring.io/spring-cloud-config/multi/multi__spring_cloud_config_server.html 中關於 Authentication 的作法。

5.3.6　同步讀取 Spring Cloud Config Server 更新後的設定資料

驗證設定資料刷新的機制

開發團隊使用 Spring Cloud Config Server 的一個重點，是如何在設定資料更改時，可以及時通知並更新微服務用戶端程式？

然而，Spring Boot 應用程式僅在啟動時讀取它們的屬性，不管是本地端或 Config Server 的設定資料。因此 Spring Boot 應用程式不會自動讀取在 Config Server 中被更新的屬性。

不過 Spring Boot Actuator 提供了一個 @RefreshScope 的標註類別，搭配驅動 Actuator 的 /refresh 端點，就可以強制 Spring Boot 應用程式重新讀取其應用程式設定資料。設定與驗證步驟如下：

1. 使用 @RefreshScope 標註驅動類別：

以下行 2 使用 @RefreshScope 標註在 Book 微服務應用程式的啟動類別上：

🎯 範例：/c05-book-service/src/main/java/lab/cloud/book/
C5BookServiceApplication.java

```
1  @SpringBootApplication
2  @RefreshScope
3  public class C5BookServiceApplication {
4      public static void main(String[] args) {
5          SpringApplication.run(C5BookServiceApplication.class, args);
6      }
7      // others...
8  }
```

2. 新增設定屬性：

在以 Git 做為 Config Server 儲存庫的設定檔 book-service.properties 中新增一個
屬性「lab.refresh」，初始值是 before：

▲ 圖 5.18 以屬性 lab.refresh 驗證設定更新時是否可以及時通知

3. 確認更新前的屬性：

以 Book 微服務的 REST 端點 http://localhost:8080/property/lab.refresh 確認更新
前的屬性為「before」：

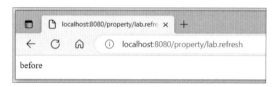

▲ 圖 5.19　屬性更新前為「before」

4. 修改設定資料的屬性值：

將 Git 裡的設定檔 book-service.properties 的屬性 lab.refresh 改為「after」：

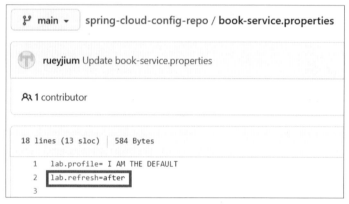

▲ 圖 5.20　把屬性 lab.refresh 值由「before」改為「after」

5. 以 POST 方法呼叫 Actuator 的 /refresh 端點：

以 POST 方 法 呼 叫 Actuator 的 http://localhost:8080/actuator/refresh 端 點 以 通知 Book 微服務讀取新的設定資料。端點返回結果為變更的屬性名稱「lab.refresh」：

▲ 圖 5.21　呼叫 /refresh 端點以通知微服務程式讀取新的設定資料

6. 確認更新後的屬性：

在未重新啟動任何微服務程式的前提下，以 Book 微服務的 REST 端點 http://localhost:8080/property/lab.refresh 確認更新後的屬性為「after」：

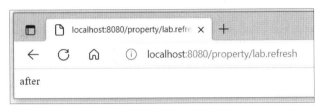

▲ 圖 5.22　屬性更新後為「after」

設定資料刷新機制的限制

使用 @RefreshScope 只能重新載入應用程式設定中的**自定義屬性**，無法載入如 Spring Data 等資料庫設定內容。在未重新啟動應用程式的前提下去改變這些屬性設定值也顯得不合理。

因為一個微服務應用程式可以啟動多個服務實例，可以編寫一個簡單的腳本，藉由存取 Service Discovery 引擎找到所有的服務實例後再呼叫 /refresh 端點。

其他刷新設定資料的做法

除了前述使用 @RefreshScope 與 Actuator 的 /refresh 端點外，還以其他做法可以參考：

1. 使用基於訊息推送的 Spring Cloud Bus，將 Config Server 上發生異動的設定發佈給使用該服務的用戶端，會需要一個額外的中介軟體如 Apache Kafka。
2. 直接重新啟動服務實例以取得新的屬性。微服務應用程式應該遵從本書第一章中介紹的開發模式，如路由模式與用戶端彈性模式等；而且基於雲的微服務應用程式有多個實例，其生命週期預期就是短暫的。因此藉由重啟服務實例以取得新的屬性是可以接受的方式，只要先啟動使用新設定的服務實例，然後將流量引導至新服務實例並拆除舊服務實例即可。

5.4 保護機敏設定資料

預設情況下，Spring Cloud Config Server 將所有屬性以明文的形式儲存在應用程式的設定檔中，這也包括機敏資訊如資料庫登入密碼等。將機敏資訊以明文的形式儲存是一件會有資訊安全隱憂的作法，但的確經常發生。

Spring Cloud Config Server 使開發團隊能夠輕鬆加密機敏的屬性值。它支援使用對稱和非對稱的加密密鑰。非對稱的加密方式比對稱的加密方式更安全，因為它使用更複雜的演算法，更難以破解。但使用對稱密鑰會比較方便，因為只需要在 Config Server 的設定檔 application.yml 中定義一個屬性值即可。本書後續範例使用對稱密鑰加密與解密。

5.4.1 設定對稱密鑰

對稱的密鑰被用來同時加密和解密。對於 Spring Cloud Config Server 來說，對稱密鑰就是一個字串，可以做為設定檔 application.yml 的一個屬性，也可以藉由傳遞系統環境變數 ENCRYPT_KEY 給微服務應用程式，端看團隊的選擇。

一般來說，對稱密鑰長度應為 12 個或更多字元組成，通常是一組隨機字串，如 Gxp83Ki8403Iod87dne7Yjsl3THueh48jfuOFj4U2hf6490；不過本書範例為簡化複雜度，使用 jimsecretkey 作為密鑰，方便閱讀。

這個對稱密鑰會用來加解密 Book 微服務連線資料庫的密碼。因為資料庫密碼儲存在 Config Server 的後端儲存庫的 book-service-dev.properties 與 book-service-prod.properties 檔案中，因此加解密密鑰儲存在 Config Server 的 application.yml 中：

🎯 **範例**：/c05-configserver/src/main/resources/application.yml

```
1  encrypt:
2    key: jimsecretkey
```

如果以 Docker Compose 啟動服務，則 docker-compose.yml 行 6 的環境變數 ENCRYPT_KEY 的值可以覆寫 application.yml 的設定內容，本書預設兩者相同：

範例：/c05-bstock-parent/c05-docker/docker-compose.yml

```
1   configserver:
2     image: bstock/c05-configserver:0.0.1-SNAPSHOT
3     ports:
4       - "8071:8071"
5     environment:
6       ENCRYPT_KEY: "jimsecretkey"
7     networks:
8       backend:
9         aliases:
10          - "configserver"
```

在真實的執行環境中，可以再將 ENCRYPT_KEY 做為系統環境變數傳入啟動指令，就可以避免將密鑰寫死在 docker-compose.yml 中。

5.4.2 啟用 Spring Cloud Config Server 的自動加解密機制

現在準備開始加密用於存取 Book 微服務的 Postgres 資料庫密碼。此屬性名稱為 spring.datasource.password，目前以明文的形式設定，其值是 postgres。

當 Spring Cloud Config Server 啟動時，因為檢測到設定檔設定了 encrypt.key 屬性，將自動新增端點 /encrypt 與 /decrypt 到 Config Server，分別負責加密與解密。配合本例啟動的 Config Server 的網址，可用的完整端點位址為：

1. http://localhost:8071/encrypt
2. http://localhost:8071/decrypt

我們使用 /encrypt 端點配合 POST 方法加密資料庫的密碼字串 postgres：

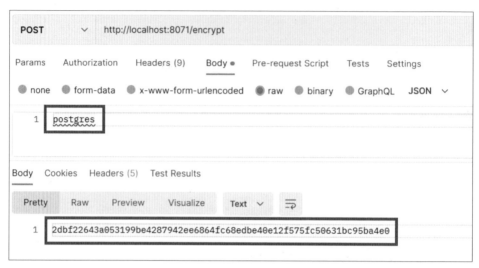

▲ 圖 5.23　使用 /encrypt 端點加密資料庫的密碼字串

也可以再使用 /decrypt 端點配合 POST 方法解密加密後的字串，驗證是否為 postgres：

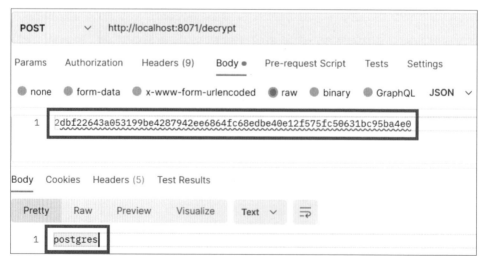

▲ 圖 5.24　使用 /decrypt 端點解密加密後的字串

最後，註解明文儲存的密碼字串，如以下範例行 6；以加密的字串取代，如範例行 7。注意 Spring Cloud Config Server 要求所有加密的屬性都以 {cipher} 作為前置詞，如此 Config Server 知道使用前必須先予以解密：

🎯 **範例：/c05-configserver/src/main/resources/config/ book-service-dev.properties**

```
1   lab.profile= I AM DEV
2
3   spring.datasource.url = jdbc:postgresql://database:5432/bstock
4
5   spring.datasource.username = postgres
6   #spring.datasource.password = postgres
7   spring.datasource.password = {cipher}2dbf22643a053199be4287942ee6864fc68edbe40
    e12f575fc50631bc95ba4e0
```

完成後重新啟動相關微服務驗證存取資料庫的功能為正常。

整合 Netflix Eureka 建構 Service Discovery

▎6.1 Service Discovery 的需求與目的

在任何分散式架構中,我們都需要找到機器所在位址的主機名稱或 IP 位址。這個概念與需求一直存在,稱為 Service Discovery 或「服務發現」。

Service Discovery 可以是維護一個包含應用程式可能存取的所有遠程服務的位址清單或屬性文件,也可以是滿足 UDDI (Universal Description, Discovery, and Integration) 規範的 XML 文件,讓世界各地的企業可以在網際網路上發布自己所提供的服務。

6.1.1 Service Discovery 對於微服務的重要性

Service Discovery 對於微服務、基於雲的應用程式至關重要，主要是基於 2 個需求：

1. 水平縮放或橫向擴展 (horizontal scaling or scale out)

這種需求通常需要藉由對應用程式架構進行調整，例如在雲服務和更多容器中新增更多服務實例來達成。

Service Discovery 機制讓使用服務的消費者不需要知道服務實例的實際物理位址，因此應用程式維運團隊可以從可用服務池中新增或刪除新的服務實例，或快速地橫向擴展運行的服務實例數量。

企業以往總想著採購更強大的主機來支撐流量或負載，稱「垂直擴展」。垂直擴展雖然可以應付尖峰的流量，但離峰時就顯得浪費。當思維改成租用更多平價的主機來分擔負載，就可以有效解決垂直擴展的浪費，稱「水平擴展」。

2. 彈性 (resiliency)

這種需求是指要能在不影響業務或系統運行的情況下處理有問題的服務。微服務架構需要非常敏感，以防止因為單一服務實例的異常而擴散影響到服務的消費者。

Service Discovery 可以提高應用程式的彈性。當微服務實例變得不健康或不可用時，Service Discovery 引擎會將該實例從可用服務列表中剔除。由於 Service Discovery 引擎可以藉由路由 (routing) 繞過不可用的服務，將有效降低停機服務造成的損害。

類似的需求過去會由使用 **DNS (Domain Name System)** 或負載均衡器等方法來幫助達成。但這並不適用於基於微服務的應用程式，尤其在雲環境時。後續我們將一一說明。

6.1.2 使用負載均衡器解析服務位址的缺點

如果有一個應用程式要呼叫分佈在多個伺服器上的資源，它需要先找到這些資源的真實位址。在非雲世界中，服務位址的解析通常透過 DNS 和網路負載均衡器的組合來解決：

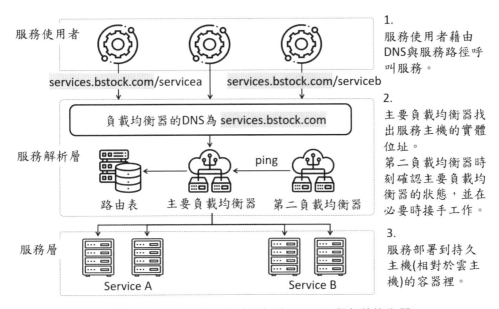

▲ 圖 6.1　傳統的服務位址解析使用 DNS 與負載均衡器

在這樣的傳統情境中，當應用程式需要呼叫服務的端點時，它會嘗試使用 DNS 名稱與服務路徑來呼叫。DNS 的名稱解析可以藉由一些負載均衡器來達成，商用的如 F5(http://f5.com) 負載均衡器，開源的如 HAProxy (http://haproxy.org) 負載均衡器。

當負載均衡器收到服務的請求後，會先根據請求的路徑在**路由表 (routing table)** 的伺服器列表中找到對應項目，然後選擇列表中的一台伺服器並將請求轉發到該伺服器。

要使用這種傳統的做法，服務的每一個實例都要部署在一個或多個應用程式伺服器中。這些應用程式伺服器的數量通常是固定且具備「持久」的特性，亦即如果系統崩潰將回復到崩潰前狀態。

此外為了達成負載均衡器的高可用性，可以有輔助的負載均衡器對主要負載均衡器執行 ping 操作以查看它是否處於運行狀態；如果主要負載均衡器異常，將由輔助的負載均衡器接手工作。

雖然這種作法適用在企業內部的封閉式環境中運行，並且在一組靜態伺服器上運行的服務數量相對較少，但它不適用於基於雲的微服務應用程式，原因有：

1. 雖然負載均衡器可以實作高可用性，但還是可能成為整個基礎架構的故障單點。一旦負載均衡器出現故障，依賴它的每一個應用程式將無法提供服務。雖然可以讓負載均衡器具備高可用性，但負載均衡器也可能成為應用程式基礎架構中的集中阻塞點。

2. 將服務的應用程式集中到一個負載均衡器的叢集中會限制跨多個伺服器水平擴展的能力。許多商業負載均衡器對企業主要有兩個限制，分別是冗餘 (redundancy) 模型和授權 (licensing) 費用。大多數商業負載均衡器都使用熱插拔 (hot-swap) 模型來實作冗餘，通常只會有一台伺服器來處理負載；輔助的負載均衡器則僅用在主要負載均衡器出現故障時進行轉移。因此從本質上來說，負載均衡器有其硬體資源上限。此外商業負載均衡器也有針對固定使用量的授權，較難彈性使用。

3. 傳統的負載均衡器大多數都是偏向靜態 (statically) 管理，它們不是為快速註冊和註銷服務而設計的。傳統的負載均衡器使用集中式資料庫來儲存路由規則，要異動路由裡的節點通常需要透過供應商的 API。

4. 負載均衡器在架構裡充當服務的代理 (proxy)，對服務的請求需要經由負載均衡器的映射 (mapping) 並轉換為真實的服務伺服器位址。該轉換層通常會為服務基礎架構增加另一層複雜性，因為必須人工定義部署的服務位址的映射規則。此外在傳統的負載均衡器情境中，新服務實例的註冊不會在新服務實例啟動時自動完成。

這 4 個原因並不是對負載均衡器的嫌棄。事實上負載均衡器在過去的企業環境中運行良好，大多數應用程式的大小和規模都可以透過這樣的架構來處理。而且負載均衡器對於安全通訊的相關協定如 SSL、TLS、HTTPS 等具有管理與終止服務通訊埠的功能，它可以對代理的所有伺服器的入口通訊埠和出口通訊埠的存取決定是否放行。這種**最少網路存取 (least network access)** 的概念對於一些產業如 PCI (Payment Card Industry) 的**合規性 (compliance)**，通常扮演關鍵角色。

然而，在雲環境因為必須處理大量的交易和冗餘 (redundancy)，這樣的架構注定最終無法正常運作，因為它無法有效擴展而且不符合成本效益。後續將說明如何在基於雲的應用程式使用強大的 Service Discovery 機制。

6.2 雲端的 Service Discovery

相較於服務位址解析在傳統的硬體架構中使用 DNS 與負載均衡器，基於雲的微服務應用程式的解決方案則是使用 Service Discovery 機制，因為它是：

1. **高可用 (highly available)**：Service Discovery 需要能夠支援「熱」叢集 (cluster) 環境。亦即在雲環境中，服務位址的資訊必須可以在 Service Discovery 叢集的多個節點間共享。如果一個節點變得不可用，叢集中的其他節點應該能夠立即接管。叢集可以定義為一組多個伺服器實例，所有實例都具有相同的配置並協同工作以提供高可用性、可靠性和擴展性。

2. **點對點 (peer-to-peer)**：Service Discovery 叢集中的每一個節點共享所有註冊的服務實例狀態。

3. **負載均衡 (load balanced)**：Service Discovery 需要在所有服務實例中動態地均衡負載請求，這也確保所有的服務呼叫都在可控的範圍內。在許多方面，Service Discovery 可以取代用於 Web 應用程式中，必須人工靜態管理的負載均衡器。

4. **彈性 (resilient)**：Service Discovery 的用戶端程式應該要可以快取 (cache) 服務資訊。用戶端程式的本地快取 (local caching) 允許 Service Discovery 功能或因異常而逐漸降級，即便 Service Discovery 服務變得不可用，用戶端程式仍然可以運行並根據自己的快取資訊定位服務位址。

5. **容錯 (fault tolerant)**：Service Discovery 需要檢測服務實例何時不健康，並將該實例從可以接收用戶端程式請求的可用服務列表中刪除。它應該可以自己檢測這些故障並在沒有人為干預的情況自行完成。

我們將在後續的內容：

1. 介紹基於雲的 Service Discovery 如何在雲環境中作用。
2. 說明用戶端程式的本地快取和負載均衡的架構，如何在 Service Discovery 不可用的情形也能繼續運行。
3. 展示如何使用 Spring Cloud 和 Netflix Eureka 的 Service Discovery 以實作服務發現機制。

6.2.1 Service Discovery 的機制

在開始相關 Service Discovery 的討論前，我們需要先了解四個概念。這些概念通常會出現在 Service Discovery 的實作中：

1. 服務註冊：如何使用 Service Discovery 註冊服務？
2. 用戶端程式查找服務位址：服務的用戶端程式如何查找服務資訊？
3. 資訊共享：Service Discovery 的節點如何共享服務資訊？
4. 健康監控：服務如何將它們的健康狀況反饋給 Service Discovery ？

實作 Service Discovery 的主要目標是擁有一個體系結構。在該體系結構中，微服務應用程式主動揭露它們的物理位址，而不是維運團隊人工配置它們的位址。下圖顯示如何新增和刪除服務實例，以及它們如何更新 Service Discovery 並成為可用的服務請求對象：

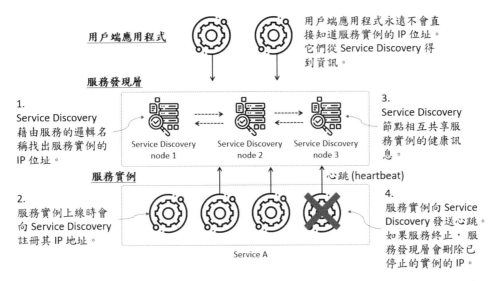

▲ 圖 6.2　Service Discovery 互享服務實例新增或移除資訊並提供給用戶端程式

上圖顯示了前面四個概念的流程，以及我們實作 Service Discovery 模式時經常發生的情況。圖中一個或多個 Service Discovery 節點已經啟動，而且這些啟動的 Service Discovery 實例通常前面不存在負載均衡器。

當服務實例啟動時，它們會將自己的 IP 位址、服務路徑和埠號，向一個或多個 Service Discovery 註冊。

不同的服務藉由服務 ID 來辨識。雖然每一個服務實例都擁有唯一的 IP 位址和埠號，但它們都註冊在相同的服務 ID 下。因此服務 ID 只能用來識別一組提供相同功能的服務實例，但無法再進一步分辨。

一個服務實例通常只向一個 Service Discovery 實例註冊。藉由大多數 Service Discovery 都有實作的資料傳播的點對點模型，每一個服務實例的資訊將被傳播 (propagate) 到叢集中的所有其他 Service Discovery 節點。依據 Service Discovery 的實作，傳播機制可能使用寫死的服務列表來傳播，或使用多傳播協議如八卦 (gossip) 或感染式 (infection-style) 協議等，參見 https://developer.hashicorp.com/consul/docs/architecture/gossip 或 https://www.brianstorti.com/swim/，以允許其他節點發現叢集中的變化。

最後，每一個服務實例透過 Service Discovery 服務推送 (push) 或拉取 (pull) 其狀態，任何未能回應良好健康的服務將從可用服務實例池中刪除。一旦服務向 Service Discovery 完成註冊，它就可以被用戶端程式呼叫。

用戶端程式查找服務的方式

第一種方式是用戶端程式每次呼叫服務時，用戶端程式僅依賴 Service Discovery 來解析服務實例位址，這種方法也比較脆弱，因為過度依賴。

另一種比較強大的方式是使用用戶端負載均衡 (client-side load balancing)，該機制使用如循環法 (round-robin) 之類的演算法來呼叫服務的實例。循環法是一種在多個伺服器之間分配用戶端程式請求的方法，亦即將用戶端程式請求依次轉發到服務的每一個實例，如下：

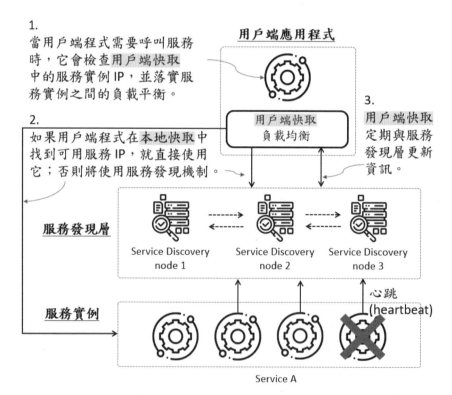

▲ 圖 6.3　用戶端負載均衡快取了服務實例的位址，因此用戶端程式不需要在每次呼叫時都詢問 Service Discovery

在此方式中，當用戶端程式需要呼叫服務時：

1. 用戶端程式將訪問 Service Discovery 以取得服務實例清單，然後快取 (cache) 在本機裡。

2. 每次用戶端程式呼叫服務時，都會先從快取中查找服務實例的位址資訊。用戶端程式選擇服務實例呼叫時，會採取一種簡單的負載均衡演算法，如循環法，以確保同一服務的多個實例能夠平均呼叫。

3. 用戶端程式將定期訪問 Service Discovery 並更新其服務實例快取。用戶端程式快取與實際狀況最終是一致的，但還是會有風險，如當用戶端程式訪問 Service Discovery 以進行更新並呼叫服務時，可能會遇到不健康的服務實例。如果在呼叫服務的過程中失敗，則本地 Service Discovery 快取將失效，用戶端程式將重新訪問 Service Discovery 以更新其快取清單。

接下來開始在我們的 B-stock 專案中架構 Service Discovery。

6.2.2 使用 Spring Cloud 和 Netflix Eureka 實作 Service Discovery

在本節中，我們將使用 Spring Cloud 和 Netflix Eureka 的 Service Discovery 引擎來實作服務發現機制。對於用戶端程式的負載均衡，則使用 Spring Cloud LoadBalancer。值得一提的是，Spring Cloud 過往都搭配 Netflix Ribbon 作為用戶端程式負載均衡器，但因為 Netflix Ribbon 已經不再改版且進入維護模式，因此本書使用 Spring Cloud LoadBalancer。因為這樣的影響，後續編寫 pom.xml 時，需要在引用 Eureka 時特別排除 Ribbon。

透過這個實作，我們將藉由 Service Discovery 查找到的資訊，讓一個服務可以呼叫另一個服務。Spring Cloud 提供了一些方法由 Service Discovery 中查找其他微服務的註冊資訊，我們將介紹常用的一些方法的優缺點。

在本書之前的 B-stock 專案範例裡都只有 Book 微服務程式。因為領域物件 Book.java 中包含 Author 資訊，為了能夠取得相關資料，在本章中將建構獨立的 Author 微服務應用程式。下圖顯示當呼叫 Book 微服務時，它將呼叫 Author

微服務以查詢相關的 Author 資訊，經過 Spring Cloud LoadBalancer 可以減輕 Eureka 伺服器的負載，並在 Eureka 變得不可用時維持用戶端穩定性：

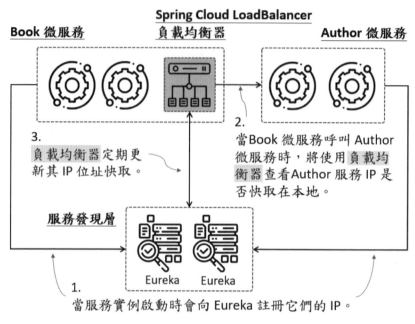

▲ 圖 6.4　微服務 Book 呼叫微服務 Author 的流程

解析 Author 服務實例的位置後會保存在 Service Discovery 的註冊表中。在圖 6.4 裡，我們將讓 Author 服務的兩個實例向 Service Discovery 註冊，然後 Book 服務以 Spring Cloud LoadBalancer 查找 Author 服務實例並予以快取在本地端。描述上圖步驟如下：

1. 隨著服務的啟動，Book 和 Author 微服務都向 Eureka 的 Service Discovery 註冊。這個註冊過程將提供服務實例的 IP 位址、埠號，以及服務 ID。

2. Book 服務呼叫 Author 服務時，使用 Spring Cloud LoadBalancer 提供用戶端程式負載均衡的機制。LoadBalancer 將訪問 Eureka 以查詢服務實例的位址資訊，然後將其快取在用戶端服務。

3. 用戶端服務的 Spring Cloud LoadBalancer 將定期檢測 Eureka 服務狀態，並更新遠端服務實例位址的快取。

在這樣的設計下 Book 服務可以藉由 Eureka 得知任何新加入的 Author 服務實例，而且不健康的實例都將從本地快取中剔除。後續我們將透過設定 Spring Cloud Eureka 服務來實作這個設計。

6.3 建構 Spring Cloud Eureka 服務

6.3.1 建立 Eureka Server 專案

新增 Maven 依賴項目

在本節中，我們將使用 Spring Boot 建立 Eureka 專案。如同 Spring Cloud Config Server，設定 Spring Cloud Eureka 服務首先要建立一個新的 Spring Boot 專案並套用一些標註類別和設定，讀者由 Spring Initializr (https://start.spring.io/) 開始時需要選擇的依賴項目分別是 Config Client、Spring Boot Actuator、Eureka Server 與 Cloud LoadBalancer，如下：

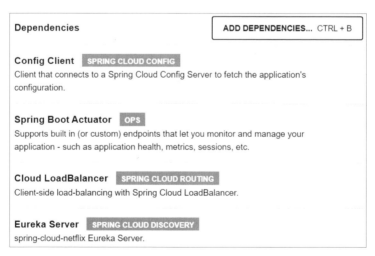

▲ 圖 6.5　Spring Boot 建立 Eureka 服務時的依賴項目

相應於前述選擇的依賴項目，節錄部分編寫後的 pom.xml 如下：

🎯 範例：/c06-eurekaserver/pom.xml

```
1   <dependency>
2       <groupId>org.springframework.cloud</groupId>
3       <artifactId>spring-cloud-starter-config</artifactId>
4   </dependency>
5   <dependency>
6       <groupId>org.springframework.boot</groupId>
7       <artifactId>spring-boot-starter-actuator</artifactId>
8   </dependency>
9   <dependency>
10      <groupId>org.springframework.cloud</groupId>
11      <artifactId>spring-cloud-starter-netflix-eureka-server</artifactId>
12      <exclusions>
13          <exclusion>
14              <groupId>org.springframework.cloud</groupId>
15              <artifactId>spring-cloud-starter-ribbon</artifactId>
16          </exclusion>
17          <exclusion>
18              <groupId>com.netflix.ribbon</groupId>
19              <artifactId>ribbon-eureka</artifactId>
20          </exclusion>
21      </exclusions>
22  </dependency>
23  <dependency>
24      <groupId>org.springframework.cloud</groupId>
25      <artifactId>spring-cloud-starter-loadbalancer</artifactId>
26  </dependency>
```

📢 說明

1-4	由 Spring Initializr 新增 Config Client 後，產生 spring-cloud-starter-config 的依賴項目。
5-8	由 Spring Initializr 新增 Spring Boot Actuator 後，產生 spring-boot-starter-actuator 的依賴項目。
9-22	由 Spring Initializr 新增 Eureka Server 後，產生 spring-cloud-starter-netflix-eureka-server 的依賴項目。
13-16	因為使用 Spring Cloud LoadBalancer，需要 Eureka Server 中排除 spring-cloud-starter-ribbon。
17-20	因為使用 Spring Cloud LoadBalancer，需要 Eureka Server 中排除 ribbon-eureka。

| 23-26 | 由 Spring Initializr 新增 Cloud LoadBalancer 後，產生 spring-cloud-starter-loadbalancer 的依賴項目。 |

建立 Spring Boot 設定檔

本章範例專案 c06-bstock-parent 的子專案 c06-eurekaserver 的參數設定檔如下。因為需要由 Config Server 讀取設定參數，因此可以參考前一章 Book 服務的設定檔內容。此外還需要新增避免 Ribbon 成為預設的用戶端程式負載均衡器的設定，如以下行 6-9：

🎯 **範例**：/c06-eurekaserver/src/main/resources/application.yml

```
1  spring:
2    application:
3      name: eureka-server
4    config:
5      import: configserver:http://configserver:8071
6    cloud:
7      loadbalancer:
8        ribbon:
9          enabled: false
```

在 Config Server 的後端儲存庫的子專案的設定文件如下，檔名要與前設定文件行 3 的程式名稱相同：

🎯 **範例**：/c06-configserver/src/main/resources/config/
eureka-server.properties

```
1   spring.application.name=eureka-server
2
3   server.port=8070
4   eureka.instance.hostname=eurekaserver
5
6   management.endpoints.web.exposure.include=*
7
8   eureka.client.registerWithEureka = false
9   eureka.client.fetchRegistry = false
10  eureka.client.serviceUrl.defaultZone = http://${eureka.instance.hostname}
    :${server.port}/eureka/
11
12  eureka.server.waitTimeInMsWhenSyncEmpty=5
```

🔊 **說明**

3	設定 Eureka 服務主機埠號為 8070。
4	設定 Eureka 服務主機名稱為 eurekaserver，需以合適位址置換。
8-9	因為是 Eureka Server，和 Eureka Client 相關的設定都不需要啟用： ◆ 不需要向 Eureka 註冊：eureka.client.registerWithEureka = false。 ◆ 不需要向 Eureka 抓取其他服務實例的註冊資料：eureka.client.fetchRegistry = false。
10	提供 Eureka 的服務 URL，它是 eureka.instance.hostname 和 server.port 屬性的組合。
12	設定 Eureka Server 接受請求前的等待時間為 5，單位是毫秒。

關於前述行 12 的屬性，在 Eureka Server 啟動之後，**預設**會有 5 分鐘 (=5*60* 1000 毫秒) 的時間，讓相關的服務在這段時間向它註冊，然後才開放給所有服務互相查找。因為是在開發測試階段，服務很少，因此這裡設定 waitTimeInMsWhenSyncEmpty 為很小的數字甚至是 0，避免等待時間。

建立 Eureka 服務的起動類別

啟動 Eureka Server 的最後一項設定工作是在 Spring Boot 的啟動類別加上以下行 2 的標註類別 @EnableEurekaServer：

🎯 **範例**：/c06-eurekaserver/src/main/java/lab/cloud/eureka/ C6EurekaServerApplication.java

```
1  @SpringBootApplication
2  @EnableEurekaServer
3  public class C6EurekaServerApplication {
4      public static void main(String[] args) {
5          SpringApplication.run(C6EurekaServerApplication.class, args);
6      }
7  }
```

如此，這個專案就成為 Eureka 服務。

記得啟動 Eureka Server 前，必須先啟動 Config Server ！建議使用本章的 docker-compose.yml 啟動，將自動依預先定義好的順序啟動所有 Docker 服務。

後續我們將繼續建構 Author 微服務專案，然後向 Eureka Server 註冊 Author 與 Book 服務。

6.3.2 Eureka Server 的註冊與自我保存機制

在理解 Eureka Server 的自我保存機制之前，先說明一下 Eureka Server 是如何維護具有服務實例資訊的註冊表 (registry)。在服務實例啟動時，會呼叫 Eureka Server 的 REST API 以傳送註冊資料到 Eureka Server 的註冊表。當服務實例正常關閉時，會呼叫相關 REST API 以清除資訊。

為了掌握服務實例的最新狀態，如是否異常關閉，Eureka Server 會傾聽服務實例固定頻率的心跳 (heartbeat) 傳送，稱之為更新 (renewal)：

1. 服務實例向 Eureka Server 註冊時，必須傳送 3 次的心跳，每次間隔 10 秒，因此服務註冊需要 30 秒的時間。
2. 之後，服務實例預設每 30 秒傳送一次心跳。預設在 90 秒的門檻值內，如果 Eureka Server 沒有收到服務實例的心跳，就會開始驅除 (evict) 自己註冊表裡不新鮮 (stale) 的服務實例。
3. 不過考慮可能因為網路狀況不佳，導致服務實例其實還在運行，只是暫時無法回傳心跳。此時即便心跳頻率低於門檻值，Eureka Server 依然不會驅除實例，就稱為自我保存 (self-preservation) 機制，預設會開啟。

Eureka Server 的自我保存機制啟動指標

Eureka Server 會以預設的參數值計算以下更新 (renew) 指標：

1. Renews threshold
2. Renews (last min)

計算方式可參考 https://stackoverflow.com/questions/48437752/eureka-renews-threshold-renews-last-min 或 https://blogs.asarkar.com/technical/netflix-eureka/。

若前一分鐘的實際心跳值低於門檻值，亦即以下比較結果成立，Eureka Server 就會開啟自我保存機制：

```
1  Renews (last min) <= Renews threshold
```

以啟動 2 個服務實例向 Eureka Server 註冊為例。決定是否啟動自我保存機制的步驟為：

1. 因為每 1 個服務實例預設每 30 秒發送 1 次心跳，因此 2 個服務實例在 1 分鐘內將發送 **4** 個心跳給 Eureka Server，此亦為指標 **Renews (last min)** 的值。

2. 將心跳值 4＋1 得到 5，計算 5 * 0.85＝4.25，無條件進位到下一個整數 **5**，即為指標 **Renews threshold** 的值。乘數值 0.85 後續內容會說明。

3. 因為【**Renews (last min)** ＝ 4】<＝【**Renews threshold** ＝ 5】，將激發自我保存機制，因此 Eureka 資訊頁面出現警訊：

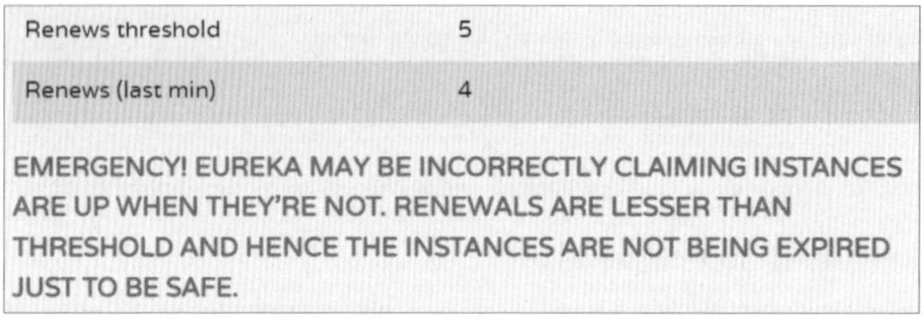

Renews threshold	5
Renews (last min)	4

EMERGENCY! EUREKA MAY BE INCORRECTLY CLAIMING INSTANCES ARE UP WHEN THEY'RE NOT. RENEWALS ARE LESSER THAN THRESHOLD AND HENCE THE INSTANCES ARE NOT BEING EXPIRED JUST TO BE SAFE.

▲ 圖 6.6　註冊 2 個服務實例的 Renews threshold 與 Renews (last min)

同理註冊 3 個服務實例時指標計算如下：

```
1  Renews (last min) = 2 * 3 = 6。
2  Renews threshold = (6 + 1) * 0.85 = 5.95，無條件進位到下一個整數 6。
```

Eureka 資訊頁面出現啟動自我保存機制：

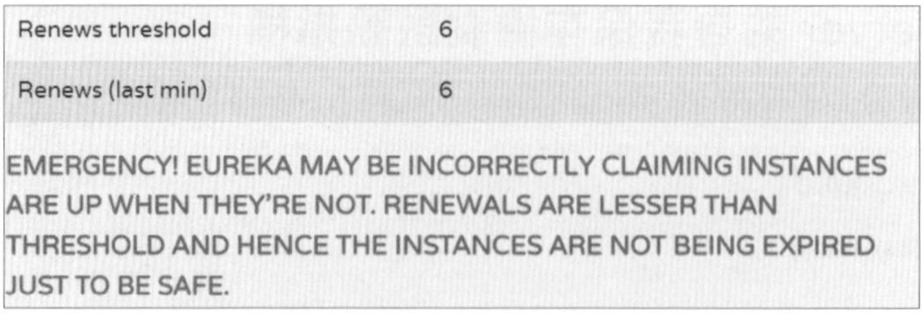

Renews threshold	6
Renews (last min)	6

EMERGENCY! EUREKA MAY BE INCORRECTLY CLAIMING INSTANCES ARE UP WHEN THEY'RE NOT. RENEWALS ARE LESSER THAN THRESHOLD AND HENCE THE INSTANCES ARE NOT BEING EXPIRED JUST TO BE SAFE.

▲ 圖 6.7　註冊 3 個服務實例的 Renews threshold 與 Renews (last min)

頁面上的警示文字為「EMERGENCY! EUREKA MAY BE INCORRECTLY CLAIMING INSTANCES ARE UP WHEN THEY'RE NOT. RENEWALS ARE LESSER THAN THRESHOLD AND HENCE THE INSTANCES ARE NOT BEING EXPIRED JUST TO BE SAFE.」，大意是「緊急情況！ Eureka 可能會錯誤地聲

稱實例已啟動，但實際上它們並未啟動。因為 Renews (last min) 小於 Renews threshold，因此為了安全起見，實例不會過期。」

因為在自我保存模式下 Eureka Server 不會刪除註冊資訊，所以有可能看到 Eureka 聲稱服務實例在啟動狀態，實際上卻無法提供服務。此時服務的用戶端程式若拿到一個無效的服務實例，就會呼叫失敗。

Eureka Server 預設會啟用自我保存機制，相關設定如下：

1. **eureka.server.enable-self-preservation**：啟用自我保存的配置，預設為 true。

2. **eureka.server.expected-client-renewal-interval-seconds**：Eureka Server 預期服務實例心跳的間隔秒數，預設值為 30，以秒為單位。

3. **eureka.instance.lease-expiration-duration-in-seconds**：預設值為 90，以秒為單位。Eureka Server 收到服務實例的心跳後，在本參數指定的時間內如果沒有再收到下一次心跳，就會開始由註冊表中驅除該服務實例。

4. **eureka.server.eviction-interval-timer-in-ms**：預設 60,000，單位為毫秒，即 60 秒。設定 Eureka Server 驅除過期服務實例的執行頻率。

5. **eureka.server.renewal-percent-threshold**：預設值是 **0.85**。Eureka Server 會基於這個設定值計算服務實例每分鐘的預期心跳數量。

6. **eureka.server.renewal-threshold-update-interval-ms**：預設值是 15 * 60 * 1000，單位毫秒，即為 15 分鐘。Eureka Server 會在每隔這個設定值的時間，如 15 分鐘，就重新計算服務實例的心跳數量。

使用者可以依據需求進行調整。

如果在意這個警訊，可以藉由設定 eureka.server.renewal-percent-threshold 為更小的值，如 0.5，或者直接設定 eureka.server.enable-self-preservation=false 來停止保存模式。

在一些環境中，如果服務實例必須經常更換，此時若開啟自我保存機制，則服務實例不會刪除，將造成部分請求會連接不存在的實例，只能藉由用戶端程式重試或熔斷處理。這時候就可以考慮不要啟用自我保護機制。

或者在網路穩定的環境中也可以考慮不開啟。

6.4 向 Spring Cloud Eureka 註冊服務

在運行 Config Server 與 Eureka Server 後，接下來要設定 Author 和 Book 服務以完成對 Eureka Server 的註冊。本章範例將設計 Book 服務藉由 Eureka 的註冊表以存取 Author 服務。

6.4.1 建立查詢 Eureka Server 的微服務程式

新增 Maven 依賴項目

Author 和 Book 服務作為 Service Discovery 的使用者，必須新增 Eureka Client 的依賴項目，同時排除 Ribbon：

◎ 範例：/c06-author-service/pom.xml、/c06-book-service/pom.xml

```
1  <dependency>
2      <groupId>org.springframework.cloud</groupId>
3      <artifactId>spring-cloud-starter-netflix-eureka-client</artifactId>
4      <exclusions>
5          <exclusion>
6              <groupId>org.springframework.cloud</groupId>
7              <artifactId>spring-cloud-starter-ribbon</artifactId>
8          </exclusion>
9          <exclusion>
10             <groupId>com.netflix.ribbon</groupId>
11             <artifactId>ribbon-eureka</artifactId>
12         </exclusion>
13     </exclusions>
14 </dependency>
```

建立 Spring Boot 設定檔

接下來是設定檔。

1. Author 微服務應用程式：

◎ 範例：/c06-author-service/src/main/resources/application.yml

```
1  spring:
2    application:
```

```
3      name: author-service
4    profiles:
5      active: dev
6    config:
7      import: configserver:http://configserver:8071
```

2. Book 微服務應用程式：

🎯 **範例**：/c06-book-service/src/main/resources/application.yml

```
1  spring:
2    application:
3      name: book-service
4    profiles:
5      active: dev
6    config:
7      import: configserver:http://configserver:8071
```

其中參數 spring.application.name 不僅用於設定檔於 Config Server 儲存庫的檔案名稱，也用於 Eureka 註冊機制。

向 Eureka Server 註冊的每一個服務實例都具備「服務 ID」和「服務實例 ID」，一個服務 ID 可以包含一組服務實例 ID，是一對多的關係。在 Spring Boot 微服務應用程式中，服務 ID 是參數 spring.application.name 的設定值，因此 Author 微服務程式的服務 ID 是 author-service，Book 微服務程式的服務 ID 是 book-service。服務實例 ID 則是一個隨機生成的數字，代表個別服務實例。

接下來，我們要讓 Author 服務和 Book 服務向 Eureka Server 註冊，相關資訊配置在 Config Server 儲存庫的設定檔案中，內容基本相同：

1. Author 微服務應用程式：

🎯 **範例**：/c06-configserver/src/main/resources/config/author-service.properties

```
1  eureka.client.registerWithEureka = true
2  eureka.client.fetchRegistry = true
3  eureka.client.serviceUrl.defaultZone = http://eurekaserver:8070/eureka/
4  eureka.instance.preferIpAddress = true
```

2. Book 微服務應用程式：

🎯 **範例**：/c06-configserver/src/main/resources/config/
book-service.properties

```
1   eureka.client.registerWithEureka = true
2   eureka.client.fetchRegistry = true
3   eureka.client.serviceUrl.defaultZone = http://eurekaserver:8070/eureka/
4   eureka.instance.preferIpAddress = true
```

設定檔案中的參數逐一說明如下：

1. 參數 eureka.instance.preferIpAddress

參數 eureka.instance.preferIpAddress 用於告訴 Eureka，服務實例傾向使用 IP 位址註冊，而不是它的主機名稱。

註冊 Eureka 預設以主機名稱進行，這在基於實體伺服器的環境中基本上沒什麼問題，而且服務名稱也會以 DNS 支援的方式命名。但在基於 Docker 容器的部署環境中，因為容器以隨機生成的主機名稱啟動，也沒有 DNS 支援；如果沒有將 eureka.instance.preferIpAddress 設定為 true，服務的用戶端程式將無法正確解析主機名稱的位址。設定 preferIpAddress 的參數可以讓 Eureka Server 在通知服務的用戶端程式時使用自動偵測的 IP 位址。

基於雲的微服務應該是短暫和無狀態的。因為需要隨時啟動和關閉，使用自動偵測的 IP 位址更適合這類型的服務。特殊狀況需要直接指定 IP 位址，則使用參數 eureka.instance.ipAddress。

2. 參數 eureka.client.registerWithEureka 與 eureka.client.fetchRegistry

這 2 個參數的值都設為 true，預設也是 true：

- 參數 eureka.client.registerWithEureka 讓 Author 和 Book 服務向 Eureka Server 註冊。

- 參數 eureka.client.fetchRegistry 則告訴 Author 和 Book 服務在取得註冊表後要建立本地端的快取副本，因此不需要在每次查找服務時都訪問 Eureka Server。預設每隔 30 秒，Eureka Client 如 Author 和 Book 服務會重新訪問 Eureka Server 以同步註冊表的異動。

3. 參數 eureka.serviceUrl.defaultZone

參數 eureka.serviceUrl.defaultZone 包含用戶端程式用來解析服務實例位址的 Eureka Server 清單，以逗號分隔，不過本章範例只有一個 Eureka Server。

若要實作 Eureka Server 的高可用性或叢集 (cluster)，不能只提供一個讓用戶端程式訪問的 Eureka Server 列表，還需要讓多個 Eureka Server 可以相互同步註冊表內容。叢集內的 Eureka Server 彼此間使用點對點 (peer-to-peer) 的模型互相通訊，因此必須設定每一個 Eureka Server 讓它可以了解叢集中的其他 Eureka Server 節點的設定，可以參考 https://projects.spring.io/spring-cloud/spring-cloud. html#spring-cloud-eureka-server 的作法。

此時，我們有兩個服務註冊到 Eureka Server，接下來可以使用 Eureka 的 REST API 或 Eureka 儀表板來查看註冊表的內容。

6.4.2 使用 Eureka Server 的儀表板與 REST API

啟動 Eureka Server 後，首頁是 http://localhost:8070/，可以使用瀏覽器查看 Eureka 儀表板，以了解各服務的註冊狀態：

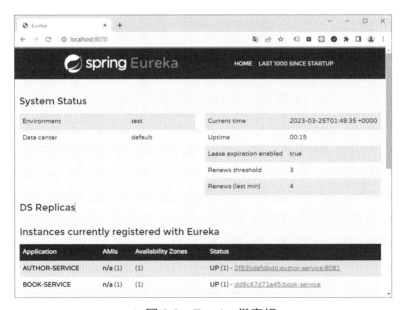

▲ 圖 6.8　Eureka 儀表板

或由 http://localhost:8070/eureka/apps 取得 XML 的文字訊息：

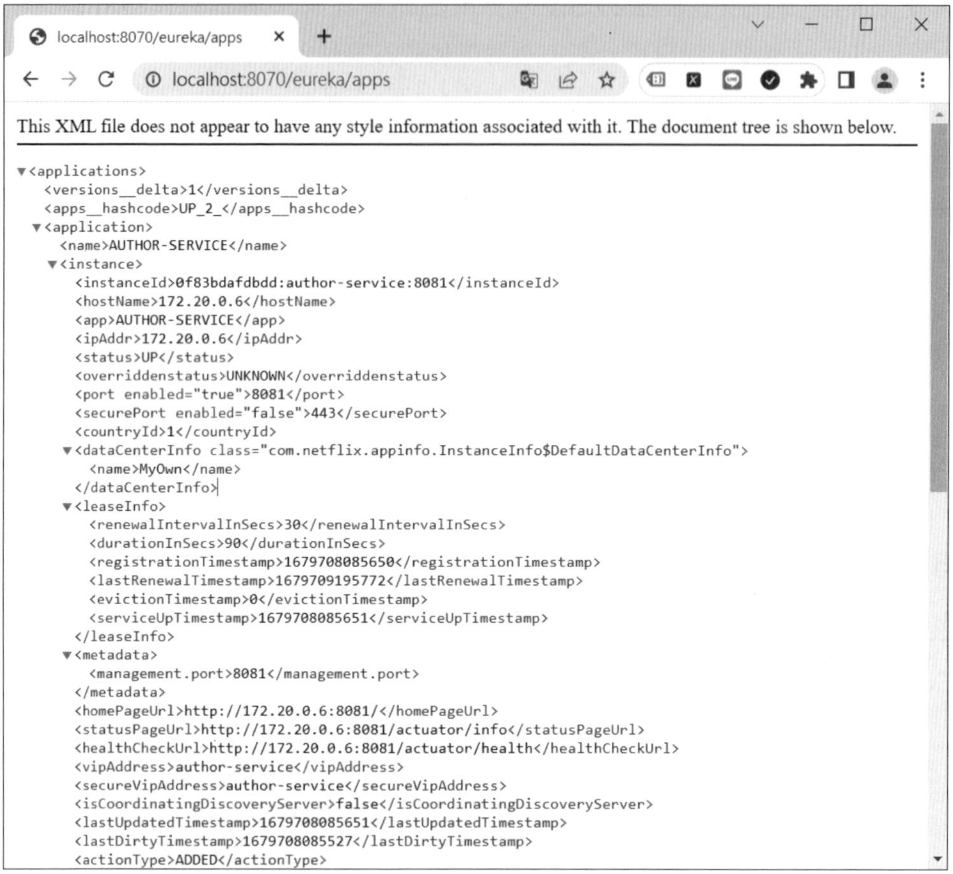

▲ 圖 6.9　Eureka 儀表板文字敘述

當服務向 Eureka Server 註冊時，Eureka 會等待三個連續的心跳檢查，然後服務才可使用，因此會需要稍待片刻。

現在我們已經註冊了 Author 和 Book 服務，要使用 REST API 查看個別服務的所有實例，可以使用 GET 方法呼叫以下端點，其中 <Service ID> 大小寫不拘：

```
1  http://<Eureka Server>:8070/eureka/apps/<Service ID>
```

如：

```
1  http://localhost:8070/eureka/apps/AUTHOR-SERVICE
```

可以得到以下結果：

```xml
▼<application>
   <name>AUTHOR-SERVICE</name>
 ▼<instance>
      <instanceId>beef4b482250:author-service:8081</instanceId>
      <hostName>172.20.0.5</hostName>
      <app>AUTHOR-SERVICE</app>
      <ipAddr>172.20.0.5</ipAddr>
      <status>UP</status>
      <overriddenstatus>UNKNOWN</overriddenstatus>
      <port enabled="true">8081</port>
      <securePort enabled="false">443</securePort>
      <countryId>1</countryId>
    ▼<dataCenterInfo class="com.netflix.appinfo.InstanceInfo$DefaultDataCenterInfo">
        <name>MyOwn</name>
      </dataCenterInfo>
    ▼<leaseInfo>
        <renewalIntervalInSecs>30</renewalIntervalInSecs>
        <durationInSecs>90</durationInSecs>
        <registrationTimestamp>1679876466844</registrationTimestamp>
        <lastRenewalTimestamp>1679876886840</lastRenewalTimestamp>
        <evictionTimestamp>0</evictionTimestamp>
        <serviceUpTimestamp>1679876466844</serviceUpTimestamp>
      </leaseInfo>
    ▼<metadata>
        <management.port>8081</management.port>
      </metadata>
      <homePageUrl>http://172.20.0.5:8081/</homePageUrl>
      <statusPageUrl>http://172.20.0.5:8081/actuator/info</statusPageUrl>
      <healthCheckUrl>http://172.20.0.5:8081/actuator/health</healthCheckUrl>
      <vipAddress>author-service</vipAddress>
      <secureVipAddress>author-service</secureVipAddress>
      <isCoordinatingDiscoveryServer>false</isCoordinatingDiscoveryServer>
      <lastUpdatedTimestamp>1679876466845</lastUpdatedTimestamp>
      <lastDirtyTimestamp>1679876466764</lastDirtyTimestamp>
      <actionType>ADDED</actionType>
   </instance>
 </application>
```

▲ 圖 6.10 使用 REST API 取得 AUTHOR-SERVICE 資訊

Eureka Server 回應的預設格式是 XML。如果將 HTTP 標頭「Accept」改為「application/json」，則可以 JSON 格式回應：

▲ 圖 6.11　使用 REST API 以 JSON 格式取得 AUTHOR-SERVICE 資訊

6.5 使用 Eureka Server 查找服務實例

在本節中，我們將說明 Book 服務在不清楚 Author 服務實例位址的情況下，透過 Eureka Server 呼叫 Author 服務的 3 種方式：

1. 使用 DiscoveryClient 與標準 RestTemplate 元件呼叫服務實例。
2. 使用支援負載均衡的 RestTemplate 呼叫服務實例。
3. 使用 Netflix Feign 的用戶端程式呼叫服務實例。

為了更容易說明這 3 種方式，本章範例在 BookController.java 裡新增了以下服務端點，藉由改變參數 clientType 的值來示範不同的呼叫方式：

📌 **範例**：/c06-book-service/src/main/java/lab/cloud/book/controller/BookController.java

```
1   @RequestMapping(value="/{bookId}/{clientType}", method = RequestMethod.GET)
2   public Book getBooksWithClient(
3           @PathVariable("authorId") String authorId,
4           @PathVariable("bookId") String bookId,
5           @PathVariable("clientType") String clientType) {
6       return bookService.getBook(bookId, authorId, clientType);
7   }
```

參數 clientType 的值與對應方式如下：

1. discovery：使用 org.springframework.cloud.client.discovery.DiscoveryClient 元件找出服務實例的位址後，再以 Spring 標準的 RestTemplate 元件呼叫 Author 服務。
2. rest：使用支援**負載均衡**的 RestTemplate 元件呼叫 Author 服務。
3. feign：使用 Netflix 的 Feign 用戶端函式庫透過**負載均衡器**呼叫 Author 服務。

前述範例行 6 關於 BookService 的方法 getBook() 的實作如下：

📌 **範例**：/c06-book-service/src/main/java/lab/cloud/book/service/BookService.java

```
1   @Autowired
2   AuthorFeignClient authorFeignClient;
3   @Autowired
4   AuthorRestTemplateClient authorRestClient;
5   @Autowired
6   AuthorDiscoveryClient authorDiscoveryClient;
7
8   public Book getBook(String bookId, String authorId, String clientType) {
9     Book book = bookRepo.findByAuthorIdAndBookId(authorId, bookId);
10    if (null == book) {
11      throw new IllegalArgumentException(
12        String.format(messages.getMessage("book.search.error.message",
                                          null, null), bookId, authorId));
13    }
14    Author author = retrieveAuthorInfo(authorId, clientType);
15    if (null != author) {
```

```
16    book.setAuthorName(author.getName());
17    book.setContactName(author.getContactName());
18    book.setContactEmail(author.getContactEmail());
19    book.setContactPhone(author.getContactPhone());
20   }
21   return book;
22 }
23
24 private Author retrieveAuthorInfo(String authorId, String clientType) {
25   Author author = null;
26   switch (clientType) {
27   case "feign":
28     System.out.println("Calling the feign client");
29     author = authorFeignClient.getAuthor(authorId);
30     break;
31   case "rest":
32     System.out.println("Calling the rest client");
33     author = authorRestClient.getAuthor(authorId);
34     break;
35   case "discovery":
36     System.out.println("Calling the discovery client");
37     author = authorDiscoveryClient.getAuthor(authorId);
38     break;
39   default:
40     author = authorRestClient.getAuthor(authorId);
41     break;
42   }
43   return author;
44 }
```

後續小節內容我們將分別介紹 AuthorFeignClient、AuthorRestTemplateClient
與 AuthorDiscoveryClient 等 3 支用戶端程式，他們都位於套件 lab.cloud.book.
service.client 內。搭配本章預先準備好的資料，可以使用 GET 方法分別呼叫以
下端點以驗證結果：

1. http://localhost:8080/v1/author/author-id-1/book/book-id-1/**rest**
2. http://localhost:8080/v1/author/author-id-1/book/book-id-1/**feign**
3. http://localhost:8080/v1/author/author-id-1/book/book-id-1/**discovery**

6.5.1　使用支援負載均衡的 RestTemplate 呼叫服務實例

本節將以範例說明如何使用支援負載均衡器的 RestTemplate 元件，這也是透過 Spring 與負載均衡器協同作業的常見作法。要使用感知負載均衡器的 RestTemplate 元件，我們需要定義一個以 **@LoadBalanced** 標註的 RestTemplate 元件，如以下範例行 11：

範例：/c06-book-service/src/main/java/lab/cloud/book/
C6BookServiceApplication.java

```
1   import org.springframework.cloud.client.loadbalancer.LoadBalanced;
2   import org.springframework.context.annotation.Bean;
3   import org.springframework.web.client.RestTemplate;
4   // import ...
5   @SpringBootApplication
6   @RefreshScope
7   public class C6BookServiceApplication {
8       public static void main(String[] args) {
9           SpringApplication.run(C6BookServiceApplication.class, args);
10      }
11      @LoadBalanced
12      @Bean
13      public RestTemplate getRestTemplate() {
14          return new RestTemplate();
15      }
16  }
```

現在支援負載均衡器的 RestTemplate 元件已經定義，接下來使用 RestTemplate 呼叫服務時，只需要以 @Autowire 標註並注入即可。

使用支援支援負載均衡器的 RestTemplate 元件，與標準的 RestTemplate 元件非常相似，只有在定義目標服務的 URL 方面有一些不同。標準 RestTemplate 呼叫的目標服務端點時必須具備「埠號、主機名稱或 IP 位址」，支援負載均衡器的 RestTemplate 則以「向 Eureka Server 註冊的服務 ID」取代前述資訊，如以下範例行 8：

範例：/c06-book-service/src/main/java/lab/cloud/book/service/client/
AuthorRestTemplateClient.java

```
1   @Component
2   public class AuthorRestTemplateClient {
```

```
3      @Autowired
4      RestTemplate restTemplate;
5      public Author getAuthor(String authorId){
6          ResponseEntity<Author> restExchange =
7                  restTemplate.exchange(
8                      "http://author-service/v1/author/{authorId}",
9                      HttpMethod.GET,
10                     null, Author.class, authorId);
11         return restExchange.getBody();
12     }
13  }
```

支援負載均衡器的 RestTemplate 元件解析傳遞給它的 URL，並使用取代實體位址與埠號的字串，本例為 author-service，作為查詢負載均衡器以獲取服務實例的關鍵，如此就可以完全抽象化服務實例的實體位址和埠號。

此外透過這個 RestTemplate 元件，Spring Cloud LoadBalancer 將對所有服務實例的請求進行循環 (round-robin) 負載平衡。

6.5.2 使用 DiscoveryClient 與標準 RestTemplate 元件呼叫服務實例

Spring 的 DiscoveryClient 元件可以搭配負載均衡器 Spring Cloud LoadBalancer，存取 Service Discovery 註冊的服務。本節將建構一個簡單的範例，使用 DiscoveryClient 從負載均衡器查詢 Author 服務的 URL，然後使用標準 RestTemplate 呼叫該服務。此時如果 Author 服務有多個服務實例，就有均衡呼叫的效果。

要使用 DiscoveryClient 必須先在啟動類別 C6BookServiceApplication 上標註 **@EnableDiscoveryClient**，如以下範例行 3：

🎯 範例：/c06-book-service/src/main/java/lab/cloud/book/
C6BookServiceApplication.java

```
1  @SpringBootApplication
2  @RefreshScope
3  @EnableDiscoveryClient
4  public class C6BookServiceApplication {
5      public static void main(String[] args) {
```

```
6        SpringApplication.run(C6BookServiceApplication.class, args);
7    }
8    // ....
9  }
```

@EnableDiscoveryClient 是 Spring Cloud 的 觸 發 器， 使 應 用 程 式 能 夠 啟 用
DiscoveryClient 元件和 Spring Cloud LoadBalancer 函式庫。元件 DiscoveryClient
和相關函式庫的使用方式如下：

🎯 **範例**：/c06-book-service/src/main/java/lab/cloud/book/service/client/
AuthorDiscoveryClient.java

```
1  @Component
2  public class AuthorDiscoveryClient {
3    @Autowired
4    private DiscoveryClient discoveryClient;
5    public Author getAuthor(String authorId) {
6      RestTemplate restTemplate = new RestTemplate();
7      List<ServiceInstance> instances =
8            discoveryClient.getInstances("author-service");
9      if (instances.size() == 0)
10       return null;
11
12     String serviceUri =
13       String.format("%s/v1/author/%s", instances.get(0).getUri().toString(),
                                                                    authorId);
14     ResponseEntity<Author> restExchange =
15       restTemplate.exchange(serviceUri, HttpMethod.GET, null,
                                                    Author.class, authorId);
16     return restExchange.getBody();
17   }
18 }
```

🔊 **說明**

4	注入 DiscoveryClient 元件。
6	建立標準的 RestTemplate 元件。
7-8	使用 DiscoveryClient.getInstances() 方法並傳入服務 ID，向 Eureka Server 取得 Author 服務註冊的實例清單。
12-13	組裝 Author 服務實例的 URI，如 **http://192.168.17.13:8081**/v1/author/**author-id-1**。
14-16	使用標準 RestTemplate 元件呼叫 Author 服務實例的 URI，並取回結果。

事實上，使用 DiscoveryClient 元件的目的應該只是要向 Service Discovery 取得註冊的服務和服務實例。以本例而言，程式碼裡就有幾個不方便的地方，因此不是建議的解決方案：

1. 沒有利用 Spring Cloud LoadBalancer。因為直接呼叫 Discovery Client 元件，雖然獲得服務實例清單，但也必須選擇要呼叫哪一個服務實例。
2. 程式碼中必須開發者自行建構用於呼叫服務實例的 URI。

此外，因為本章範例專案已經標註 @LoadBalanced 在 RestTemplate 元件上，不適合直接注入 RestTemplate 元件到 AuthorDiscoveryClient，因此改在程式碼裡直接建立只有基本功能的 RestTemplate 物件，如範例程式碼的行 6，以避免影響 AuthorDiscoveryClient 要說明的內容。

6.5.3 使用 Netflix Feign 的用戶端程式呼叫服務實例

除了使用支援負載均衡器的 RestTemplate 元件外，另一個替代方案是 Netflix 的 Feign 用戶端程式，不過 Feign 函式庫採用不同的方法來呼叫 REST 服務。

要使用這種機制，開發人員需要定義一個 Java 介面，然後標註 @FeignClient 在該介面宣告，並以向 Eureka Server 註冊的目標服務 ID 作為參數值。執行時期將由 Spring Cloud 框架動態生成一個代理類別來呼叫目標服務，如同 Spring Data JPA；因此除了定義介面外，不需要為服務呼叫編寫任何實作程式碼。

使用這個機制的步驟有 2。首先要在啟動類別標註 @EnableFeignClients，如以下範例行 2：

⚙ **範例：/c06-book-service/src/main/java/lab/cloud/book/ C6BookServiceApplication.java**

```
1  @SpringBootApplication
2  @EnableFeignClients
3  public class C6BookServiceApplication {
4      public static void main(String[] args) {
5          SpringApplication.run(C6BookServiceApplication.class, args);
6      }
7  }
```

如此可以在 Book 微服務專案中啟用 Feign 用戶端程式。

接下來是定義 Feign 用戶端程式的介面，如以下範例程式碼，我們使用它來呼叫 Author 服務的端點：

1. 行 1 在介面宣告上標註 @FeignClient，並設定需要呼叫的服務 ID 值，本例為 author-service。
2. 我們在介面中定義 getAuthor() 方法，用戶端程式可以呼叫該方法來存取 Author 服務；該方法使用的標註類別與屬性，和我們在 Spring MVC 的 REST Controller 中做為端點的方法完全一樣：
   * 行 3 使用 @RequestMapping 標註方法，將 HTTP 方法 GET 和存取路徑映射到 Author 服務的呼叫。
   * 行 6 使用 @PathVariable 將透過 URL 傳入的參數 authorId 映射到方法呼叫中的 authorId 參數。
   * 呼叫方法後的回傳值自動封裝為 Author 物件。

📎 範例：/c06-book-service/src/main/java/lab/cloud/book/service/client/AuthorFeignClient.java

```
1  @FeignClient("author-service")
2  public interface AuthorFeignClient {
3      @RequestMapping(method = RequestMethod.GET,
4                     value = "/v1/author/{authorId}",
5                     consumes = "application/json")
6      Author getAuthor(@PathVariable("authorId") String authorId);
7  }
```

要使用 AuthorFeignClient 類別，只要宣告以其作為類別實例變數的**型態**並以 **@Autowired** 標註完成自動注入，接下來 Feign 用戶端程式將自動為我們處理所有事情。

必須注意的是，使用 RestTemplate 元件時，所有服務呼叫後的 HTTP 狀態碼都透過 ResponseEntity.getStatusCode() 取得，包含例外處理。但對於以 Feign 用戶端程式呼叫的服務，若回應 HTTP 異常狀態碼，如 4xx–5xx 的區間，則異常狀態碼都會映射到 **FeignException**。FeignException 的本體是 JSON 字串，可以針對特定錯誤訊息進行解析。

Feign 用戶端程式預設拋出 FeignException，但有需要時也可以自己客製，參考範例 https://github.com/Netflix/feign/wiki/Custom-error-handling。

整合 Resilience4j 建立彈性與容錯的微服務架構

所有系統，即便是分散式系統，都會遇到故障；如何建構**彈性 (resilient)** 的應用程式，可以從失敗中復原，或是適應異常情況，成為每一個軟體開發人員的關鍵工作。然而在建構可以處理失敗的彈性系統時，大多數軟體工程師只考慮到硬體設備或關鍵服務的完全故障，他們專注於對關鍵伺服器採用叢集架構、服務之間的負載平衡、以及將硬體設備隔離到多個位置以異地備援等技術，以在應用程式的每一層中建構**冗餘 (redundancy)**。

雖然這些方法考慮了系統組件發生完全故障時的處理機制，但它們僅解決了建構彈性系統的一部分問題。當服務徹底停止時，檢測到它不存在是容易的事，而且應用程式可以繞過它；然而當服務運行緩慢時，檢測出性能不佳並繞過該服務就不是一件容易的事。常見的原因有：

1. 服務降級 (degradation) 開始時可能是間斷的，然後逐漸嚴重；服務降級也可能僅以小規模的形式發生。因此一開始只有一小群用戶抱怨問題，直到應用程式的容器突然耗盡資源並完全崩潰。

2. 對遠端服務的呼叫通常是同步的 (synchronous)，不會限制需要長時間執行的呼叫；程式開發人員將呼叫服務以進行操作，並等待服務返回結果。在這過程中沒有因為服務回應超時 (timeout) 或當掉 (hang) 而斷開服務呼叫的機制。

3. 應用程式通常只處理遠端資源的完全故障，而不是部分降級。只要服務沒有完全失敗，應用程式就會繼續呼叫狀況不佳的服務而且不會很快失敗。在這種情況下，服務的呼叫端可能因為被牽連而開始降級，或者因資源耗盡 (resource exhaustion) 而崩潰。資源耗盡是指有限的資源如執行緒池、資料庫連接池等已經達到最大值，服務呼叫端必須等待資源釋出。

由遠端服務性能不佳引起的問題不僅難以檢測，而且容易引發連鎖反應，最後影響整個應用程式系統。如果沒有適當的保護措施，性能不佳的單一服務會很快影響數個周邊程式，基於雲或微服務的應用程式特別容易受到這些類型的中斷的影響，因為應用程式由大量的細粒度分散式服務組成，在完成用戶端操作時通常涉及不同的硬體設備。

彈性模式是微服務架構裡關鍵的一環。本章將解釋數種彈性模式以及如何在 Book 微服務專案中使用 Spring Cloud 和 Resilience4j 進行實作，以便服務可以在需要時快速失敗，避免牽連擴大。

▌7.1 用戶端彈性模式簡介

用戶端彈性模式 (client-side resiliency patterns) 著重在保護用戶端程式，避免因為存取遠端資源時，如呼叫另一個微服務或資料庫查詢，因遠端資源的錯誤或性能不佳而連鎖崩潰。該模式允許用戶端快速失敗並且不會耗盡自身資源，例如資料庫連接池和執行緒池；也可以避免性能不佳的遠端服務問題傳播到用戶端的消費者。本章將介紹四種用戶端彈性模式，下圖說明這些模式如何扮演在微服務和其用戶端間的保護緩衝。

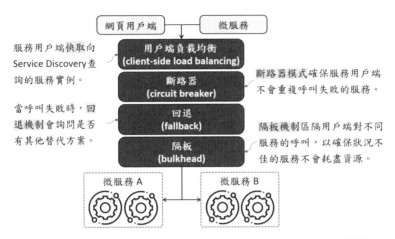

服務用戶端快取向 Service Discovery 查詢的服務實例。

當呼叫失敗時，回退機制會詢問是否有其他替代方案。

斷路器模式確保服務用戶端不會重複呼叫失敗的服務。

隔板機制區隔用戶端對不同服務的呼叫，以確保狀況不佳的服務不會耗盡資源。

▲ 圖 7.1　用戶端彈性模式扮演服務與其用戶端間的保護緩衝

這些模式，包含用戶端負載平衡、斷路器、回退、隔板，需要在呼叫遠端資源的微服務用戶端中實作，會作用在使用遠端資源的用戶端和資源本身之間。後續篇幅會逐一介紹這些模式。

7.1.1　用戶端負載均衡 (Client-Side Load Balancing) 模式

本書在上一章介紹 Service Discovery 時一併介紹用戶端負載均衡模式。在用戶端程式藉由訪問 Eureka Server，找出服務的所有實例時，將一併快取服務實例的實體位址。

當用戶端程式需要呼叫服務實例時，用戶端負載均衡器會從它維護的服務實例位址快取中返回一個實體位址。因為用戶端負載均衡器位於服務和用戶端程式之間，所以負載均衡器可以檢測服務實例是否拋出錯誤或狀況不佳。如果用戶端負載平衡器檢測到問題，它可以從自己維護的服務實例位址快取中刪除該服務實例，並停止呼叫。

這是 Spring Cloud LoadBalancer 提供的預設行為，無須額外設定；可以參閱前章內容。

7.1.2 斷路器 (Circuit Breaker) 模式

斷路器模式是模擬電子迴路斷路機制而設計的。在電氣系統中，斷路器會檢測流過電線的電流是否過多；如果斷路器檢測到問題，它會斷開與電氣系統其餘部分的連接，以防止下游組件損壞。

使用軟體斷路器，當呼叫遠端服務時，斷路器會監視呼叫流程。如果呼叫時間過長，斷路器會介入並終止呼叫；如果累計了多次的呼叫終止後狀況依然未改善，則斷路器除了終止目前呼叫外，還會阻止未來對異常的遠端資源的呼叫。

7.1.3 回退 (Fallback) 模式

使用回退模式，當遠端服務呼叫失敗時，用戶端程式不會跟著拋出例外，而是執行預先定義的替代程式碼路徑並嘗試透過其他方式執行操作。這通常涉及從另一個資料來源查詢資料，或是將請求儲存在 Queue 裡等候處理。因此用戶端的呼叫不會顯示異常，但可以通知他們的請求必須稍後再試。

例如有一個電子商務網站可以監控消費者的行為並向他們推薦可能想要購買的其他商品。通常網站會呼叫處理消費偏好的微服務來分析特定消費者過去的購買行為，並返回為該消費者量身定制的推薦列表；然而如果偏好消費的服務失敗，網站的回退 (fallback) 處理可能是提供分析所有消費者對相似產品的偏好列表。這是更一般的資料，而且可能來自完全不同的服務和資料儲存庫。

7.1.4 隔板 (Bulkhead) 模式

隔板模式起源於建造船舶的概念。一艘船以隔板進行隔間，這些隔間是完全隔離和水密的；即使船體被刺穿，一個隔板也能將水限制在船體發生刺穿的區域，以防止整艘船進水沉沒。

相同的概念可以應用於與多個遠端資源交互作用的服務。使用隔板模式時，對於不同遠端資源的呼叫將來自各自的執行緒池 (thread pool)，如此可以降低對一個異常遠端資源的呼叫而導致整個應用程式崩潰的風險。

在這裡執行緒池可以做為服務的隔板，每一個遠端資源的呼叫都被隔離並分配到一個執行緒池。如果一項服務回應延遲，則負責該類型服務呼叫的執行緒池將自主飽和並停止處理請求。這種將服務分配給執行緒的設計有助於避開這類瓶頸，可以避免所有服務一起崩潰。

7.2 以 Resilience4j 實作用戶端彈性模式

我們已經大體介紹了這些用戶端彈性模式，接下來更深入些探討一個具體的案例，說明如何應用這些模式。由這類典型情境，可以幫助我們了解為什麼用戶端彈性模式對於基於雲的微服務的架構至關重要。

7.2.1 未使用彈性模式的情境

下圖顯示涉及使用遠端資源的典型情境，如查詢資料庫和呼叫遠端服務。這個案例未引用我們之前介紹的任何彈性模式，因此更容易印證整個架構如何因單一服務的失敗而崩潰：

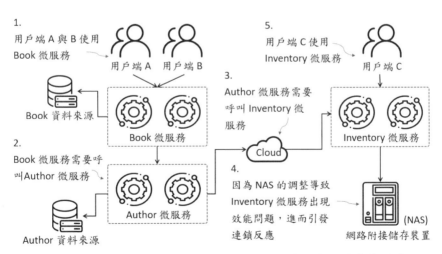

▲ 圖 7.2　應用程式的依賴關係圖。如果不管理它們之間的遠端呼叫，一個表現不佳的資源可能會導致圖中的所有服務崩潰。

在上圖情境中，三個用戶端程式與三個不同的服務進行通訊：

1. 用戶端 A 和用戶端 B 直接與 Book 服務通訊。
2. Book 服務從資料庫中查詢資料並呼叫 Author 服務。
3. Author 服務從另一個完全不同的資料庫平台查詢資料，並從第三方雲供應商呼叫另一個 Inventory 服務。
4. Inventory 服務十分依賴一個網路附接儲存裝置 (NAS)，以便將資料寫入共享檔案系統中。
5. 用戶端 C 直接呼叫 Inventory 服務。

在某個週末，一位網路管理員對 NAS 的設定進行了他們認為的小調整；一開始似乎工作正常，但在星期一早上，對特定硬碟子系統的讀取開始執行異常緩慢。

因為 Author 服務的開發人員從未預料到呼叫 Inventory 服務會變慢，因此他們開發程式時，是將對資料庫的寫入與對 Inventory 服務的讀取放在同一個交易當中。當 Inventory 服務運行開始變緩時，不僅用於請求 Inventory 服務的執行緒池開始漸趨飽和，容器的連接池中的資料庫連接數也會耗盡。這些連線一直保持工作狀態，因為對 Inventory 服務的呼叫尚未完成。

現在 Book 服務也開始耗盡資源，因為它正在呼叫 Author 服務，而 Author 服務由於 Inventory 服務而運行緩慢。最終，三個應用程式都停止回應，因為它們在等待請求完成時耗盡了資源。如果在呼叫遠端資源的每一個點，包含對資料庫的呼叫或對服務的呼叫，都實作斷路器模式，就可以避免整個系統一起崩潰。

如果對 Inventory 服務的呼叫使用斷路器實作，當該服務開始放緩時，斷路器將斷開並快速失敗，因此不會耗盡執行緒。如果 Author 服務有多個端點，則只有特定呼叫 Inventory 服務的端點會受到影響，其餘端點的功能仍然完好無損，可以滿足用戶請求。

整體而言，斷路器扮演應用程式和遠端服務之間的中間人，可以保護用戶端 A、B 和 C 免於完全崩潰。

7.2.2 使用彈性模式的情境

在下圖中，Book 服務不直接呼叫 Author 服務；相反地，當進行呼叫時，Book 服務將服務的實際呼叫委託給斷路器，斷路器接收呼叫並啟動另一個與原始執行緒無涉的新執行緒開始工作，該新執行緒通常以執行緒池集中管理。透過這樣的做法，用戶端不再直接等待呼叫完成，且斷路器會監視執行緒並在執行緒運行時間過長時終止呼叫：

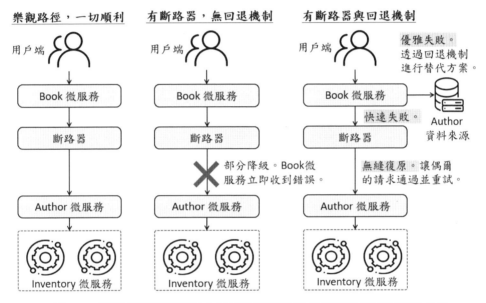

▲ 圖 7.3　斷路器斷開線路並允許呼叫狀況不佳的服務快速而優雅地失敗

上圖顯示了三種情況：

1. 在第一種「樂觀路徑」的情況下，斷路器維護一個計時器，如果在計時器結束之前完成對遠端服務的呼叫，則一切都很好，Book 服務也可以繼續其工作。

2. 第二種情況是「部分降級」，Book 服務將透過斷路器呼叫 Author 服務。當 Author 服務運行放緩時，如果超出預期時間仍然沒有完成，斷路器會終止與遠端服務的連接，並且 Book 服務從呼叫中得到一個錯誤返回。Book 服務不會消耗自己的執行緒或資料庫連接池等資源去等待 Author 服務完成。

如果對 Author 服務的其他呼叫依然超時，斷路器將開始追蹤已發生的失敗次數。當特定時間內發生了足夠多的錯誤，斷路器會斷開迴路，不會再呼叫它。

3. 在第三種情況下，Book 服務已經知道存在問題，而無須等待斷路器超時。然後它可以選擇完全失敗，或進行回退處理並以替代方案進行。這時候 Author 服務有機會復原，因為斷路器已經斷開迴路，Book 服務沒有持續呼叫它。這允許 Author 服務有一點喘息的空間，並有助於防止在服務降級時發生的連鎖崩潰。

承第三種情況，在降級服務的情境下，斷路器偶爾會放行呼叫；如果這些呼叫連續成功多次，斷路器將自行重新設定。斷路器模式提供的主要好處是能夠在呼叫遠端服務時：

1. **快速失敗**：當遠端服務性能下降時，應用程式將快速失敗以防止整個應用程式的資源耗盡，否則通常必須關閉所有應用程式。在大多數的情況下部分停機將優於完全停機。

2. **優雅失敗**：藉由超時和快速失敗，斷路器模式使我們能夠優雅地失敗或尋求替代機制來回應使用者需求。例如使用者服務試圖從一個資料源查詢資料，而該資料源正在服務降級，則該使用者服務可以從另一個位置查詢資料。

3. **無縫復原**：斷路器模式作為中介軟體，可以週期性檢查所請求的資源是否復原上線，並在沒有人工干預的情況下重新啟用對資源的存取。

在具有數百個服務的大型基於雲的應用程式中，這種優雅的復原相當重要，因為它可以顯著減少復原服務所需的時間，它也降低了疲倦的操作員或應用工程師的疏忽可能造成的更多風險。

7.2.3 使用 Book 微服務專案實作彈性模式

在 Resilience4j 推出之前，Hystrix 是常用於微服務中實作彈性模式的選項。但由於 Hystrix 已經處於維護模式，不再推出新功能，因此本書改使用 Resilience4j。Resilience4j 是一個受 Hystrix 啟發的容錯函式庫，對於可能因為網路問題或單一服務故障而引發的連鎖崩潰，它提供以下模式來提高容錯能力：

1. **斷路器 (circuit breaker)**：當呼叫服務失敗時停止發出請求。
2. **重試 (retry)**：當服務暫時失敗時重試服務。
3. **隔板 (bulkhead)**：使用隔板限制同時發出的服務請求數量以避免過載。
4. **頻率限制 (rate limit)**：限制服務同時能接受的請求數量。
5. **回退 (fallback)**：為失敗的請求設定替代方案。

在接下來的幾節中，我們將介紹如何：

1. 設定 Book 服務專案的 pom.xml 文件以新增 Resilience4j 依賴項目。
2. 使用 Resilience4j 標註類別來啟用帶有斷路器、重試、頻率限制、隔板、回退等模式的遠端呼叫。
3. 自定義各別遠端資源上的斷路器，以設定每一個呼叫的超時 (timeout) 限制。
4. 在斷路器必須中斷呼叫或呼叫失敗的情況下實作回退策略。
5. 在我們的服務中使用單獨的執行緒池來隔離服務呼叫並在不同的遠端資源之間建立隔板。

設定 Book 服務使用 Resilience4j

要開始使用 Resilience4j，我們需要修改 pom.xml 以導入依賴項目。以下以 Book 微服務專案為例，新增依賴項目 spring-cloud-starter-circuitbreaker-resilience4j 與 spring-boot-starter-aop，後者支援專案啟用 AOP：

🎯 範例：/c07-book-service/pom.xml

```
1  <dependency>
2      <groupId>org.springframework.cloud</groupId>
3      <artifactId>spring-cloud-starter-circuitbreaker-resilience4j</artifactId>
4  </dependency>
5  <dependency>
6      <groupId>org.springframework.boot</groupId>
7      <artifactId>spring-boot-starter-aop</artifactId>
8  </dependency>
```

7.3 實作斷路器 (Circuit Breaker) 模式

7.3.1 斷路器的原理

我們可以思考斷路器在電氣系統中扮演的角色。當電氣系統中的電路流經過大的電流時，斷路器會主動斷開與系統其餘部分的連接，避免對其他組件造成損壞。同樣的情況也發生在程式碼架構中。

我們希望透過斷路器的實作來監視遠端呼叫以避免長時間的服務等待。在這種情況下，斷路器負責終止這些連接並監控是否有更多失敗或狀況不佳的呼叫；將來如果有對該異常的遠端資源的呼叫，也會快速失敗以防止進一步的請求。

在 Resilience4j 中，斷路器的實作具備 3 個狀態，分別是**開啟 (OPEN)**、**關閉 (CLOSED)**、**半開 (HALF-OPEN)**，下圖顯示狀態之間的交互作用：

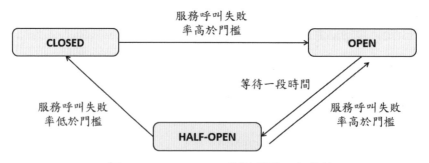

▲ 圖 7.4　Resilience4j 斷路器的 3 個狀態

啟用 Resilience4j 斷路器後是以**關閉 (CLOSED)** 作為起始狀態並等待用戶端請求，關閉狀態則使用**環形位元緩衝區 (ring bit buffer)** 來記錄請求是否成功。當請求成功時，斷路器會在環形位元緩衝區中儲存一個 0 bit；但如果它未能從呼叫的服務接收到回應，則儲存 1 bit。下圖顯示儲存 12 個結果的環形位元緩衝區：

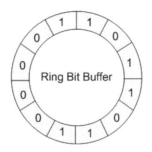

▲ 圖 7.5　https://resilience4j.readme.io/v0.17.0/docs/circuitbreaker

要計算故障率，環形位元緩衝區必須是滿的；以前圖為例，必須至少評估 12 次呼叫才能計算故障率。如果只評估 11 次請求，即使 11 個呼叫全部失敗，斷路器也不會變為開啟狀態。斷路器僅在故障率高於設定門檻值時才會開啟。

當斷路器處於**開啟 (OPEN)** 狀態時，在設定的時間內將拒絕所有呼叫，並且由斷路器拋出 CallNotPermittedException 的例外物件。一旦設定時間到期，斷路器變為半開狀態，並允許多次請求查看服務是否仍然不可用。

在**半開 (HALF-OPEN)** 狀態下，斷路器使用另一個設定的環形位元緩衝區來評估故障率。如果這個新的故障率高於設定的門檻值，斷路器會變回開啟狀態並拒絕所有請求；如果它低於或等於門檻值，它會變回關閉狀態並接受所有請求。

此外 Resilience4j 斷路器模式中也可以定義以下附加狀態。需要注意的是，退出以下狀態的唯一方法是重新設定斷路器或觸發狀態轉換：

1. DISABLED：停用斷路器，並永遠**允許**存取服務。
2. FORCED_OPEN：強制開啟斷路器，並永遠**拒絕**存取服務。

可以參考官方文件 https://resilience4j.readme.io/v0.17.0/docs/circuitbreaker 的說明。

在本節中，我們將延續範例專案介紹 Resilience4j 的兩種實作類型：

1. 在第一類型中我們以 Resilience4j 斷路器套用 Book 和 Author 服務對資料庫的存取。
2. 在第二類型則是以 Resilience4j 斷路器套用 Book 服務和 Author 服務之間的互相呼叫。

雖然是兩種不同類型的呼叫，但使用 Resilience4j 的方式完全相同。下圖顯示了我們要以 Resilience4j 斷路器套用的遠端資源：

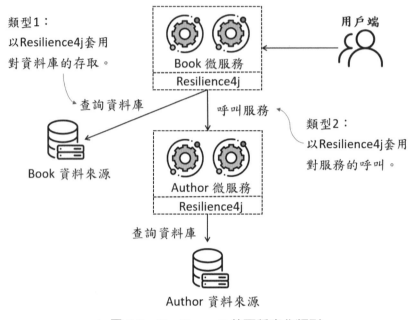

類型1：
以Resilience4j套用
對資料庫的存取。

查詢資料庫

Book 資料來源

用戶端

Book 微服務
Resilience4j

呼叫服務

類型2：
以Resilience4j套用
對服務的呼叫。

Author 微服務
Resilience4j

查詢資料庫

Author 資料來源

▲ 圖 7.6　Resilience4j 的兩種實作類型

7.3.2　查詢資料庫時套用斷路器模式

我們首先使用「同步斷路器」套用在 Book 服務查詢資料庫的方法上。經過同步斷路器後，Book 服務依然查詢資料庫，工作結束的狀況則變成有 2 種：

1. 執行 SQL 敘述並成功取回資料。
2. 斷路器偵測到執行超時，主動結束工作。

Resilience4j 和 Spring Cloud 使用 **@CircuitBreaker** 標記由 Resilience4j 斷路器管理的 Java 類別方法。當 Spring 框架看到這個註解時，它會動態生成一個代理 (proxy) 來包裝該方法，並透過專屬的執行緒池來管理對該方法的所有呼叫，如以下範例行 1：

🎯 範例：/c07-book-service/src/main/java/lab/cloud/book/service/
BookService.java

```
1  @CircuitBreaker(name = "bookService")
2  public List<Book> getBooksByAuthor(String authorId) {
3      return bookRepo.findByAuthorId(authorId);
4  }
```

使用 @CircuitBreaker 標註後，任何時候呼叫 getBooksByAuthor() 方法都會用被
Resilience4j 斷路器包裝。若資料庫正常，斷路器不會有任何作為；方法執行有
異常如過久時，斷路器會中斷呼叫。將原方法修改如下進行驗證：

🎯 範例：/c07-book-service/src/main/java/lab/cloud/book/service/
BookService.java

```
1  @CircuitBreaker(name = "bookService")
2  public List<Book> getBooksByAuthor(String aId) throws TimeoutException {
3      longRunRandomly();
4      return bookRepo.findByAuthorId(aId);
5  }
6  private static void longRunRandomly() throws TimeoutException{
7      int max = 3;
8      int min = 1;
9      int randomNum = new Random().nextInt((max - min + 1) + min);
10     if (randomNum==3) sleep();
11 }
12 Private static void sleep() throws TimeoutException{
13     try {
14         System.out.println("Sleeping....zzz");
15         Thread.sleep(5000);
16         throw new java.util.concurrent.TimeoutException();
17     } catch (InterruptedException e) {
18         logger.error(e.getMessage());
19     }
20 }
```

🔊 說明

7-9	隨機輸出最大是 3，最小是 1 的整數，可參考 https://stackoverflow.com/questions/20389890/generating-a-random-number-between-1-and-10-java。
6-11	製造 1/3 的機率讓方法等待。
12-20	方法會休眠 5 秒鐘的時間，然後拋出 TimeoutException。

接下來使用 Postman 輸入如 http://localhost:8080/v1/author/author-id-1/book 多次，就有機會看到以下錯誤訊息：

▲ 圖 7.7　因拋出 TimeoutException 而出錯

如果我們繼續執行失敗的服務，環形位元緩衝區最終會填滿，就會收到如下圖顯示的錯誤：

▲ 圖 7.8　因為環形位元緩衝區已滿，斷路器狀態為 OPEN

現在 Book 服務查詢資料庫的斷路器已經正常作用,接下來為呼叫 Author 微服務設定斷路器。

7.3.3 呼叫 Author 微服務時套用斷路器模式

使用標註類別來標記需要套用斷路器的方法相當方便,因為無論是存取資料庫還是呼叫微服務,都會是相同的做法。例如在 Book 服務中,我們需要查找與 Book 關聯的 Author 資訊時就會呼叫 Author 服務,此時可以使用 @CircuitBreaker 標註在 retrieveAuthorInfo() 方法:

🎯 範例:/c07-book-service/src/main/java/lab/cloud/book/service/
BookService.java

```java
@CircuitBreaker(name = "authorService")
private Author retrieveAuthorInfo(String authorId, String clientType) {
    Author author = null;
    switch (clientType) {
    case "feign":
        System.out.println("Calling the feign client");
        author = authorFeignClient.getAuthor(authorId);
        break;
    case "rest":
        System.out.println("Calling the rest client");
        author = authorRestClient.getAuthor(authorId);
        break;
    case "discovery":
        System.out.println("Calling the discovery client");
        author = authorDiscoveryClient.getAuthor(authorId);
        break;
    default:
        author = authorRestClient.getAuthor(authorId);
        break;
    }
    return author;
}
```

雖然使用 @CircuitBreaker 很方便,但需要注意這個標註類別的預設值。建議使用前應該分析並詳實測試,以找出最適合的設定,如下一小節說明。

7.3.4　自定義斷路器

本節介紹如何透過新增參數到 Spring Boot 設定檔來自定義 Resilience4j 斷路器。範例參數如下：

🎯 **範例：/c07-book-service/src/main/resources/application.yml**

```
 1  management.endpoints.enabled-by-default: false
 2  management.endpoint.health:
 3    enabled: true
 4    show-details: always
 5  management:
 6    health:
 7      circuitbreakers:
 8        enabled: 'true'
 9  resilience4j.circuitbreaker:
10    instances:
11      bookService:
12        registerHealthIndicator: false
13        ringBufferSizeInClosedState: 5
14        ringBufferSizeInHalfOpenState: 3
15        waitDurationInOpenState: 10s
16        failureRateThreshold: 50
17        recordExceptions:
18          - org.springframework.web.client.HttpServerErrorException
19          - java.io.IOException
20          - java.util.concurrent.TimeoutException
21          - org.springframework.web.client.ResourceAccessException
22      authorService:
23        registerHealthIndicator: true
24        ringBufferSizeInClosedState: 6
25        ringBufferSizeInHalfOpenState: 4
26        waitDurationInOpenState: 20s
27        failureRateThreshold: 60
```

📢 **說明**

1	使用 management.endpoints.enabled-by-default: false 停用 Actuators 所有端點，有需要的如 health，再個別開啟。
2-4	啟用 Actuators 的 health 端點，並顯示詳細資訊。
5-8	在 Actuators 的 health 端點內顯示斷路器 circuitbreakers 的資訊。

11	參數節點 **bookService** 對應到標註在 BookService.getBooksByAuthor() 的 @CircuitBreaker 的屬性 name 值 **bookService**。 兩者對應，表示套用在方法 BookService.getBooksByAuthor() 的斷路器，將使用設定檔行 12-21 的參數值。
12	使用 registerHealthIndicator 指示是否透過 Actuator 的 /health 端點公開參數設定值。
13	使用 ringBufferSizeIn**Closed**State 設定**關閉 (CLOSE)** 狀態下的環形位元緩衝區大小，預設值為 100。
14	使用 ringBufferSizeIn**HalfOpen**State 設定**半開 (HALF-OPEN)** 狀態下的環形位元緩衝區大小，預設值為 10。
15	使用 waitDurationIn**Open**State 設定**打開 (OPEN)** 狀態的等待時間，預設值為 60,000 毫秒，亦即 60 秒。
16	使用 failureRateThreshold 設定故障率門檻百分比，預設值 50。當故障率大於或等於此門檻值時，斷路器將變為開啟狀態並終止呼叫。
17-21	使用 recordExceptions 設定應記錄為失敗的例外類別，如 TimeoutException 是我們在 BookService.sleep() 刻意拋出的例外物件。 預設情況下所有拋出的例外類別都記錄為失敗。
22	參數節點 **authorService** 對應標註在 BookService.retrieveAuthorInfo() 的 @CircuitBreaker 的屬性 name 值 **authorService**。 兩者對應，表示套用在方法 BookService.retrieveAuthorInfo() 的斷路器，將使用設定檔行 23-27 的參數值。

由前述設定檔範例的行 11 與 22，可以知道 Resilience4j 允許我們對每一個使用 @CircuitBreaker 標註的方法，都能夠個別設定斷路器的細節。

事實上斷路器參數還有很多，如果想了解更多相關的設定參數，可以參考 Resilience4j 官網 https://resilience4j.readme.io/docs/circuitbreaker 公布的資訊。

在啟動 Book 服務專案後，端點 http://localhost:8080/actuator/health 呈現如下資訊：

```
1  {
2      "status": "UP",
3      "components": {
4          "circuitBreakers": {
5              "status": "UP",
```

```
 6                "details": {
 7                    "authorService": {
 8                        "status": "UP",
 9                        "details": {
10                            "failureRate": "-1.0%",
11                            "failureRateThreshold": "60.0%",
12                            "slowCallRate": "-1.0%",
13                            "slowCallRateThreshold": "100.0%",
14                            "bufferedCalls": 0,
15                            "slowCalls": 0,
16                            "slowFailedCalls": 0,
17                            "failedCalls": 0,
18                            "notPermittedCalls": 0,
19                            "state": "CLOSED"
20                        }
21                    },
22                    "bookService": {
23                        "status": "UP",
24                        "details": {
25                            "failureRate": "-1.0%",
26                            "failureRateThreshold": "50.0%",
27                            "slowCallRate": "-1.0%",
28                            "slowCallRateThreshold": "100.0%",
29                            "bufferedCalls": 0,
30                            "slowCalls": 0,
31                            "slowFailedCalls": 0,
32                            "failedCalls": 0,
33                            "notPermittedCalls": 0,
34                            "state": "CLOSED"
35                        }
36                    }
37                }
38            },
39    ... 其他資訊
40        }
41 }
```

7.4 實作回退 (Fallback) 模式

因為斷路器位於遠端資源和服務使用者之間，作為一個中介軟體，斷路器模式讓我們有機會在遠端資源異常時予以攔截，並選擇要採取的替代行動方案，亦即「回退策略」。

Resilience4j 的回退策略很容易實作。在 Book 服務專案中我們建構了一個簡單的回退策略，該機制返回一個說明目前沒有書籍資訊可用的 Book 物件：

範例：/c07-book-service/src/main/java/lab/cloud/book/service/BookService.java

```
1  @CircuitBreaker(name = "bookService",
2                  fallbackMethod = "buildFallbackBookList")
3  public List<Book> getBooksByAuthor(String aid) throws TimeoutException {
4      logger.debug("getBooksByAuthor Correlation id: {}",
5              UserContextHolder.getContext().getCorrelationId());
6      longRunRandomly();
7      return bookRepo.findByAuthorId(aid);
8  }
9  private List<Book> buildFallbackBookList(String aid, Throwable t){
10     List<Book> fallbackList = new ArrayList<>();
11     Book book = new Book();
12     book.setBookId("0000000-00-00000");
13     book.setAuthorId(aid);
14     book.setProductName("No book information is currently available");
15     fallbackList.add(book);
16     return fallbackList;
17 }
```

要以 Resilience4j 實作回退策略只需要做兩件事：

1. 在 @CircuitBreaker 新增一個 fallbackMethod 屬性，其值是回退方法的名稱，實作內容是當呼叫遠端資源失敗而準備的替代方案。
2. 建立一個回退方法，且必須與標註 @CircuitBreaker 的方法位於同一類別中。因為是替代方案，需要將所有參數由執行異常的原始方法改傳遞到回退方法，並回傳一樣型態的物件：
   * 相同參數，但再多一個目標異常 (target exception) 參數。
   * 相同的返回物件型態。

在前述範例中，回退方法 buildFallbackBookList() 只是建構一個包含虛擬資訊的 Book 物件，事實上我們也可以讓回退方法從備用的資料來源讀取資料，端看需求。不過在實作回退策略時，需要考慮以下 2 點：

1. 當呼叫資源超時或失敗時，回退機制提供了一個行動方案。但如果回退方法除了記錄錯誤之外什麼都沒做，那麼其實在呼叫服務時以標準的 try-catch 程式碼區塊處理，並記錄異常資訊即可。

2. 如果在回退機制中呼叫另一個遠端服務，就有可能會需要使用另一個 @CircuitBreaker 標註回退方法。因為在主要操作過程中遇到的失敗也可能會在替代方案中再次上演。

驗證回退機制

現在有了回退方法，讓我們再次持續呼叫端點 http://localhost:8080/v1/author/author-id-1/book/。當遇到發生機率是 1/3 的超時異常時，不再返回異常訊息，而是得到預先在回退方法內定義的訊息：

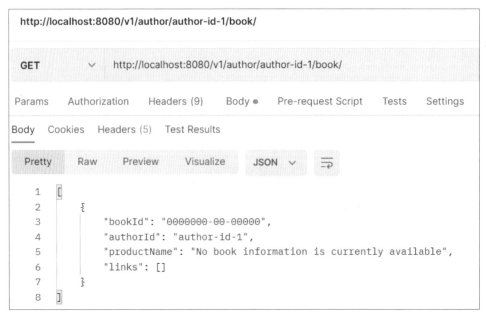

▲ 圖 7.9　呼叫超時資源時觸發 Resilience4j 的回退方法

7.5 實作隔板 (Bulkhead) 模式

在基於微服務的應用程式中，我們經常需要呼叫多個微服務來完成特定任務。在不使用隔板模式的情況下，預設這些呼叫將佔用 Java 容器保留來處理請求的執行緒。而在大量的微服務呼叫中，一個性能不佳的微服務可能導致呼叫它的所有 Java 容器執行緒都被占用，最終容器因無法提供任何服務而崩潰。這和使用非同步 (asynchronous) 的 Servlet 的考量相似。

隔板模式讓個別微服務的呼叫使用自己的執行緒池，不再占用容器預設的執行緒，因此可以避免個別微服務效能不佳導致容器崩潰。Resilience4j 提供了兩種不同的隔板模式實作，可以使用這些實作來限制同時 (concurrent) 執行的數量：

1. 訊號量 (semaphore) 隔板模式

使用訊號量隔板模式可以限制同時存取一個服務的執行緒數量。一旦達到限制，訊號量隔板就會拒絕請求。Resilience4j 預設使用訊號量隔板模式，下圖說明了這種模式類型：

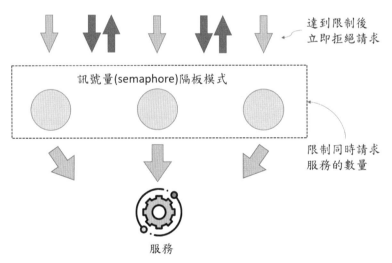

▲ 圖 7.10　Resilience4j 預設的訊號量隔板模式

2. 執行緒池 (thread pool) 隔板模式

本模式使用有限制的佇列 (queue) 和固定大小的執行緒池，這種方法僅在執行緒池和佇列已經飽和時才拒絕請求。

如果我們在應用程式中只存取少量遠端資源，並且各個服務的呼叫頻率相對均勻分佈，則訊號量隔板模式可以滿足需求。但若某個服務比其他服務具有更大的資源存取需求或更長的完成時間，則最終可能會因為一個服務吃掉共用的**預設執行緒池**的所有資源，而讓所有執行緒陷入**執行緒耗盡 (thread exhaustion)**的情境。

有鑑於此，Resilience4j 提供了另一種易於使用的機制，用於對呼叫不同的遠端資源建立隔板。下圖顯示呼叫不同資源時，因為被隔板區隔，因此改使用各自執行緒池呼叫資源：

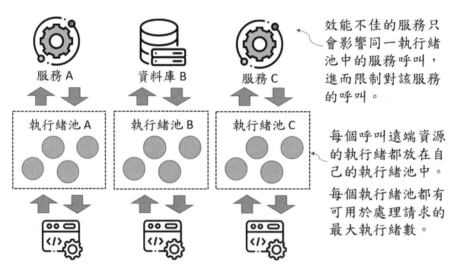

服務 A　　　　資料庫 B　　　　服務 C

效能不佳的服務只會影響同一執行緒池中的服務呼叫，進而限制對該服務的呼叫。

執行緒池 A　　執行緒池 B　　執行緒池 C

每個呼叫遠端資源的執行緒都放在自己的執行緒池中。

每個執行緒池都有可用於處理請求的最大執行緒數。

▲ 圖 7.11　Resilience4j 的執行緒池隔板模式

實作隔板模式

要在 Resilience4j 中實作隔板模式，我們需要結合 @CircuitBreaker 並新增一些設定，步驟如下：

1. 在 application.yml 文件中建立隔板設定：
   - 使用**訊號量**隔板模式，需要設定 maxConcurrentCalls 和 maxWaitDuration 等參數。
   - 使用**執行緒池**隔板模式，需要設定 maxThreadPoolSize、coreThreadPoolSize、queueCapacity 和 keepAliveDuration 等參數。
2. 為 BookService.getBooksByAuthor() 方法標註 @Bulkhead 以設定隔板模式並套用在 application.yml 文件中的參數設定。

Book 微服務專案的設定文件參數如下。這些參數分為兩大類，行 1-5 是訊號量隔板模式的設定參數，行 6-12 是執行緒池隔板模式的設定參數。此外如同斷路器，Resilience4j 也允許我們為每一個方法套用不同的隔板模式設定，關鍵是要為每一個隔板實例命名，如以下範例行 2-3 與行 7-8。本例名稱皆為「bulkheadBookService」，後續會對應到 @Bulkhead 的屬性 name 的值：

🎯 **範例**：/c07-book-service/src/main/resources/application.yml

```
1  resilience4j.bulkhead:      # 訊號量隔板模式
2    instances:
3      bulkheadBookService:
4        maxWaitDuration: 2ms
5        maxConcurrentCalls: 20
6  resilience4j.thread-pool-bulkhead:    # 執行緒池隔板模式
7    instances:
8      bulkheadBookService:
9        maxThreadPoolSize: 1
10       coreThreadPoolSize: 1
11       queueCapacity: 1
12       keepAliveDuration: 20ms
```

🔊 **說明**

1-5	訊號量隔板模式的設定參數。
2-3	設定訊號量隔板模式的實例名稱 bulkheadBookService，將用於 @Bulkhead 的屬性 name 值。
4	參數 maxWaitDuration 設定進入隔板時延遲執行緒執行的最長時間，預設值為 0。
5	參數 maxConcurrentCalls 設定隔板允許的最大同時呼叫數目，預設值為 25。

6-12	執行緒池隔板模式的設定參數。
7-8	設定執行緒池隔板模式的實例名稱 bulkheadBookService，將用於 @Bulkhead 的屬性 name 值。
9	參數 maxThreadPoolSize 設定最大執行緒池大小，預設值為 Runtime. getRuntime().availableProcessors()。
10	參數 coreThreadPoolSize 設定核心執行緒池大小，預設值為 Runtime. getRuntime().availableProcessors()。
11	參數 queueCapacity 設定佇列的容量大小，預設值為 100。
12	參數 KeepAliveDuration 設定閒置執行緒在終止前等待新任務的最長時間，預設值為 20 毫秒。

接下來是在方法上標註 @Bulkhead 並套用 application.yml 的隔板模式參數：

🎯 範例：/c07-book-service/src/main/java/lab/cloud/book/service/ BookService.java

```
1   @CircuitBreaker(name = "bookService",
2                   fallbackMethod = "buildFallbackBookList")
3   @Bulkhead(name = "bulkheadBookService",
4           type = Type.THREADPOOL,
5           fallbackMethod = "buildFallbackBookList")
6   public List<Book> getBooksByAuthor(String aid) throws TimeoutException {
7       logger.debug("getBooksByAuthor Correlation id: {}",
8                   UserContextHolder.getContext().getCorrelationId());
9       longRunRandomly();
10      return bookRepo.findByAuthorId(aid);
11  }
```

注意行 3 標註類別的屬性 name，它的值必須與 application.yml 設定的隔板模式的實例名稱相同，本例為 bulkheadBookService。

此外行 4 屬性 type = Type.THREADPOOL 指定使用執行緒池隔板模式，若未指定則預設為訊號量隔板模式。合併行 3 的屬性 name 值 bulkheadBookService，將使用 application.yml 行 6-12 的執行緒池隔板模式的設定參數。

行 5 屬性 fallbackMethod 則是設定一旦隔板模式失敗，如同 @CircuitBreaker，依然使用方法 buildFallbackBookList() 進行回退處理。

7.6 實作重試 (Retry) 模式

顧名思義，重試模式負責在服務最初呼叫失敗時的再嘗試呼叫。這種模式背後的關鍵概念是提供再一次的機會以獲得預期的回應，因此儘管出現故障 (如網路中斷)，依然嘗試呼叫相同的服務一次或多次。對於此模式我們必須指定服務重新呼叫的次數、每次重試的時間間隔以及那些例外狀況才進行重試，設定參數如下：

🎯 **範例**：/c07-book-service/src/main/resources/application.yml

```
1  resilience4j.retry:
2    instances:
3      retryBookService:
4        maxRetryAttempts: 5
5        waitDuration: 10000
6        retry-exceptions:
7          - java.util.concurrent.TimeoutException
```

🔊 **說明**

2-3	設定重試模式的實例名稱 retryBookService，將用於 @Retry 的屬性 name 值。
4	參數 maxRetryAttempt 設定最大重試次數，預設值為 3。
5	參數 waitDuration 設定重試的等待時間，預設值為 500，單位毫秒。
6-7	參數 retry-exceptions 設定可以重試的例外類別清單，預設值為空。

本章範例只使用這三個參數。如果是否重試、次數與時間等需要動態決定，則可以利用 intervalFunction、retryOnResultPredicate、retryOnExceptionPredicate 等參數，以指定功能性介面如 Predicate 的實作來達成。參數 ignoreExceptions 則設定不會重試的例外類別清單，與參數 retry-exceptions 相反。更多參數可參考 https://resilience4j.readme.io/docs/retry 的說明。

接下來是在方法上標註 @Retry 並套用 application.yml 的重試模式參數，如以下範例行 6。行 7 屬性 fallbackMethod 則是設定一旦重試模式失敗，依然可以使用方法 buildFallbackBookList() 進行回退處理：

🎯 範例：/c07-book-service/src/main/java/lab/cloud/book/service/
BookService.java

```
1   @CircuitBreaker(name = "bookService",
2                      fallbackMethod = "buildFallbackBookList")
3   @Bulkhead(name = "bulkheadBookService",
4                      type= Type.THREADPOOL,
5                      fallbackMethod = "buildFallbackBookList")
6   @Retry(name = "retryBookService",
7                      fallbackMethod = "buildFallbackBookList")
8   public List<Book> getBooksByAuthor(String authorId) throws
    TimeoutException {
9       logger.debug("getBooksByAuthor Correlation id: {}",
10                  UserContextHolder.getContext().getCorrelationId());
11      longRunRandomly();
12      return bookRepo.findByAuthorId(authorId);
13  }
```

目前本章內容已經說明如何實作斷路器、回退、隔板和重試模式，接下來是頻率限制器模式。Resilience4j 允許我們在相同的方法套用並組合不同的模式。

7.7 實作頻率限制器 (Rate Limiter) 模式

當指定時間範圍內呼叫服務的次數超過預期，頻率限制器模式就會停止服務呼叫，以避免過度負載，這也是實現 API 高可用性和可靠性的必要技術。

在 Resilience4j 的**頻率限制器 (RateLimiter)** 裡，想要呼叫遠端服務的執行緒必須取得頻率限制器的**請求權限**。頻率限制器會週期性更新 (refresh) 權限，當執行緒收到通知，它就可以繼續執行；否則頻率限制器會讓執行緒進入等待狀態。

頻率限制器更新權限的時間區間由 limitRefreshPeriod 指定，在這段時間內允許執行緒呼叫的服務次數就稱為 limitForPeriod。執行緒可以等待獲取權限的時間由 timeoutDuration 指定，如果在等待時間結束後依然沒有權限可用，則服務得到 RequestNotPermitted 的執行時期異常。

本章範例對頻率限制器的設定如下：

🎯 **範例**：/c07-book-service/src/main/resources/application.yml

```
1  resilience4j.ratelimiter:
2    instances:
3      bookService:
4        limitRefreshPeriod: 5000
5        limitForPeriod: 5
6        timeoutDuration: 1000ms
```

🔊 **說明**

2-3	設定頻率限制器的實例名稱 bookService，將用於 @RateLimiter 的屬性 name 值。
4	使用參數 limitRefreshPeriod 設定頻率限制器更新權限的時間 5000 毫秒。
5	使用參數 limitForPeriod 指定每次頻率限制器更新權限的時間間距內可以呼叫 5 次服務。
6	參數 timeoutDuration 設定執行緒可以等待獲取權限的時間為 1000 毫秒。

接下來是在方法上標註 @RateLimiter 並套用 application.yml 的頻率限制器參數，如以下範例行 8。行 9 屬性 fallbackMethod 則是設定一旦頻率限制器失敗，依然使用方法 buildFallbackBookList() 進行回退處理：

🎯 **範例**：/c07-book-service/src/main/java/lab/cloud/book/service/
BookService.java

```
1  @CircuitBreaker(name = "bookService",
2                  fallbackMethod = "buildFallbackBookList")
3  @Bulkhead(name = "bulkheadBookService",
4            type= Type.THREADPOOL,
5            fallbackMethod = "buildFallbackBookList")
6  @Retry(name = "retryBookService",
7          fallbackMethod = "buildFallbackBookList")
8  @RateLimiter(name = "bookService",
9                  fallbackMethod = "buildFallbackBookList")
10 public List<Book> getBooksByAuthor(String aid) throws TimeoutException {
11     logger.debug("getBooksByAuthor Correlation id: {}",
12         UserContextHolder.getContext().getCorrelationId());
13     longRunRandomly();
14     return bookRepo.findByAuthorId(aid);
15 }
```

隔板與頻率限制器模式之間的主要區別在於：

1. 隔板模式負責限制**同時呼叫**的數量，例如每次只允許 X 個服務**同時**呼叫。
2. 使用頻率限制器模式可以限制**給定時間範圍**內的總呼叫次數，例如在 Y 秒允許 X 次服務呼叫。

建議依需求慎選模式，也可以兩者結合。

7.8 使用 ThreadLocal 追蹤服務呼叫

當我們使用執行緒時，物件裡如實例變數將被所有執行緒共享，因此是**非執行緒安全 (not thread-safe)**。使其執行緒安全的最常見方法是使用同步 (synchronization) 的技巧，另一種作法則是使用 ThreadLocal 型態的變數。使用 ThreadLocal 儲存變數後，只能由相同執行緒讀取，因此資料不會面臨被不同執行緒共享的問題。

在微服務的生態環境中，我們通常會將「與服務用戶端相關的資訊」傳遞給服務呼叫，以幫助我們追蹤或管理服務的存取狀況。在本節中，我們以 ThreadLocal 物件儲存一些值，並查看它們是否能在以 Resilience4J 標註類別所標註的相關方法中傳播。

首先我們可以在被呼叫的 REST API 的 HTTP 標頭中置入**關聯 ID(correlation ID)** 或身份驗證令牌 (authentication token) 等資訊，然後將其傳播到任何服務呼叫的下游。這些資訊都代表不會重複的識別字串，可以讓我們追蹤跨多個服務的呼叫，後續我們將使用關聯 ID。

為了讓預先置入的「與服務用戶端相關的資訊」可以在服務呼叫的任何地方被取用，本章範例將使用過濾器 UserContextFilter 攔截每一個 REST API 的呼叫，由 HTTP 標頭中查詢資訊，並將這些資訊儲存在自定義的 UserContext 物件中。只要程式碼需要在呼叫 REST API 時取出這些資訊，就可以從 ThreadLocal 儲存的變數中查詢 UserContext 並讀取該資訊。

封裝與服務用戶端相關的資訊的類別 UserContext 設計如下：

🎯 範例：/c07-book-service/src/main/java/lab/cloud/book/utils/
UserContext.java

```
1   @Getter
2   @Setter
3   public class UserContext {
4
5       public static final String CORRELATION_ID = "tmx-correlation-id";
6       public static final String AUTH_TOKEN = "tmx-auth-token";
7       public static final String USER_ID = "tmx-user-id";
8       public static final String AUTHOR_ID = "tmx-author-id";
9
10      private String correlationId = new String();
11      private String authToken = new String();
12      private String userId = new String();
13      private String authorId = new String();
14  }
```

本章範例使用的過濾器 UserContextFilter 設計如下。行 11-18 自 HTTP 標頭取出與服務用戶端相關的資訊，並使用 UserContextHolder 的方法將資訊儲存在 UserContext 物件中：

🎯 範例：/c07-book-service/src/main/java/lab/cloud/book/utils/
UserContextFilter.java

```
1   @Component
2   public class UserContextFilter implements Filter {
3     private static final Logger logger =
4                 LoggerFactory.getLogger(UserContextFilter.class);
5     @Override
6     public void doFilter(ServletRequest servletRequest,
7         ServletResponse servletResponse, FilterChain filterChain)
8         throws IOException, ServletException {
9       HttpServletRequest req = (HttpServletRequest) servletRequest;
10
11      UserContextHolder.getContext().setCorrelationId(
12          req.getHeader(UserContext.CORRELATION_ID));
13      UserContextHolder.getContext().setUserId(
14          req.getHeader(UserContext.USER_ID));
15      UserContextHolder.getContext().setAuthToken(
16          req.getHeader(UserContext.AUTH_TOKEN));
17      UserContextHolder.getContext().setAuthorId(
18          req.getHeader(UserContext.AUTHOR_ID));
19
20      logger.debug("UserContextFilter Correlation id: {}",
```

```
21                    UserContextHolder.getContext().getCorrelationId());
22
23      filterChain.doFilter(req, servletResponse);
24    }
25    @Override
26    public void init(FilterConfig filterConfig) throws ServletException {
27    }
28    @Override
29    public void destroy() {
30    }
31 }
```

前述類別 UserContextHolder 設計如下。行 2 以型態 ThreadLocal<UserContext>
與 static 宣告變數 userContextTl，所以 JVM 裡只有一份 userContextTl；行 8 與
14 的 userContextTl.set(value)，或行 5 與 10 的 userContextTl.get() 時，都是以當
前的執行緒先取得對應的 ThreadLocalMap 物件，然後再由該 Map 設定或取出
UserContext 物件。所以每一個執行緒都只會存取自己的儲存物件，不會互相干
擾，而且保證執行緒安全：

🎯 **範例**：/c07-book-service/src/main/java/lab/cloud/book/utils/
UserContextHolder.java

```
1  public class UserContextHolder {
2      private static final ThreadLocal<UserContext> userContextTl
3                            = new ThreadLocal<>();
4      public static final UserContext getContext() {
5          UserContext context = userContextTl.get();
6          if (context == null) {
7              context = createEmptyContext();
8              userContextTl.set(context);
9          }
10         return userContextTl.get();
11     }
12     public static final void setContext(UserContext context) {
13         Assert.notNull(context, "Must non-null UserContext object");
14         userContextTl.set(context);
15     }
16     public static final UserContext createEmptyContext() {
17         return new UserContext();
18     }
19 }
```

最後，我們要使用關聯 ID 來追蹤服務呼叫，因此將日誌紀錄程式碼分別新增到以下類別中：

1. 新增日誌紀錄程式碼到 UserContextFilter.java，如以下範例行 10-11：

🎯 **範例：**/c07-book-service/src/main/java/lab/cloud/book/utils/
UserContextFilter.java

```
1   @Override
2   public void doFilter(ServletRequest servletRequest,
3       ServletResponse servletResponse, FilterChain filterChain)
4       throws IOException, ServletException {
5   HttpServletRequest req = (HttpServletRequest) servletRequest;
6   UserContextHolder.getContext().setCorrelationId(
        req.getHeader(UserContext.CORRELATION_ID));
7   UserContextHolder.getContext().setUserId(
        req.getHeader(UserContext.USER_ID));
8   UserContextHolder.getContext().setAuthToken(
        req.getHeader(UserContext.AUTH_TOKEN));
9   UserContextHolder.getContext().setAuthorId(
        req.getHeader(UserContext.AUTHOR_ID));
10  logger.debug("UserContextFilter Correlation id: {}",
11      UserContextHolder.getContext().getCorrelationId() );
12  filterChain.doFilter(req, servletResponse);
13  }
```

2. 新增日誌紀錄程式碼到 BookController.java，如以下範例行 4-5：

🎯 **範例：**/c07-book-service/src/main/java/lab/cloud/book/controller/
BookController.java

```
1   @RequestMapping(value = "/", method = RequestMethod.GET)
2   public List<Book> getBooks(@PathVariable("authorId") String aid)
3                                       throws TimeoutException {
4       logger.debug("BookController Correlation id: {}",
5               UserContextHolder.getContext().getCorrelationId() );
6       return bookService.getBooksByAuthor(aid);
7   }
```

3. 新增日誌記錄程式碼到 BookService.java，如以下範例行 6-7：

🎯 **範例：**/c07-book-service/src/main/java/lab/cloud/book/service/
BookService.java

```
1   @CircuitBreaker(name = "bookService", ...)
2   @RateLimiter(name = "bookService", ...)
```

```
3   @Retry(name = "retryBookService", ...)
4   @Bulkhead(name = "bulkheadBookService", type= Type.THREADPOOL, ...)
5   public List<Book> getBooksByAuthor(String aid) throws TimeoutException {
6       logger.debug("BookService Correlation id: {}",
7                   UserContextHolder.getContext().getCorrelationId() );
8       longRunRandomly();
9       return bookRepo.findByAuthorId(aid);
10  }
```

要執行範例，可以在 Postman 裡新增 HTTP 標頭「tmx-correlation-id」和值「TEST-CORRELATION-ID」，並呼叫端點 http://localhost:8080/v1/author/author-id-1/book/：

▲ 圖 7.12　在 HTTP 標頭中傳入 tmx-correlation-id 與值

在日誌記錄檔裡可以看到以下結果：

【結果】

```
2023-04-03 03:19:16.866 DEBUG 1 --- [nio-8080-exec-5] lab.cloud.book.utils.
UserContextFilter    :
UserContextFilter Correlation id: TEST-CORRELATION-ID
2023-04-03 03:19:16.868 DEBUG 1 --- [nio-8080-exec-5] l.cloud.book.controller.
BookController    :
BookController Correlation id: TEST-CORRELATION-ID
2023-04-03 03:19:16.869 DEBUG 1 --- [nio-8080-exec-5] lab.cloud.book.service.
BookService      :
BookService Correlation id: TEST-CORRELATION-ID
```

可以有效追蹤程式執行狀態。

使用 Spring Cloud Gateway 支援服務路由

在微服務這樣的分散式架構中，我們需要確保認證授權、日誌紀錄和服務追蹤等能夠在跨多個微服務呼叫時依然有效，而且不需要每一個微服務專案的開發團隊建構自己的解決方案。因為每一個微服務就是一個 Spring Boot 專案，雖然可以使用共用函式庫或框架直接在每一個專案中建構這些功能，但這樣做會產生一些不良影響：

1. 開發人員專注於交付功能，很容易忘記實作日誌紀錄或服務追蹤，除非有其他的 code review 作業提醒。

2. 承上，即便可以把這些需要日誌紀錄或認證授權的地方當成橫切關注點 (cross-cutting concerns)，然後以 AOP 的技術進行實作，但依然可能被開發人員遺忘，因為實作容易和忘記實作基本上是不相關的兩件事。

3. 在每一個專案中都建構這些相似功能可能導致所有服務加重依賴共享函式庫。當所有服務以共享函式庫建構的功能越多，在不重新編譯和重新部署所有服務的情況下想更改或新增一般程式碼就越困難。有朝一日，這些共享函式庫的升級也將因為牽涉所有微服務程式而變得不容易。

為了解決這些問題，我們需要將這些橫切關注點匯聚成一個服務，該服務可以獨立存在，並充當我們架構中所有微服務呼叫的**過濾器 (filter)** 和**路由器 (router)**。我們稱為「服務閘道」或 Service Gateway，後續將以 Service Gateway 的稱謂為主，如同先前章節介紹 Service Discovery。

建立 Service Gateway 之後，服務用戶端不再直接呼叫個別微服務，將改呼叫 Service Gateway。這時候 Service Gateway 作為**策略執行點 (Policy Enforcement Point, PEP)**，除了執行日誌紀錄、認證授權、服務追蹤等任務外，也藉由**路由設定**將呼叫服務的請求導向到真正的目標微服務。

在本章中，我們將以 Spring Cloud Gateway 來實作 Service Gateway，主要內容是：

1. 將所有服務呼叫放在一個 URL 後面，並使用 Service Discovery 將這些呼叫映射 (map) 並導向到它們的實際服務實例。

2. 將關聯 ID 注入流經 Service Gateway 的每一個服務呼叫。

3. 將關聯 ID 注入 HTTP 回應，並發送回服務用戶端。

以了解 Service Gateway 如何融入本書建構的微服務專案架構。

8.1 簡介 Service Gateway

沒有 Service Gateway 的情境

到目前為止，對於前面章節建構的微服務，我們可以透過 Web 用戶端直接呼叫各個服務，或是透過 Eureka 的 Service Discovery 引擎以編程的方式呼叫它們，如下圖：

如果讓服務用戶端直接呼叫服務，就只能在個別服務裡實作橫切關注點，包含驗證授權與日誌紀錄等功能。

http://localhost:8081/v1/author...

Author 微服務

服務用戶端

Book 微服務

http://localhost:8080/v1/author/author-id-1/book/

▲ 圖 8.1　沒有 Service Gateway 的情境

使用 Service Gateway 的情境

若以 Service Gateway 作為服務用戶端和呼叫的服務之間的中介，則服務用戶端僅與 Service Gateway 控管的個別端點通訊，而且 Service Gateway 將來自服務用戶端呼叫的路徑區隔，並確認試圖呼叫的服務。下圖說明 Service Gateway 如何將用戶端的呼叫導向至目標微服務，就像交通警察指揮交通一樣：

Service Gateway 位於服務用戶端和相應的服務實例之間，所有服務呼叫都應該流經 Service Gateway。

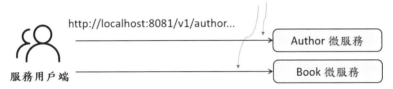

Service Gateway

http://localhost:8081/v1/author...

Author 微服務

服務用戶端

Book 微服務

http://localhost:8080/v1/author/author-id-1/book/

http://serviceGateway/api/authorService/v1/author/...

▲ 圖 8.2　使用 Service Gateway 的情境

有了 Service Gateway 作為所有微服務呼叫的入站流量的看門人，服務用戶端就不會直接呼叫個別微服務的 URL，而是將所有呼叫都發送到 Service Gateway。

此時，Service Gateway 作為所有微服務呼叫的集中式策略執行點，我們可以將這裡做為整個微服務架構的橫切關注點，就無須每一個開發團隊都在各自微服務專案中實作各自橫切關注點。可以實作的橫切關注點功能包括：

1. 靜態路由：將所有服務呼叫都整合在一個 Service Gateway 的 URL 和 API 路由之內，這簡化了開發與呼叫服務的麻煩。
2. 動態路由：Service Gateway 可以檢查傳入的服務請求，並根據請求的資訊為服務用戶端執行智能 (intelligent) 路由。例如參與測試計劃的用戶端的服務呼叫可以被 Service Gateway 導向到特定的服務叢集，而這些服務叢集的程式碼可能與一般用戶端使用的版本不同。
3. 身份驗證和授權：因為所有服務呼叫都透過 Service Gateway 的路由，所以 Service Gateway 自然是檢查服務用戶端是否已經通過身份驗證的最佳位置。
4. 指標收集和日誌紀錄：Service Gateway 可以在服務呼叫時一併收集指標和日誌紀錄資訊，還可以檢查用戶端請求的關鍵資訊片段是否完整，從而確保日誌紀錄是一致的。相較於從個別微服務中收集的指標資訊，Service Gateway 應該用來收集比較偏向基本、或和業務內容無關的資訊指標，例如呼叫服務的次數和服務回應時間。

Service Gateway 成為單點故障和潛在的瓶頸？

之前介紹 Eureka Server 時曾經討論舊式集中負載均衡器如何成為單點故障和服務瓶頸，如果 Service Gateway 實作不當也可能帶來同樣的風險。在建構 Service Gateway 實作時，必須記住以下原則：

1. 可以在 Service Gateway 的服務實例群組前方使用負載均衡器，但必須要先確保 Service Gateway 的服務實例可以根據需要進行擴展。
2. 在 Service Gateway 裡編寫的程式碼應該保持為**無狀態 (stateless)**，亦即不要在 Service Gateway 的記憶體中儲存任何資訊，因為可能會限製它的可擴展性。如果有，也要確保資訊存在於所有 Service Gateway 實例中。

3. 在 Service Gateway 裡編寫的程式碼應該盡量**輕量 (light weight)**，因為 Service Gateway 可能是服務呼叫的瓶頸。

後續本書將以 Spring Cloud Gateway 實作 Service Gateway，因為它是 Spring Cloud 團隊的首選。這個實作基於 Spring 5 架構，是一個非阻塞的閘道，也可以更容易地與我們在後續範例使用的其他 Spring Cloud 項目整合。

8.2 導入 Spring Cloud Gateway

Service Gateway 的另一個實作選項是 Netflix 的 Zuul，目前最新版本是 Zuul 2 (https://github.com/Netflix/zuul)。Spring Cloud 曾經與 Zuul 1 整合，但因 Zuul 2 的發布時間由預期的 2016 年底延後至 2018 年 4 月，而期間內 Spring 社群自己發布 Spring Cloud Gateway，因此不再整合 Zuul 2。本書範例使用 Spring Cloud Gateway 作為 Service Gateway 的實作選項。

Spring Cloud Gateway 是基於 Spring framework 5 的 Spring WebFlux、Project Reactor 和 Spring Boot 2.0 建構的 Service Gateway 實作，它可以是**非阻塞性 (nonblocking)** 的，亦即編寫方式可以讓主執行緒不會被阻塞，於是這些主執行緒始終可用於服務請求，並在後台以非同步的方式處理請求，完成後再回應使用者。Spring Cloud Gateway 提供多種功能，包括：

1. 可以使用單一 URL 處理所有的服務呼叫，只以參數決定目標服務。然而 Spring Cloud Gateway 並不局限於只能單一 URL，也可以定義多個路由入口點，因此路由映射是細粒度的，亦即每一個服務端點都可以有自己的路由映射。不過比較常見的做法還是建構單一的入口點，所有服務用戶端的呼叫都將流經該入口點。
2. 建構可以檢查流經 Service Gateway 的請求和回應、並對其採取行動的 Filter。這類 Filter 允許我們在程式碼中注入策略執行點，並以一致的方式對所有的服務呼叫執行操作。換句話說，這些 Filter 允許我們修改傳入和傳出的 HTTP 請求和回應，如同 Servlet Engine 裡的 Filter。

3. 使用功能性介面 Predicate 建構是否滿足條件的表示式，可以在執行或處理請求之前檢查是否滿足給定條件再進行。Spring Cloud Gateway 包括一組內建的路由 Predicate 工廠。

使用 Spring Cloud Gateway 的步驟是：

1. 建立一個 Spring Boot 專案，並設定 Maven 依賴項目。
2. 設定 Spring Cloud Gateway 與 Eureka Server 的關聯。

將在後續小節說明。

8.2.1 建構 Spring Cloud Gateway 專案

在本節中我們將使用 Spring Boot 建立 Spring Cloud Gateway 服務。與先前章節中建立的 Config Server 和 Eureka Server 專案一樣，建立 Service Gateway 專案必須建構一個新的 Spring Boot 專案，然後使用標註類別並設定參數。首先使用 Spring Initializr (https://start.spring.io/) 建立新項目，並選擇依賴項目如下：

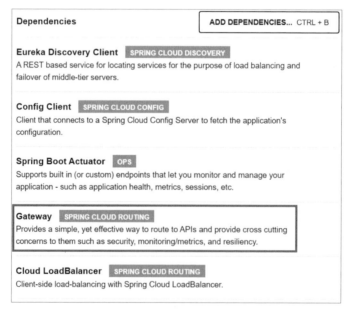

▲ 圖 8.3　Service Gateway 專案的依賴項目

完成之後，pom.xml 的主要依賴項目為：

範例：/c08-gatewayserver/pom.xml

```
1   <dependency>
2       <groupId>org.springframework.cloud</groupId>
3       <artifactId>spring-cloud-starter-gateway</artifactId>
4   </dependency>
5   <dependency>
6       <groupId>org.springframework.boot</groupId>
7       <artifactId>spring-boot-starter-actuator</artifactId>
8   </dependency>
9   <dependency>
10      <groupId>org.springframework.cloud</groupId>
11      <artifactId>spring-cloud-starter-config</artifactId>
12  </dependency>
13  <dependency>
14      <groupId>org.springframework.cloud</groupId>
15      <artifactId>spring-cloud-starter-netflix-eureka-client</artifactId>
16      <exclusions>
17          <exclusion>
18              <groupId>org.springframework.cloud</groupId>
19              <artifactId>spring-cloud-starter-ribbon</artifactId>
20          </exclusion>
21          <exclusion>
22              <groupId>com.netflix.ribbon</groupId>
23              <artifactId>ribbon-eureka</artifactId>
24          </exclusion>
25      </exclusions>
26  </dependency>
27  <dependency>
28      <groupId>org.springframework.cloud</groupId>
29      <artifactId>spring-cloud-starter-loadbalancer</artifactId>
30  </dependency>
```

行 1-4 引入 spring-cloud-starter-gateway 依賴項目，因此本專案成為 Service Gateway 服務。因為也是 Config Server 與 Eureka Server 的用戶端，因此加入 spring-cloud-starter-config、spring-cloud-starter-netflix-eureka-client、spring-cloud-starter-loadbalancer 的依賴項目。

下一步是設定 application.yml 文件，主要是連線 Config Server 中取得設定參數：

🎯 **範例**：/c08-gatewayserver/src/main/resources/application.yml

```
1  spring:
2    application:
3      name: gateway-server
4    profiles:
5      active: dev
6    config:
7      import: configserver:http://configserver:8071
```

8.2.2 設定 Spring Cloud Gateway 與 Eureka Server 的關聯

Spring Cloud Gateway 可以與之前範例使用的 Netflix Eureka 整合，只要在 Service Gateway 服務裡新增 Eureka 的設定，和之前作法一致：

🎯 **範例**：/c08-configserver/src/main/resources/config/gateway-server.yml

```
1   server:
2     port: 8072
3   eureka:
4     instance:
5       preferIpAddress: true
6     client:
7       registerWithEureka: true
8       fetchRegistry: true
9       serviceUrl:
10        defaultZone: http://eurekaserver:8070/eureka/
```

然後在專案的啟動類別裡標註 @EnableEurekaClient，如以下範例行 2：

🎯 **範例**：/c08-gatewayserver/src/main/java/lab/cloud/gateway/
C8ApiGatewayServerApplication.java

```
1  @SpringBootApplication
2  @EnableEurekaClient
3  public class C8ApiGatewayServerApplication {
4     public static void main(String[] args) {
5         SpringApplication.run(C8ApiGatewayServerApplication.class, args);
6     }
7  }
```

現在,我們已經為 Spring Cloud Gateway 建立了基本設定,接下來開始為所有的服務呼叫建立路由。

8.3 設定 Spring Cloud Gateway 服務路由

8.3.1 Spring Cloud Gateway 是反向代理

正向代理

正向代理 (forward proxy) 是一個位於用戶端和目標伺服器之間的伺服器,又稱**代理伺服器**,或**正向代理伺服器**。為了從目標伺服器取得內容,用戶端向代理伺服器發送一個請求並指定目標,然後代理伺服器轉交請求給目標伺服器,並將獲得的內容返回給用戶端。

正向代理的意涵是「代理伺服器」代理了「用戶端」,去和「目標伺服器」進行互動。透過正向代理伺服器存取目標伺服器,**目標伺服器**不知道真正的用戶端是誰,甚至不知道存取自己的是一個代理,如下圖:

▲ 圖 8.4　正向代理示意圖

正向代理的常見用途:

1. **隱藏用戶端真實 IP**:透過代理伺服器,用戶端可以突破自身 IP 存取限制,翻牆存取一些受限制的網站,也可以透過這種方法隱藏自己的 IP。

2. **提高存取速度**：通常代理伺服器都設置一個較大的硬碟緩衝區，會將部分請求的回應儲存到緩衝區中。當其他用戶端需要相同的資訊時，代理伺服器可以直接由緩衝區取出資訊回應用戶端，藉以提高存取速度。

反向代理

反向代理 (reverse proxy) 是指以代理伺服器來接受用戶端的連線請求，然後將請求轉發給目標伺服器，並將目標伺服器返回的結果回覆給用戶端，此時代理伺服器對外就表現為**反向代理伺服器**。感覺跟正向代理很像，但反向代理的意涵是「代理伺服器」代理了「目標伺服器」，去和「用戶端」進行互動。

透過反向代理伺服器存取目標伺服器時，**用戶端**不知道真正的目標伺服器是誰，甚至不知道自己存取的只是一個代理，如下圖：

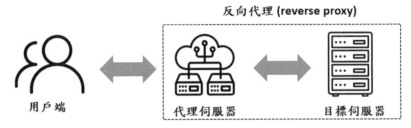

▲ 圖 8.5　反向代理示意圖

反向代理的常見用途：

1. **隱藏伺服器真實 IP**：使用反向代理可以對用戶端隱藏伺服器的 IP 地址。
2. **負載均衡**：反向代理伺服器可以做負載均衡，根據所有真實伺服器的負載情況，將用戶端請求分發到不同的真實伺服器。
3. **提高存取速度**：反向代理伺服器也可以對靜態內容及短時間內有大量存取請求的動態內容提供快取服務，以提高存取速度。
4. **提供安全保障**：反向代理伺服器可以作為 OSI 應用層的防火牆，為網站提供如 DoS 或 DDoS 等的防護機制；還可以為後端的目標伺服器提供一致的加密、HTTP 存取認證等服務。

Spring Cloud Gateway 是反向代理

Spring Cloud Gateway 的核心是反向代理，因此用戶端以為 Spring Cloud Gateway 就是目標服務。當 Spring Cloud Gateway 捕獲用戶端的請求後，使用以下兩種機制將呼叫內容映射到目標服務路由，然後代理用戶端呼叫遠端目標服務：

1. 自動映射路由
2. 手動映射路由

將在後續小節依序說明。

8.3.2 設定自動映射路由

Spring Cloud Gateway 的所有路由映射都是透過設定文件 gateway-server.yml 裡定義的路由來完成。透過新增以下內容到設定文件中，Spring Cloud Gateway 將根據服務 ID 自動導向請求：

🎯 範例：/c08-configserver/src/main/resources/config/gateway-server.yml

```
1  spring:
2    cloud:
3      gateway:
4        discovery.locator:
5          enabled: true
6          lowerCaseServiceId: true
```

藉由以上設定，Spring Cloud Gateway 將以被呼叫服務在 Eureka Server 註冊的服務 ID，自動找出映射關係後，將請求導向目標服務實例。此外路由映射預設會使用大寫，若想要使用小寫，行 6 的設定 lowerCaseServiceId 需要使用 true。

例如若想藉由 Spring Cloud Gateway 的自動映射路由呼叫 Author 服務，則用戶端可以呼叫以下 URL：

```
1  http://localhost:8072/author-service/v1/author/author-id-1
```

URL 可以分拆為 3 段：

1. 路徑「http://localhost:8072」是 Spring Cloud Gateway 的服務位址。
2. 路徑「/author-service」包含 Author 服務 ID，表示要呼叫 Author 服務。
3. 之後的「/v1/author/author-id-1」都是要傳遞給 Author 服務的路徑參數。

下圖說明了這種映射的實際效果：

▲ 圖 8.6　使用 author-service 的服務 ID 將請求映射到 Author 服務實例

因此它和直接呼叫 Author 服務端點的結果相同：

```
1   http://localhost:8081/v1/author/author-id-1
```

將 Spring Cloud Gateway 與 Eureka Server 結合的好處是不僅擁有一個可以呼叫的服務端點，還可以新增和刪除服務實例而無須修改 Spring Cloud Gateway。例如我們可以向 Eureka Server 新增一個服務，Spring Cloud Gateway 會藉由自動映射路由將呼叫導向到它。

如果想查看 Spring Cloud Gateway 管理的路由，可以透過 /actuator/gateway/routes 端點列出所有路由：

```
 1    [
 2        {
 3            "predicate": "Paths: [/author-service/**], match trailing slash: true",
 4            "metadata": {
 5                "management.port": "8081"
 6            },
 7            "route_id": "ReactiveCompositeDiscoveryClient_AUTHOR-SERVICE",
 8            "filters": [
 9                "[[RewritePath /author-service/?(?<remaining>.*) = '/${remaining}'], order = 1]"
10            ],
11            "uri": "lb://AUTHOR-SERVICE",
12            "order": 0
13        },
14        {
15            "predicate": "Paths: [/book-service/**], match trailing slash: true",
16            "metadata": {
17                "management.port": "8080"
18            },
19            "route_id": "ReactiveCompositeDiscoveryClient_BOOK-SERVICE",
20            "filters": [
21                "[[RewritePath /book-service/?(?<remaining>.*) = '/${remaining}'], order = 1]"
22            ],
23            "uri": "lb://BOOK-SERVICE",
24            "order": 0
25        },
26        {
27            "predicate": "Paths: [/gateway-server/**], match trailing slash: true",
28            "metadata": {
29                "management.port": "8072"
30            },
31            "route_id": "ReactiveCompositeDiscoveryClient_GATEWAY-SERVER",
32            "filters": [
33                "[[RewritePath /gateway-server/?(?<remaining>.*) = '/${remaining}'], order = 1]"
34            ],
35            "uri": "lb://GATEWAY-SERVER",
36            "order": 0
37        }
38    ]
```

▲ 圖 8.7　http://localhost:8072/actuator/gateway/routes 列出自動映射路由

上圖顯示 Spring Cloud Gateway 的自動映射路由關係，還可以看到其他如 Predicate、管理埠號、路由 ID、Filter 等資訊，將在後續內容說明。

8.3.3　設定手動映射路由

除了使用 Eureka Server 註冊的服務 ID 建立自動路由，Spring Cloud Gateway 也允許手動定義路由映射，從而使程式碼更加細粒度。

假設我們想將名稱 author-service 縮短為 author 來簡化路由，並透過 Service Gateway 存取 Author 服務；而不是默認的 /author-service/v1/author/{author-id}。此時可以在設定文件中手動定義路由映射來完成此操作：

🎯 範例：/c08-configserver/src/main/resources/config/gateway-server.yml

```
1   spring:
2     cloud:
3       loadbalancer.ribbon.enabled: false
4       gateway:
5         routes:
6         - id: author-service
7           uri: lb://author-service
8           predicates:
9           - Path=/author/**
10          filters:
11          - RewritePath=/author/(?<path>.*), /$\{path}
12        - id: book-service
13          uri: lb://book-service
14          predicates:
15          - Path=/book/**
16          filters:
17          - RewritePath=/book/(?<path>.*), /$\{path}
```

📢 說明

3	停用 ribbon 的負載均衡器。
5	設定 Service Gateway 的多個路由 (routes)。
6	路由可以有多組，使用 id 來識別；包含後續的 uri、predicates、filters 等參數值，都算同一個路由 (id＝author-service) 的設定。
7	使用 uri 設定要導向的目標微服務位址： ◆ 如果位址以 lb:// 開頭，表示會由均衡負載器 (LoadBalancer) 解析後面連接的微服務的邏輯名稱，本例為 author-service，以得到實際的主機和埠號。 ◆ 如果位址以 http:// 開頭，只要注意 hostname 和 port 即可。 再連接改寫 (RewritePath) 後的路徑，如行 11 指示，即可得到可存取的完整微服務位址。
8	使用 predicates 參數值定義啟動路由的條件，可以多組。
9	若呼叫的網址滿足 Path 參數值 /author/**，就啟動路由導向。
10	使用 filters 定義實際的網址改寫邏輯。

行 11 與行 17 的設定內容比較複雜些，首先要理解正規表示式的「命名的捕捉群組 (Named Capturing Group)」的使用規則，它的語法是：

```
1   (?<name>capturing text)
```

其中：

1. 「?<name>」表示命名群組。
2. 「capturing text」表示以正規表示式捕捉到的匹配結果。

意思是將匹配的字串結果捕獲到一個命名群組中，後續可透過該命名群組取出匹配結果做其他用途：

1. 以語法裡使用的文字來說，此處是將 capturing text 捕獲到名稱為 name 的群組中。
2. 後續使用「${name}」取出群組內捕獲的匹配結果。
3. 因為在 YAML 檔案內也使用「${}」符號取出變數值，為避免與正規表示式衝突必須使用跳脫符號「\」，因此最後會以「$\{name}」的形式呈現。

解讀設定文件行 11「- RewritePath=/author/(?<path>.*), /$\{path}」：

1. 參數 RewritePath 的兩個值以「,」分隔。
2. 第一個參數值「/author/(?<path>.*)」是正規表示式，若用戶端呼叫的路徑匹配該路徑，就會以第二個參數取代：
   - 「?<path>」表示宣告名稱為 path 的群組。
   - 「.*」表示任意字元出現 0 次或多次。
   - 前述合併之後就是將「.*」匹配到的結果捕獲到名稱為 path 的群組中，第二個參數再以命名群組 path 取出匹配結果。
3. 第二個參數值「$\{path}」用來取代與第一個參數值匹配的路徑。取代時若使用的內容和第一個參數的部分內容相同，就可以使用第一個參數的命名捕捉群組取出。

藉由以上設定，若想藉由 Spring Cloud Gateway 的手動映射路由呼叫 Author 服務，則用戶端可以呼叫以下 URL：

```
1   http://localhost:8072/author/v1/author/author-id-1
```

1. 因為扣除 Service Gateway 的主機名稱與埠號後的網址為 /author/v1/author/author-id-1，滿足行 8-9 的設定路徑以 /author/** 開頭，因此將觸發手動的設定路由。

2. 因為行 10-11 的設定，網址路徑 /author/v1/author/author-id-1 將被改寫為 /v1/author/author-id-1，再併入行 7 由負載均衡器解析後的網址後端。

3. 合併行 7 設定，最終將直接呼叫 Author 服務端點：

```
1   http://localhost:8081/v1/author/author-id-1
```

現在，如果我們重新檢視 Service Gateway 的端點 http://localhost:8072/actuator/gateway/routes，可以看到如下圖的結果：

```
1   [
2     {
3       "predicate": "Paths: [/author/**], match trailing slash: true",
4       "route_id": "author-service",
5       "filters": [
6         "[[RewritePath /author/(?<path>.*) = '/${path}'], order = 1]"
7       ],
8       "uri": "lb://author-service",
9       "order": 0
10    },
11    {
12      "predicate": "Paths: [/book/**], match trailing slash: true",
13      "route_id": "book-service",
14      "filters": [
15        "[[RewritePath /book/(?<path>.*) = '/${path}'], order = 1]"
16      ],
17      "uri": "lb://book-service",
18      "order": 0
19    }
20  ]
```

▲ 圖 8.8　http://localhost:8072/actuator/gateway/routes 列出手動映射路由

8.3.4 同時使用自動與手動映射路由

如果以「自動」方式定義路由映射，因為是基於被呼叫服務在 Eureka Server 註冊的服務 ID，當服務實例停止運行時，Eureka Server 會警示，Service Gateway 也不會公開該服務的路由。

但如果以「手動」方式定義路由映射，即便服務實例已經停止，Service Gateway 仍會顯示該路由；當嘗試呼叫不存在服務的路由，將返回錯誤結果。

事實上，手動與自動路由是可以一起存在的，這也可能是比較建議的方式。在沒有新增很多微服務且穩定的環境中，手動新增路由是一項簡單的事；但如果不是這樣的環境，就可以考慮兩者並存，設定如下：

📍 **範例**：/c08-configserver/src/main/resources/config/gateway-server.yml

```
 1  spring:
 2    cloud:
 3      loadbalancer.ribbon.enabled: false
 4      gateway:
 5        discovery.locator:
 6          enabled: true
 7          lowerCaseServiceId: true
 8        routes:
 9        - id: author-service
10          uri: lb://author-service
11          predicates:
12          - Path=/author/**
13          filters:
14          - RewritePath=/author/(?<path>.*), /$\{path}
15        - id: book-service
16          uri: lb://book-service
17          predicates:
18          - Path=/book/**
19          filters:
20          - RewritePath=/book/(?<path>.*), /$\{path}
```

🔊 **說明**

5-7	自動路由設定。
8-20	手動路由設定。

再次檢視 Service Gateway 的端點 http://localhost:8072/actuator/gateway/routes，可以看到同時存在自動與手動路由，如下圖：

```
 1  [
 2      {
 3          "predicate": "Paths: [/author-service/**], match trailing slash: true",
 4          "metadata": {
 5              "management.port": "8081"
 6          },
 7          "route_id": "ReactiveCompositeDiscoveryClient_AUTHOR-SERVICE",
 8          "filters": [
 9              "[[RewritePath /author-service/?(?<remaining>.*) = '/${remaining}'], order = 1]"
10          ],
11          "uri": "lb://AUTHOR-SERVICE",
12          "order": 0
13      },
14      {
15          "predicate": "Paths: [/book-service/**], match trailing slash: true",
16          "metadata": {
17              "management.port": "8080"
18          },
19          "route_id": "ReactiveCompositeDiscoveryClient_BOOK-SERVICE",
20          "filters": [
21              "[[RewritePath /book-service/?(?<remaining>.*) = '/${remaining}'], order = 1]"
22          ],
23          "uri": "lb://BOOK-SERVICE",
24          "order": 0
25      },
26      {
27          "predicate": "Paths: [/gateway-server/**], match trailing slash: true",
28          "metadata": {
29              "management.port": "8072"
30          },
31          "route_id": "ReactiveCompositeDiscoveryClient_GATEWAY-SERVER",
32          "filters": [
33              "[[RewritePath /gateway-server/?(?<remaining>.*) = '/${remaining}'], order = 1]"
34          ],
35          "uri": "lb://GATEWAY-SERVER",
36          "order": 0
37      },
38      {
39          "predicate": "Paths: [/author/**], match trailing slash: true",
40          "route_id": "author-service",
41          "filters": [
42              "[[RewritePath /author/(?<path>.*) = '/${path}'], order = 1]"
43          ],
44          "uri": "lb://author-service",
45          "order": 0
46      },
47      {
48          "predicate": "Paths: [/book/**], match trailing slash: true",
49          "route_id": "book-service",
50          "filters": [
51              "[[RewritePath /book/(?<path>.*) = '/${path}'], order = 1]"
52          ],
53          "uri": "lb://book-service",
54          "order": 0
```

▲ 圖 8.9　同時使用自動與手動映射路由

8.3.5 動態重新載入路由設定

使用 Spring Cloud Gateway 需要設定路由，接下來要說明如何動態重新載入路由。動態加載路由的能力非常實用，因為它允許我們更改路由映射而無須重新啟動 Service Gateway。

當以 GET 方法呼叫 Service Gateway 的 actuator/gateway/routes 端點時，我們可以看到目前的路由設定。如果想要及時新增或修改路由映射，可以更改設定文件然後提交至 Config Server 管理的設定資訊的 Git 儲存庫，再以 POST 方法呼叫 Service Gateway 的端點「actuator/refresh」，就可以重新載入路由設定。

驗證步驟如下：

1. 開啟 GitHub 上的 gateway-server.yml 設定檔，檢視 Book 微服務的路由設定：

範例：spring-cloud-config-repo/gateway-server.yml

```
1    - id: book-service
2      uri: lb://book-service
3      predicates:
4      - Path=/book/**
5      filters:
6      - RewritePath=/book/(?<path>.*), /$\{path}
```

2. 以 GET 呼叫 http://localhost:8072/actuator/gateway/routes，確認 Book 微服務的路由設定與 GitHub 一致：

```
47    {
48        "predicate": "Paths: [/book/**], match trailing slash: true",
49        "route_id": "book-service",
50        "filters": [
51           "[[RewritePath /book/(?<path>.*) = '/${path}'], order = 1]"
52        ],
53        "uri": "lb://book-service",
54        "order": 0
55    }
```

▲ 圖 8.10　檢視 actuator/gateway/routes 端點使用 book 路徑

3. 以 GET 呼 叫 http://localhost:8072/book/v1/author/author-id-1/book/book-id-1，
   確認 Book 微服務的路由正常：

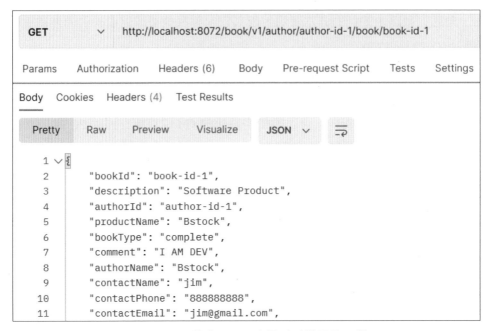

▲ 圖 8.11　藉由 book 路徑呼叫微服務正常

4. 修改 GitHub 上的 gateway-server.yml 設定檔，參數值 Path 與 RewritePath 皆
   以 jim 取代 book，如以下行 4 與行 6：

🎯 範例：spring-cloud-config-repo/gateway-server.yml

```
1    - id: book-service
2      uri: lb://book-service
3      predicates:
4      - Path=/jim/**
5      filters:
6      - RewritePath=/jim/(?<path>.*), /$\{path}
```

5. 以 POST 呼叫 http://localhost:8072/**actuator/refresh**，以重新載入路由設定：

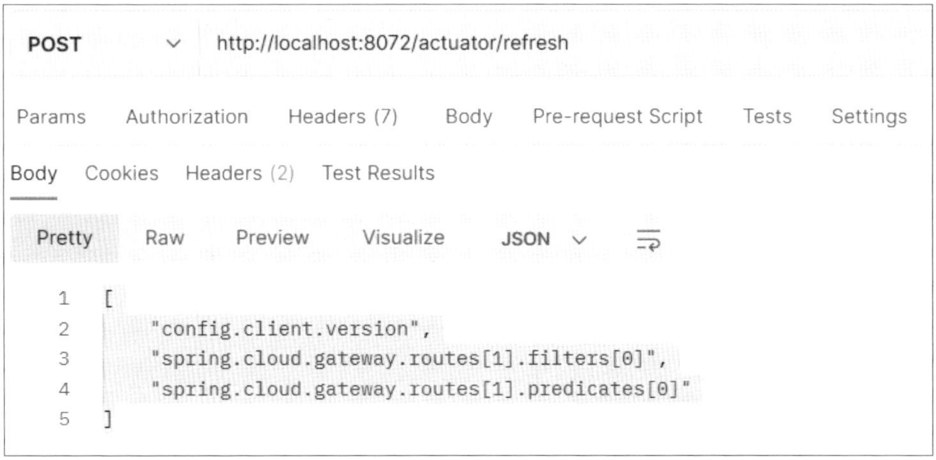

```
POST          ∨    http://localhost:8072/actuator/refresh

Params    Authorization    Headers (7)    Body    Pre-request Script    Tests    Settings

Body    Cookies    Headers (2)    Test Results

Pretty    Raw    Preview    Visualize    JSON  ∨    ⇥

  1    [
  2        "config.client.version",
  3        "spring.cloud.gateway.routes[1].filters[0]",
  4        "spring.cloud.gateway.routes[1].predicates[0]"
  5    ]
```

▲ 圖 8.12　以 POST 方法呼叫 actuator/refresh 端點刷新路由

6. 以 GET 呼叫 http://localhost:8072/actuator/gateway/routes，確認 Book 微服務的路由設定與 GitHub 一致，路由路徑已由 book 改為 jim：

```
 47    {
 48        "predicate": "Paths: [/jim/**], match trailing slash: true",
 49        "route_id": "book-service",
 50        "filters": [
 51            "[[RewritePath /jim/(?<path>.*) = '/${path}'], order = 1]"
 52        ],
 53        "uri": "lb://book-service",
 54        "order": 0
 55    }
```

▲ 圖 8.13　檢視 actuator/gateway/routes 端點使用 jim 路徑

7. 以 GET 呼叫 http://localhost:8072/**jim**/v1/author/author-id-1/book/book-id-1，確認 Book 微服務的路由正常：

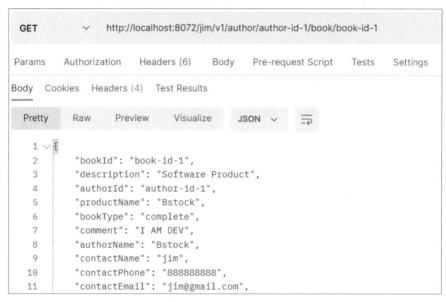

▲ 圖 8.14　藉由 jim 路徑呼叫微服務將顯示正常

8. 再以 GET 呼叫 http://localhost:8072/**book**/v1/author/author-id-1/book/book-id-1，確認 Book 微服務的路由已經無法正常使用：

▲ 圖 8.15　藉由 book 路徑呼叫微服務將顯示異常

8.4 使用 Spring Cloud Gateway 的 Predicate 與 Filter 工廠

由本章先前的說明可以理解如何透過 Service Gateway 代理所有請求並簡化服務的呼叫。不過，Spring Cloud Gateway 更強大的地方在於可以允許我們對經過 Service Gateway 的所有請求套用自己編寫的程式邏輯，因此可以在所有服務中實作一組一致的應用程式策略，例如安全性、日誌紀錄和追蹤機制。

這些應用程式策略可以視為**橫切關注點 (cross-cutting concerns)**，因為我們希望將這些策略應用於架構裡的所有微服務，而不必對每一個服務分別實作。在這樣的思維下，使用 Spring Cloud Gateway 的：

1. Predicate Factory
2. Filter Factory

其效果和 Spring AOP 的**面向 (Aspect)** 類別相似，可以設定攔截服務的匹配條件，並修飾或更改呼叫的行為。相較於 Servlet 的 Filter 和 Spring 的 AOP 只能攔截本地的特定服務，使用 Spring Cloud Gateway 允許我們對跨路由的所有服務實作橫切關注點。其中 Predicate Factory 提供多樣的 Predicate 讓我們在處理請求之前檢查是否滿足預先定義的條件。下圖顯示 Spring Cloud Gateway 在處理請求時套用 Predicate 和 Filter 的 Factory 的架構：

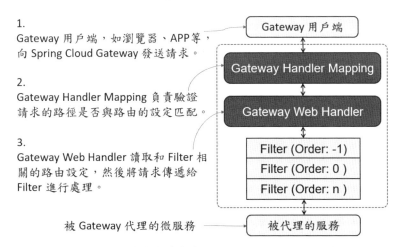

▲ 圖 8.16 對 Gateway 用戶端的請求套用 Predicates Factory 和 Filters Factory

首先，Gateway 用戶端，可能是瀏覽器、應用程式等，向 Spring Cloud Gateway 發送請求。收到該請求後，由 Gateway Handler Mapping 驗證「請求的路徑」是否與它嘗試存取的「特定路由的設定」相匹配。如果匹配成立，流程將進入 Gateway Web Handler，由它負責安排後續處理的 Filter 並將請求發送到這些 Filter。當經歷所有 Filter 後，請求就會被轉發到路由設定的目標微服務。

8.4.1 使用內建的 Predicate 工廠設定路由

Spring Cloud Gateway 內建的 Predicate 物件允許我們在執行或處理請求之前，檢查請求是否滿足預先定義的條件。對於每條路由，我們可以設定多個 Predicate 工廠，並透過邏輯 AND 來使用和組合。以下是 Spring Cloud Gateway 常用的內建 Predicate 工廠，詳細內容可以參考 https://cloud.spring.io/spring-cloud-gateway/reference/html/#gateway-request-predicates-factories。

這些 Predicate 可以透過程式碼編寫或設定的方式應用在專案中，就像我們先前曾經使用在設定檔的作法，如以下範例行 8：

🎯 範例：/c08-configserver/src/main/resources/config/gateway-server.yml

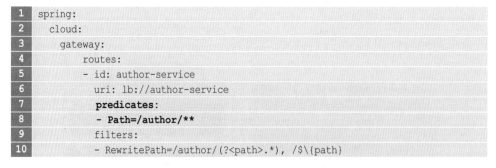

```
1   spring:
2     cloud:
3       gateway:
4         routes:
5         - id: author-service
6           uri: lb://author-service
7           predicates:
8           - Path=/author/**
9           filters:
10          - RewritePath=/author/(?<path>.*), /$\{path}
```

以下是 Spring Cloud Gateway 常用的 Predicate 工廠：

1. Before

設定日期時間參數，並匹配在它之「前」發生的所有請求，範例如下：

```
1   spring:
2     cloud:
```

```
3    gateway:
4      routes:
5      - id: before_route
6        uri: https://example.org
7        predicates:
8        - Before=2013-01-20T17:42:47.789-07:00[America/Denver]
```

2. After

設定日期時間參數，並匹配在它之「後」發生的所有請求，範例如下：

```
1    spring:
2      cloud:
3        gateway:
4          routes:
5          - id: after_route
6            uri: https://example.org
7            predicates:
8            - After=2013-01-20T17:42:47.789-07:00[America/Denver]
```

3. Between

設定兩個日期時間參數，並匹配兩個時間點之間的所有請求。規則是包含第一個日期時間，但不包含第二個日期時間，範例如下：

```
1    spring:
2      cloud:
3        gateway:
4          routes:
5          - id: between_route
6            uri: https://example.org
7            predicates:
8            - Between=2013-01-20T17:42:47.789-07:00[America/Denver],
                       2013-01-21T17:42:47.789-07:00[America/Denver]
```

4. Header

接受兩個參數，分別是 HTTP 標頭的名稱和一個正規表示式，然後將其值與提供的正規表示式進行匹配，範例如下。

在這個範例中，如果請求具有名為 X-Request-Id 的標頭，且其值與正規表示式「\d+」匹配，亦即值滿足一個或多個數字，則此路由匹配：

```
1  spring:
2    cloud:
3      gateway:
4        routes:
5        - id: header_route
6          uri: https://example.org
7          predicates:
8          - Header=X-Request-Id, \d+
```

5. Host

以主機名稱作為匹配條件，並接受以「.」作為域名區隔，如以下範例。也可以多個主機名稱：

```
1  spring:
2    cloud:
3      gateway:
4        routes:
5        - id: host_route
6          uri: https://example.org
7          predicates:
8          - Host=**.somehost.org
```

6. Method

接受要匹配的 HTTP 方法，範例如下：

```
1  spring:
2    cloud:
3      gateway:
4        routes:
5        - id: method_route
6          uri: https://example.org
7          predicates:
8          - Method=GET, POST
```

7. Path

接受一個 URL 的路徑，將使用 Spring 的 PathMatcher 介面進行後續處理，主要實作是 AntPathMatcher，如以下範例行 8。本例中 URL 路徑如 /red/1、/red/blue、/blue/green 都滿足：

```
1  spring:
2    cloud:
3      gateway:
4        routes:
5        - id: path_route
6          uri: https://example.org
7          predicates:
8          - Path=/red/{segment},/blue/{segment}
```

我們在編寫 Spring 的 Controller 時會使用一些標註類別，如 @RequestMapping、
@GetMapping、@PostMapping 等，其 屬 性 value 的 URL 字 串 值，也 是 以
AntPathMatcher 進行處理。

前述範例以變數 {segment} 捕捉指定 URL 的段落內容，如同下圖 Controller 方
法的路徑變數 {id}：

```java
// show user
@RequestMapping(value = "/user/{id}", method = RequestMethod.GET)
public String showUser(@PathVariable("id") int id, Model model) {
    User user = userService.findById(id);
    model.addAttribute("user", user);
    if (user == null) {
        model.addAttribute("css", "danger");
        model.addAttribute("msg", "User not found!");
    }
    return "users/show";
}
```

▲ 圖 8.17　使用路徑變數 {id} 捕捉指定的 URL 段落內容

後續可以在 Filter 編程取出路徑變數 segment 的對應值，以路徑 /red/1、/red/
blue、/blue/green 等為例，就分別是 1、blue、green：

```
1  Map<String, String> uriVariables
                   = ServerWebExchangeUtils.getPathPredicateVariables(exchange);
2  String segment = uriVariables.get("segment");
```

8. Query

接受兩個參數，包含一個必需的參數和一個非必要的正規表示式，然後將它們
與請求裡的查詢參數 (query parameter) 進行匹配，範例如下。

以本例而言，如果請求包含 green 查詢參數，則該路由匹配成功：

```
1  spring:
2    cloud:
3      gateway:
4        routes:
5        - id: query_route
6          uri: https://example.org
7          predicates:
8          - Query=green
```

9. Cookie

接受兩個參數，分別是 Cookie 的名稱與一個正規表示式。將對 HTTP 請求標頭中的所有 Cookie 進行匹配，若：

- 標頭的 Cookie 名稱與第一個參數的值相同。
- 標頭的 Cookie 值滿足第二個參數提供的正規表示式。

則匹配成功，範例如下：

```
1  spring:
2    cloud:
3      gateway:
4        routes:
5        - id: cookie_route
6          uri: https://example.org
7          predicates:
8          - Cookie=SessionID, abc
```

10. RemoteAddr

接受 IP 位址並與請求的遠端位址進行匹配，範例如下。

以本例而言，如果請求的遠端位址是 192.168.1.10，則此路由匹配成功：

```
1  spring:
2    cloud:
3      gateway:
4        routes:
5        - id: remoteaddr_route
6          uri: https://example.org
7          predicates:
8          - RemoteAddr=192.168.1.1/24
```

8.4.2 使用內建的 Filter 工廠設定路由

內建的 Filter 工廠允許我們在程式碼中注入策略執行點，並以一致的方式對所有服務呼叫執行操作。換句話說，這些 Filter 可以讓我們修改傳入和傳出的 HTTP 請求與回應，完整內容參見 https://cloud.spring.io/spring-cloud-gateway/reference/html/#gatewayfilter-factories。以下是 Spring Cloud Gateway 常用的內建 Filter 工廠：

1. AddRequestHeader

新增一個 HTTP 請求標頭，如以下範例新增請求標頭 X-Request-Foo 與值 Bar：

```
1  spring:
2    cloud:
3      gateway:
4        routes:
5        - id: add_request_header_route
6          uri: https://example.org
7          filters:
8          - AddRequestHeader=X-Request-Foo, Bar
```

2. AddResponseHeader

新增一個 HTTP 回應標頭，如以下範例新增回應標頭 X-Response-Foo 與值 Bar：

```
1  spring:
2    cloud:
3      gateway:
4        routes:
5        - id: add_response_header_route
6          uri: https://example.org
7          filters:
8          - AddResponseHeader=X-Response-Foo, Bar
```

3. AddRequestParameter

新增一個 HTTP 查詢參數，如以下範例新增請求查詢參數 foo 和值 bar：

```
1  spring:
2    cloud:
3      gateway:
4        routes:
```

```
5      - id: add_request_parameter_route
6        uri: https://example.org
7        filters:
8        - AddRequestParameter=foo, bar
```

4. PrefixPath

增加前置詞給 HTTP 請求路徑，範例如下：

```
1  spring:
2    cloud:
3      gateway:
4        routes:
5        - id: prefixpath_route
6          uri: https://example.org
7          filters:
8          - PrefixPath=/mypath
```

5. RedirectTo

需要兩個參數，分別代表 HTTP 狀態碼和 URL。範例如下：

```
1  spring:
2    cloud:
3      gateway:
4        routes:
5        - id: prefixpath_route
6          uri: https://example.org
7          filters:
8          - RedirectTo=302, https://acme.org
```

6. RemoveRequestHeader

從 HTTP 請求中刪除指定的 HTTP 標頭，範例如下。本例將由請求中移除 HTTP 標頭 X-Request-Foo：

```
1  spring:
2    cloud:
3      gateway:
4        routes:
5        - id: removerequestheader_route
6          uri: https://example.org
7          filters:
8          - RemoveRequestHeader=X-Request-Foo
```

7. RemoveResponseHeader

從 HTTP 回應中刪除指定的 HTTP 標頭，範例如下。本例將由回應中移除 HTTP 標頭 X-Response-Foo：

```
1  spring:
2    cloud:
3      gateway:
4        routes:
5        - id: removeresponseheader_route
6          uri: https://example.org
7          filters:
8          - RemoveResponseHeader=X-Response-Foo
```

8. RewritePath

指定 URL 路徑的正規表示式參數和替換參數，範例如下：

```
1  spring:
2    cloud:
3      gateway:
4        routes:
5        - id: rewritepath_route
6          uri: https://example.org
7          predicates:
8          - Path=/foo/**
9          filters:
10         - RewritePath=/foo(?<segment>/?.*), $\{segment}
```

9. SecureHeaders

新增與安全性有關的 HTTP 回應標頭，如下範例：

```
1  spring:
2    cloud:
3      gateway:
4        routes:
5        - id: secure_route
6          uri: https://example.org
7          predicates:
8          - Path=/foo/**
9          filters:
10           - SecureHeaders
```

將可以新增如下的 HTTP 回應標頭，括號內是其預設值，可能因為 Spring Cloud
或 HTTP 版本不同而有調整：

```
1   X-Xss-Protection:1 (mode=block)
2   Strict-Transport-Security (max-age=631138519)
3   X-Frame-Options (DENY)
4   X-Content-Type-Options (nosniff)
5   Referrer-Policy (no-referrer)
    Content-Security-Policy (default-src 'self' https:; font-src 'self' https:
6   data:; img-src 'self' https: data:; object-src 'none'; script-src https:;
    style-src 'self' https: 'unsafe-inline)'
7   X-Download-Options (noopen)
8   X-Permitted-Cross-Domain-Policies (none)
```

10. SetPath

接受指定的路徑模板參數，藉此操作請求路徑，範例如下。本例中對於 /foo/bar
的請求路徑，將被改為 /bar。

```
1    spring:
2      cloud:
3        gateway:
4          routes:
5          - id: setpath_route
6            uri: https://example.org
7            predicates:
8            - Path=/foo/{segment}
9            filters:
10           - SetPath=/{segment}
```

11. SetStatus

設定 HTTP 回應的狀態碼，範例如下。設定值必須是 Spring 的列舉型別
HttpStatus 的列舉項目，可以是整數值如 401 或文字如 BAD_REQUEST：

```
1    spring:
2      cloud:
3        gateway:
4          routes:
5          - id: setstatusstring_route
6            uri: https://example.org
7            filters:
8            - SetStatus=BAD_REQUEST
```

```
9      - id: setstatusint_route
10       uri: https://example.org
11       filters:
12       - SetStatus=401
```

12. SetResponseHeader

採用名稱和值的參數來設定 HTTP 回應標頭,範例如下。此時若回應裡有 HTTP 標頭與值 X-Response-Foo:1234,將替換為 X-Response-Foo:Bar。

```
1   spring:
2     cloud:
3       gateway:
4         routes:
5         - id: setresponseheader_route
6           uri: https://example.org
7           filters:
8           - SetResponseHeader=X-Response-Foo, Bar
```

8.4.3 自定義前置與後置 Filter 追蹤服務呼叫

透過 Service Gateway 代理所有請求可以簡化服務呼叫,編寫自定義邏輯並套用在流經 Service Gateway 的所有服務呼叫時,可以發揮 Spring Cloud Gateway 的更大功用。我們經常在這些自定義邏輯中實作一致性的應用程式策略,如日誌紀錄、認證授權與服務追蹤等。

Spring Cloud Gateway 允許我們使用 Filter 建構自定義邏輯,可以套用在對每一個服務的請求。Spring Cloud Gateway 支援前置 Filter 和後置 Filter:

1. **前置 Filter (pre-filter)**:在請求發送到目標服務之**前**將呼叫前置 Filter。前置 Filter 通常用來確保服務具有一致的資訊格式,如都具備關鍵 HTTP 標頭;或是充當服務守護者以確保呼叫服務的用戶端都經過身份驗證。

2. **後置 Filter (post-filter)**:在請求發送到目標服務之**後**將呼叫後置 Filter,並將回應發送回用戶端。後置 Filter 通常用來記錄目標服務的回應、處理錯誤或審核具備機敏資訊的回應。

下圖顯示在處理服務用戶端的請求時，如何將兩種 Filter 組合在一起：

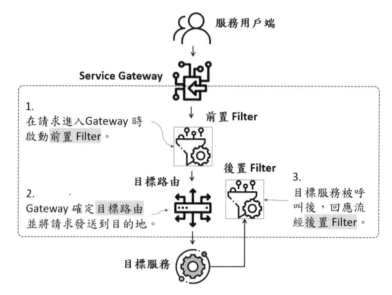

▲ 圖 8.18　前置 Filter、目標路由和後置 Filter 構成用戶端請求流動的通道

依照上圖流程，當服務用戶端透過 Service Gateway 呼叫服務時：

1. 請求進入 Gateway 時將呼叫 Gateway 中定義的**前置 Filter**。前置 Filter 在 HTTP 請求到達目標服務之前可以檢查和修改請求，但不能將用戶請求導向到不同的端點或服務。

2. 在 Gateway 對傳入請求執行前置 Filter 後，將藉由**目標路由**傳送請求到目標服務。

3. 呼叫目標服務後，**後置 Filter** 可以檢查和修改來自目標服務的回應。

後續章節我們將說明如何建構前置 Filter 和後置 Filter，然後透過它們處理用戶端請求。下圖顯示了這些 Filter 如何組合並處理 B-stock 專案的服務請求：

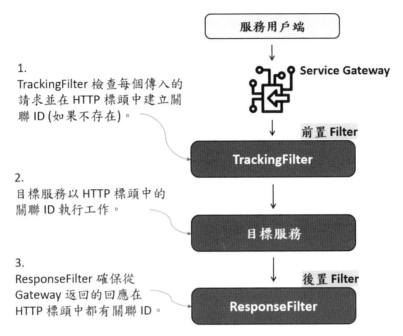

▲ 圖 8.19　Gateway 的 Filter 提供對服務呼叫和日誌紀錄的集中追蹤

上圖流程使用了以下自定義的 Filter：

1. TrackingFilter：屬於前置 Filter，用來確保流經 Gateway 的每一個請求都有一個關聯 ID，它會存在後續所有的微服務裡。關聯 ID 允許我們在經過一系列的微服務呼叫後，可以持續追蹤過程發生的所有事件。

2. 目標服務：目標服務可以是 Author 或 Book 服務，兩種服務都會在 HTTP 請求的標頭中置入關聯 ID。

3. ResponseFilter：屬於後置 Filter，它將注入關聯 ID 到用戶端的 HTTP 標頭回應中，如此用戶端就可以取得關聯 ID，以協助事後追蹤服務呼叫過程中的所有事件。

8.5 自定義 Spring Cloud Gateway 的 前置 Filter 與建立關聯 ID

在 Spring Cloud Gateway 中建構 Filter 非常簡單。首先我們將建構一個名稱為 TrackingFilter 的前置 Filter，用來檢查所有傳入 Gateway 的請求是否存在名稱為 「tmx-correlation-id」的 HTTP 標頭。它是不重複的 GUID，可用於跨多個微服務的用戶端請求追蹤：

1. 如果 HTTP 標頭中不存在 tmx-correlation-id，則 TrackingFilter 將自動生成並設定為關聯 ID。

2. 如果已經存在關聯 ID，Gateway 將不會執行任何操作。

3. 特定的服務呼叫若存在關聯 ID，即表示該服務是執行用戶端請求的連鎖服務的一部分。

我們曾經在章節 7.8 介紹以關聯 ID 追蹤服務的概念，當時是在 Postman 裡傳入 HTTP 標頭「tmx-correlation-id」和值「TEST-CORRELATION-ID」。本章則是以前置 Filter 生成關聯 ID，範例如下：

🎯 範例：/c08-gatewayserver/src/main/java/lab/cloud/gateway/filters/ TrackingFilter.java

```
1   @Order(1)
2   @Component
3   public class TrackingFilter implements GlobalFilter {
4     private static final Logger logger =
                        LoggerFactory.getLogger(TrackingFilter.class);
5     @Autowired
6     FilterUtils filterUtils;
7     @Override
8     public Mono<Void> filter(ServerWebExchange ex, GatewayFilterChain chain) {
9       HttpHeaders reqHeaders = ex.getRequest().getHeaders();
10      if (isCorrelationIdPresent(reqHeaders)) {
11        logger.debug("tmx-correlation-id found in tracking filter: {}. ",
12                filterUtils.getCorrelationId(reqHeaders));
13      } else {
14        String correlationID = generateCorrelationId();
15        ex = filterUtils.setCorrelationId(ex, correlationID);
16        logger.debug("tmx-correlation-id generated in tracking filter: {}.",
                                                            correlationID);
```

```
17        }
18      return chain.filter(ex);
19    }
20    private boolean isCorrelationIdPresent(HttpHeaders reqHeaders) {
21      if (filterUtils.getCorrelationId(reqHeaders) != null) {
22        return true;
23      } else {
24        return false;
25      }
26    }
27    private String generateCorrelationId() {
28      return java.util.UUID.randomUUID().toString();
29    }
30  }
```

📢 說明

3	前置 Filter 必須實作 GlobalFilter 並覆寫 filter() 方法。
5-6	Filter 常用的函數封裝在 FilterUtils 類別中，主要是 getCorrelationId() 與 setCorrelationId()，範例程式碼列舉如後。
8	每次請求通過 Filter 都會執行 filter() 方法。
9	由方法 filter() 的參數 ServerWebExchange 可以取出 HTTP 標頭。
20-26	檢查請求標頭中是否存在關聯 ID。
27-29	使用 UUID 建立關聯 ID 值。

類別 FilterUtils 封裝了 TrackingFilter 常用的功能，主要是 getCorrelationId() 與 setCorrelationId()，如下：

🎯 範例：/c08-gatewayserver/src/main/java/lab/cloud/gateway/filters/ FilterUtils.java

```
1   @Component
2   public class FilterUtils {
3     public static final String CORRELATION_ID = "tmx-correlation-id";
4     public static final String AUTH_TOKEN = "tmx-auth-token";
5     public static final String USER_ID = "tmx-user-id";
6     public static final String AUTHOR_ID = "tmx-author-id";
7     public static final String PRE_FILTER_TYPE = "pre";
8     public static final String POST_FILTER_TYPE = "post";
9     public static final String ROUTE_FILTER_TYPE = "route";
10    public String getCorrelationId(HttpHeaders reqHeaders) {
11        if (reqHeaders.get(CORRELATION_ID) != null) {
```

```
12          List<String> header = reqHeaders.get(CORRELATION_ID);
13          return header.stream().findFirst().get();
14      } else {
15          return null;
16      }
17  }
18  public ServerWebExchange setCorrelationId(ServerWebExchange ex, String id) {
19   return ex
20     .mutate()
21     .request(ex.getRequest().mutate().header(CORRELATION_ID, id).build())
22     .build();
23   }
24  }
```

🔊 說明

19-20	ServerWebExchange 的 mutate() 方法可以回傳 ServerWebExchange.Builder 物件，用來改變自己屬性後再重新建構一個 ServerWebExchange 物件。
21	使用 request() 方法設定 ServerHttpRequest 物件。 該 ServerHttpRequest 物件可以由 ServerWebExchange.getRequest().mutate() 先取得 ServerHttpRequest.Builder 物件，使用 header() 設定 HTTP 標頭後，再呼叫 build() 重新建構一個 ServerHttpRequest 物件。

要測試 setCorrelationId() 方法，在啟動本專案的所有服務後，我們可以呼叫 Author 或 Book 服務，如：

```
1  http://localhost:8072/author/v1/author/author-id-1
```

之後就可以在控制台中看到一條由 TrackingFilter 輸出的日誌訊息：

```
1  l.cloud.gateway.filters.TrackingFilter  : tmx-correlation-id generated in
   tracking filter: 110ad577-244c-4df8-bebb-c6bf89ef5571.
```

▌ 8.6 完備關聯 ID 在服務內的追蹤流程

現在我們已經可以確保在服務的用戶端如 Postman 存取服務時，關聯 ID 已經新增到透過 Service Gateway 呼叫的服務中，接下來要做的是：

1. 讓微服務專案可以內部存取關聯 ID。
2. 讓微服務在呼叫下游微服務時也可以傳播關聯 ID。

為了達成這目標，我們將為每一個微服務，如 Book 與 Author 服務，各自建構 UserContextFilter、UserContext 和 UserContextInterceptor 等三個類別。這些類別將協同合作：

1. 讀取 HTTP 請求標頭的關聯 ID，以及稍後將新增的其他資訊。
2. 將這些資訊以類別 UserContext 進行封裝，並在獨體類別 UserContextHolder 中以 ThreadLocal 的型態持有 UserContext 物件，以便服務中的商業邏輯易於存取和使用，並確保執行緒安全。
3. 讓關聯 ID 可以傳播到下游的微服務並供其存取。

下圖顯示如何為 Book 服務建構這些元件：

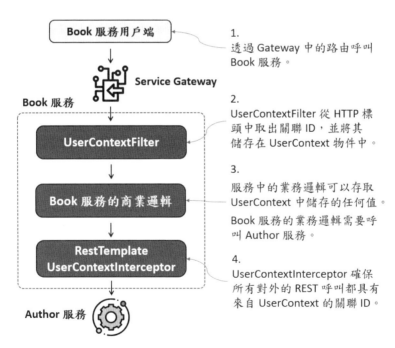

▲ 圖 8.20　使用一組類別將關聯 ID 傳播到下游服務

其中：

1. 當透過 Service Gateway 呼叫 Book 服務時，TrackingFilter 會為進入 Gateway 的任何呼叫的 HTTP 標頭注入關聯 ID。

2. 類別 **UserContextFilter** 實作 javax.servlet.Filter，將關聯 ID 等資訊藉由 **UserContextHolder** 封裝到 **UserContext** 類別中，以便在後續的服務呼叫流程中使用。

3. Book 服務使用 **RestTemplate** 呼叫 Author 服務。這個 RestTemplate 需要設定實作 org.springframework.http.client.ClientHttpRequestInterceptor 的自定義攔截器 **UserContextInterceptor**，以將關聯 ID 置入 HTTP 標頭，因此呼叫其他服務的請求都將具備關聯 ID。

後續各小節將分別說明這一組自定義類別。

8.6.1 建立 UserContextFilter 攔截並讀取 HTTP 標頭資訊

我們要建構的第一個類別是 UserContextFilter，它是一個由 Spring 控管的 Servlet Filter，將攔截所有呼叫服務的 HTTP 請求，並藉由 UserContextHolder 將 HTTP 請求標頭裡的關聯 ID 與其他參數儲存到 UserContext 物件：

◉ 範例：/c08-book-service/src/main/java/lab/cloud/book/utils/ UserContextFilter.java

```
1   @Component
2   public class UserContextFilter implements Filter {
3     private static final Logger logger =
                        LoggerFactory.getLogger(UserContextFilter.class);
4     @Override
5     public void doFilter(ServletRequest servletRequest,
                    ServletResponse servletResponse, FilterChain filterChain)
6       throws IOException, ServletException {
7       HttpServletRequest req = (HttpServletRequest) servletRequest;
8       UserContextHolder.getContext()
9         .setCorrelationId(req.getHeader(UserContext.CORRELATION_ID));
10      UserContextHolder.getContext()
11        .setUserId(req.getHeader(UserContext.USER_ID));
12      UserContextHolder.getContext()
13        .setAuthToken(req.getHeader(UserContext.AUTH_TOKEN));
14      UserContextHolder.getContext()
```

```
15        .setAuthorId(req.getHeader(UserContext.AUTHOR_ID));
16    logger.debug("UserContextFilter Correlation id: {}",
17        UserContextHolder.getContext().getCorrelationId());
18    filterChain.doFilter(req, servletResponse);
19  }
20  @Override
21  public void init(FilterConfig filterConfig) throws ServletException {
22  }
23  @Override
24  public void destroy() {
25  }
26 }
```

🔊 **說明**

1-2	藉由標註 @Component 並實作 javax.servlet.Filter 以完成由 Spring 控管的 Servlet Filter。
8-9	由 HTTP 標頭取出 CORRELATION_ID 並轉置到 UserContext 物件。
10-11	由 HTTP 標頭取出 USER_ID 並轉置到 UserContext 物件。
12-13	由 HTTP 標頭取出 AUTH_TOKEN 並轉置到 UserContext 物件。
14-15	由 HTTP 標頭取出 AUTHOR_ID 並轉置到 UserContext 物件。

8.6.2 建立 UserContext 與 UserContextHolder 保存 HTTP 標頭資訊

類別 UserContext 用來保存由 HTTP 標頭取出的參數值，特別是關聯 ID，範例如下：

🎯 **範例**：/c08-book-service/src/main/java/lab/cloud/book/utils/UserContext. java

```
1  @Getter
2  @Setter
3  public class UserContext {
4      public static final String CORRELATION_ID = "tmx-correlation-id";
5      public static final String AUTH_TOKEN = "tmx-auth-token";
6      public static final String USER_ID = "tmx-user-id";
7      public static final String AUTHOR_ID = "tmx-author-id";
8
9      private String correlationId = new String();
```

```
10      private String authToken = new String();
11      private String userId = new String();
12      private String authorId = new String();
13  }
```

UserContext 類別是一個單純的 POJO，接下來我們使用 UserContextHolder 類別
將 UserContext 物件儲存在 ThreadLocal 變數中，如此只要是同一個執行緒就可
以存取 UserContext 保存的參數值，請參考 7.8 節對 UserContextHolder 的說明：

🎯 範例：/c08-book-service/src/main/java/lab/cloud/book/utils/
UserContextHolder.java

```
1   public class UserContextHolder {
2       private static final ThreadLocal<UserContext> userContextTl =
                                                    new ThreadLocal<>();
3       public static final UserContext getContext() {
4           UserContext context = userContextTl.get();
5           if (context == null) {
6               context = createEmptyContext();
7               userContextTl.set(context);
8           }
9           return userContextTl.get();
10      }
11      public static final void setContext(UserContext context) {
12          Assert.notNull(context, "Must non-null UserContext object");
13          userContext.set(context);
14      }
15      public static final UserContext createEmptyContext() {
16          return new UserContext();
17      }
18  }
```

8.6.3 建立 UserContextInterceptor 和 RestTemplate 傳播關聯 ID

最後要檢視的是 UserContextInterceptor 類別，它是 Spring 的攔截器 (Interceptor)。
當微服務程式要使用 RestTemplate 呼叫其他服務時，該元件可以攔截呼叫並注
入關聯 ID 到 HTTP 請求中，以確保關聯 ID 接續傳播到下游服務。範例如下：

📌 **範例**：/c08-book-service/src/main/java/lab/cloud/book/utils/
UserContextInterceptor.java

```
1  public class UserContextInterceptor implements ClientHttpRequestInterceptor {
2    @Override
3    public ClientHttpResponse intercept(HttpRequest request,
                              byte[] body, ClientHttpRequestExecution execution)
4        throws IOException {
5      HttpHeaders headers = request.getHeaders();
6      headers.add(UserContext.CORRELATION_ID,
7              UserContextHolder.getContext().getCorrelationId());
8      headers.add(UserContext.AUTH_TOKEN,
9              UserContextHolder.getContext().getAuthToken());
10     return execution.execute(request, body);
11   }
12 }
```

📢 **說明**

1-3	Spring 的攔截器要實作 ClientHttpRequestInterceptor 並覆寫 intercept() 方法。
6-7	由 UserContextHolder 中取出由 UserContext 保存的 CORRELATION_ID，並注入到對外呼叫的 HTTP 請求標頭中。
8-9	由 UserContextHolder 中取出由 UserContext 保存的 AUTH_TOKEN，並注入到對外呼叫的 HTTP 請求標頭中。

要啟用 UserContextInterceptor 必須先定義一個 RestTemplate 元件，然後掛載 UserContextInterceptor。為此，我們選擇在 Book 微服務專案的啟動類別 C8BookServiceApplication 中定義該 RestTemplate 元件並掛載攔截器：

📌 **範例**：/c08-book-service/src/main/java/lab/cloud/book/
C8BookServiceApplication.java

```
1  @LoadBalanced
2  @Bean
3  public RestTemplate getRestTemplate() {
4    RestTemplate template = new RestTemplate();
5    List<ClientHttpRequestInterceptor> interceptors = template.
                                          getInterceptors();
6    if (interceptors == null) {
7        template.setInterceptors(
                  Collections.singletonList(new UserContextInterceptor()));
8    } else {
```

```
9          interceptors.add(new UserContextInterceptor());
10         template.setInterceptors(interceptors);
11      }
12      return template;
13  }
```

之後，專案裡任何被 Spring 管理的元件只要以 @Autowired 注入 RestTemplate，
就可以確保 UserContextInterceptor 將在適當時機作用。

現在我們已經可以將關聯 ID 傳遞給每一個被呼叫的服務，因此可以追蹤並關聯
一個交易或操作裡涉及的所有服務。接下來要思考的是如何將這些追蹤紀錄彙
整到一個管控點，或是另一個負責管控這些追蹤紀錄的服務？後續我們會在第
11 章介紹另一個相似的概念，但是會改由 Spring Cloud Sleuth 建立關聯 ID，並
確保關聯 ID 可以注入到每一個服務呼叫中，同時也可以管控相關追蹤紀錄。

8.7 自定義 Spring Cloud Gateway 的 後置 Filter 並回應關聯 ID 至用戶端

定義後置 Filter

Service Gateway 可以做為中繼站接收服務的請求，也可以在目標服務執行結束
後檢查或更改服務回應。

相較於前置 Filter 捕獲資訊的能力，Service Gateway 的後置 Filter 是收集一些指
標，記錄與用戶交易、操作相關的日誌紀錄的理想位置；也可以將關聯 ID 在結
束所有服務呼叫後注入回應給用戶端：

📍 範例：/c08-gatewayserver/src/main/java/lab/cloud/gateway/filters/
ResponseFilter.java

```
1  @Configuration
2  public class ResponseFilter {
3    final Logger logger = LoggerFactory.getLogger(ResponseFilter.class);
4    @Autowired
5    FilterUtils filterUtils;
6    @Bean
```

```
7    public GlobalFilter postGlobalFilter() {
8      return (ex, chain) -> {
9        return
10         chain
11           .filter(ex)
12           .then(Mono.fromRunnable(
13               () ->
14                 { HttpHeaders head = ex.getRequest().getHeaders();
15                   String cid = filterUtils.getcid(head);
16                   logger.debug("Add the correlation id to the outbound
                                                          headers. {}", cid);
17                   ex.getResponse().getHeaders()
                                       .add(FilterUtils.CORRELATION_ID, cid);
18                   logger.debug("Complete outgoing request for {}.",
                                                 ex.getRequest().getURI());}
19         ));
20       };
21     }
22   }
```

🔊 說明

14-15	由 HTTP 請求的標頭中取出關聯 ID。
17	將關聯 ID 注入到 HTTP 回應的標頭中。

範例程式碼的行 10-12 的開發方式相對陌生，這和 Spring Cloud Gateway 使用 Spring WebFlux 的架構有關，不在本書介紹範圍，這邊簡單說明一下。

Spring Cloud Gateway 是 基 於 Spring framework 5 的 Spring WebFlux、Project Reactor 和 Spring Boot 2.0 所建構的 Service Gateway 實作，它可以使用 reactor. core.publisher.Mono 與 reactor.core.publisher.Flux 等元件。行 12 的 Mono 元件是 Reactor 框架中用來定義 Reactive Streams 的一種發行者 (publisher)，可以提供無限數量的序列元素，並根據訂閱者 (subscriber) 接收的需求發布它們；另一種常見的發行者則是 Flux 元件。

透過編寫這些元件可以使主執行緒不會被阻塞 (nonblocking)，讓執行緒始終可用於服務請求的呼叫，並在後台以非同步的方式處理請求，完成後再回應使用者，類似非同步 Servlet 的概念。

範例行 7 使用 Spring Cloud Gateway 的 GlobalFilter 元件來實作後置 Filter：

ⓖ 範例：org.springframework.cloud.gateway.filter.GlobalFilter

```
1  public interface GlobalFilter {
2      Mono<Void> filter(ServerWebExchange ex, GatewayFilterChain chain);
3  }
```

GlobalFilter 是一個功能性介面，範例 ResponseFilter 藉由 Lambda 表示式來實作其方法內容。方法參數有 ServerWebExchange 與 GatewayFilterChain，最終必須返回一個 Mono 元件：

1. 使用 ServerWebExchange 取得 ServerHttpRequest 與 ServerHttpResponse，如前述範例行 14 與行 17。

2. 呼叫 GatewayFilterChain.**filter**(ServerWebExchange) 方法推進到鍊鎖 (chained) Filter 的下一站，並返回 Mono 元件，如前述範例行 11。

3. 呼叫 Mono.**then**(Mono<V> other) 可以在目前 Mono 元件執行結束後，再呼叫另一個 Mono 元件 other 繼續執行，如前述範例行 12。

4. 使用 Mono.**fromRunnable**(Runnable) 可以將要執行的工作內容以 Runnable 的 run() 方法定義，再轉換成 Mono 元件，如前述範例行 12。這裡的工作內容是由原本的 HTTP 請求標頭中取出關聯 ID，再注入到 HTTP 回應標頭中，如前述範例行 13-18。

驗證後置 Filter 功能

完成 ResponseFilter 後就可以啟動 c08-bstock-parent 專案的所有服務並使用 Postman 呼叫 Author 服務。藉由以下 3 種呼叫方式來驗證本章的實作成果。

1. 直接呼叫 Author 服務端點 http://localhost:8081/v1/author/author-id-1。因為沒有經過 Service Gateway，可以發現 HTTP 的回應標頭沒有 tmx-correlation-id：

GET ⌄	http://localhost:8081/v1/author/author-id-1					
Params	Authorization	Headers (6)	Body	Pre-request Script	Tests	Settings

Body   Cookies   **Headers** (5)   Test Results

Key	Value
Content-Type ⓘ	application/json
Transfer-Encoding ⓘ	chunked
Date ⓘ	Mon, 17 Apr 2023 02:48:35 GMT
Keep-Alive ⓘ	timeout=60
Connection ⓘ	keep-alive

▲ 圖 8.21　沒有經過 Service Gateway 的回應就沒有關聯 ID

2. 改透過 Service Gateway 呼叫 Author 服務端點 http://localhost:8072/author-service/v1/author/author-id-1，可以發現 HTTP 的回應標頭存在 tmx-correlation-id：

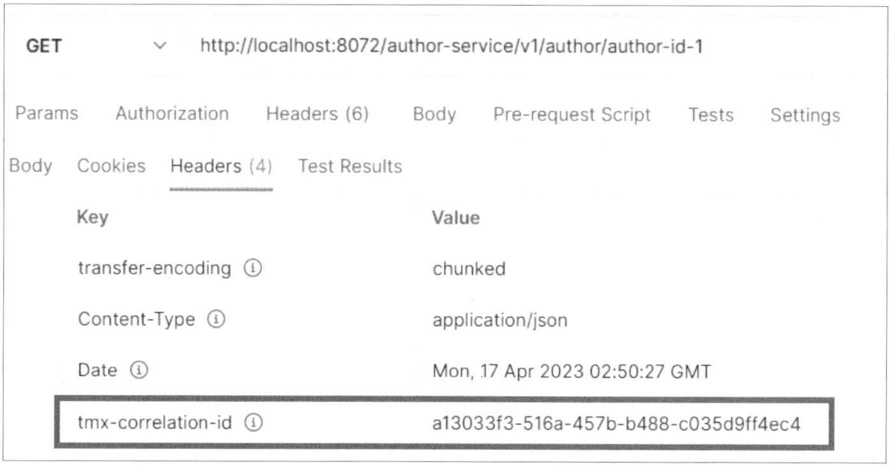

GET ⌄	http://localhost:8072/author-service/v1/author/author-id-1					
Params	Authorization	Headers (6)	Body	Pre-request Script	Tests	Settings

Body   Cookies   **Headers** (4)   Test Results

Key	Value
transfer-encoding ⓘ	chunked
Content-Type ⓘ	application/json
Date ⓘ	Mon, 17 Apr 2023 02:50:27 GMT
tmx-correlation-id ⓘ	a13033f3-516a-457b-b488-c035d9ff4ec4

▲ 圖 8.22　經過 Service Gateway 將在回應裡出現關聯 ID

3. 透過 Service Gateway 呼叫 Book 服務端點 http://localhost:8072/book/v1/author/ author-id-1/book/book-id-1/rest，過程中也會呼叫 Author 服務：

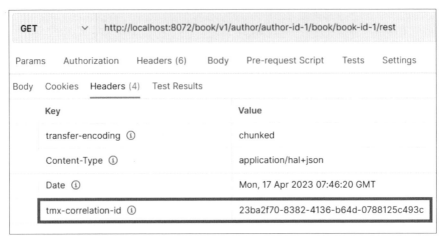

▲ 圖 8.23　經過 Service Gateway 將在回應裡出現關聯 ID

此外，以第 3 種呼叫方式為例，可以看到日誌紀錄輸出訊息如下：

1	`gatewayserver_1` | 2023-04-17 20:46:20.970 DEBUG 1 --- [or-http-epoll-2] l.cloud.gateway.filters.**TrackingFilter** : tmx-correlation-id generated in tracking filter: **23ba2f70-8382-4136-b64d-0788125c493c.**
2	`bookservice_1` | 2023-04-17 20:46:20.974 DEBUG 1 --- [nio-8080-exec-3] lab. cloud.book.utils.**UserContextFilter** : UserContextFilter Correlation id: **23ba2f70-8382-4136-b64d-0788125c493c**
3	bookservice_1 | Hibernate: select book0_.book_id as book_id1_0_, book0_. author_id as author_i2_0_, book0_.book_type as book_typ3_0_, book0_.comment as comment4_0_, book0_.description as descript5_0_, book0_.product_name as product_6_0_ from books book0_ where book0_.author_id=? and book0_.book_id=?
4	bookservice_1 | Calling the rest client
5	authorservice_1 | Hibernate: select author0_.author_id as author_ i1_0_0_, author0_.contact_email as contact_2_0_0_, author0_.contact_name as contact_3_0_0_, author0_.contact_phone as contact_4_0_0_, author0_.name as name5_0_0_ from authors author0_ where author0_.author_id=?
6	`gatewayserver_1` | 2023-04-17 20:46:20.992 DEBUG 1 --- [or-http-epoll-2] l.cloud.gateway.filters.**ResponseFilter** : Add the correlation id to the outbound headers. **23ba2f70-8382-4136-b64d-0788125c493c**
7	`gatewayserver_1` | 2023-04-17 20:46:20.992 DEBUG 1 --- [or-http-epoll-2] l.cloud.gateway.filters.**ResponseFilter** : Complete outgoing request for http://localhost:8072/v1/author/author-id-1/book/book-id-1/rest.

📢 說明

1	gatewayserver_1 的 **TrackingFilter** 產生關聯 ID，並加入到 HTTP 請求的標頭中。
2	bookservice_1 使用 **UserContextFilter** 由 HTTP 請求的標頭中取出關聯 ID，放到 ThreadLocal 裡，確保執行緒的整個流程都可以存取關聯 ID。
3	bookservice_1 查詢資料庫。
4	bookservice_1 使用 **RestTemplate** 呼叫 Author 服務，關聯 ID 藉由攔截器注入下游服務。
5	authorservice_1 查詢資料庫。
6	gatewayserver_1 的 **ResponseFilter** 將關聯 ID 加入 HTTP 回應的標頭中，將返回給 Postman。
7	gatewayserver_1 的 ResponseFilter 輸出日誌紀錄，結束端點 http://localhost:8072/v1/author/author-id-1/book/book-id-1/rest 的呼叫。

本章介紹如何使用 Spring Cloud Gateway 設定路由，並說明如何建立前置與後置 Filter。下一章將介紹如何使用 Keycloak 和 OAuth2 保護我們的微服務。

09

使用 Keycloak 保護 微服務架構

本章提要

9.1 簡介 OAuth2

9.2 簡介 Keycloak

9.3 建立與設定 Keycloak

9.4 使用 Keycloak 保護微服務

9.5 整合 Keycloak 與 Service Gateway

9.6 解析存取令牌中的自定義資訊

9.7 更完整的微服務安全性架構

隨著服務逐漸增加，我們的微服務專案架構逐漸完整，安全性的考量變得越來越重要。安全和漏洞 (vulnerabilities) 是相對的，我們將漏洞定義為應用程式中存在的弱點或缺陷；當然，所有系統都存在漏洞，值得關注的是這些漏洞是否被利用並造成危害。

微服務架構的保護機制是一項複雜的任務，涉及多層保護，包括：

1. **應用程式層**：確保適當的使用者權限控管，需要驗證用戶是本人，並且有權限做他們該做的事。

2. **硬體架構層**：保持主機運行、修補和更新，以最大限度地降低漏洞風險。

3. **網路層**：控制網路存取，確保服務只能透過明確定義的通訊埠存取，並且只能存取少數授權伺服器。

本章僅介紹如何在應用程式層中對用戶進行身份驗證和授權，其他兩項是非常廣泛的安全議題，已經超出了本書範圍。此外 OWASP 的相關知識也非常重要，可以幫助識別漏洞風險，可參考「Spring Boot 情境式網站開發指南：使用 Spring Data JPA、Spring Security、Spring Web Flow」一書的「06. OWASP 高風險資安漏洞介紹」。

為了實現授權和身份驗證控制，我們將使用 Spring Cloud Security 模組和 Keycloak 來保護專案裡的微服務程式。Keycloak 是用於身分驗證與授權管理的開源專案，以 Java 編寫，屬於 JBoss/Red Hat 開源社群的一個產品，它支援 OIDC (OpenID Connect)、SAML (Security Assertion Markup Language) 和 OAuth 2.0 等協定。

9.1 簡介 OAuth2

OAuth2 是一個基於令牌的安全框架，它描述了授予權限的模式，但沒有定義如何實際執行身份驗證；相反地，它支援使用者藉由**身份提供者 (identity provider, IdP)** 的第三方身份驗證服務來驗證自己身分。如果使用者成功通過身份驗證，他們會收到一個**存取令牌 (access token)**，爾後每次請求都會伴隨令牌一起發送；該令牌也會由身分驗證服務予以每次驗證，避免偽冒。

OAuth2 背後的主要目標是，當呼叫多個服務來滿足用戶端程式的請求時，用戶端可以快捷地通過每一個服務的身份驗證，而無須向每一個服務都出示其身分憑證，避免過多暴露被中間人攔截。OAuth2 支援我們透過不同的授權身份驗證方案來保護 REST 服務，有四種類型的授權規範以授予存取令牌：

1. 密碼 (Password)
2. 用戶端程式憑證 (Client Credentials)
3. 授權碼 (Authorization Code)
4. 隱式 (Implicit)

本章因為著重在 Keycloak 的使用與整合，因此重點將放在：

1. 介紹微服務如何透過 OAuth2 的**密碼 (Password)** 授予存取令牌機制進行身分驗證授權。
2. 使用 JWT (JSON Web Token) 作為 OAuth2 令牌中資訊編碼的標準。
3. 了解建構微服務時需要考慮的其他資訊安全事項。

OAuth2 的優勢在於它支援應用程式開發人員輕鬆地與第三方雲提供商整合,如 Google、GitHub 等,並使用這些服務對用戶進行身份驗證和授權,而不需要一直將使用者或用戶端的身分憑證傳遞給第三方服務。

OpenID Connect (OIDC) 是基於 OAuth2 的即時身分驗證協定,它提供登錄應用程式的使用者的身份驗證和基本資訊。當授權伺服器支援 OIDC 時,就可以稱為**身份提供者 (identity provider, IdP)**。在說明如何保護微服務的技術細節之前,讓我們先了解 Keycloak 的架構。

9.2 簡介 Keycloak

Keycloak 是本書微服務專案用於身分驗證和授權管理的開源解決方案,可以用很少或不需要開發程式碼來達成服務和應用程式的保護。Keycloak 的特性有:

1. 集中身份驗證並支援**單點登錄身份驗證 (single sign on, SSO)**。
2. 允許開發人員專注於業務功能,不用擔心授權和身份驗證等安全需求。
3. 支援**雙重 (two-factor)** 身份驗證。
4. 與 LDAP 相容。
5. 提供多種轉接器 (adapter) 來輕鬆保護應用程式和伺服器。
6. 支援使用者自定義的密碼策略。

Keycloak 的安全性架構由四個組件構成,分別是受保護的資源、資源擁有者、用戶端程式、授權伺服器:

1. **受保護資源**:確保使用者要保護的資源,如微服務,只有通過身份驗證且具備授權的用戶端程式才能存取它。

2. **資源擁有者**：資源擁有者定義哪些用戶端程式可以呼叫服務，以及可以使用服務做什麼，而且每一個用戶端程式都被賦予一個名稱與密鑰以資識別。

3. **用戶端程式**：這是代表使用者呼叫服務的應用程式。使用者很少直接呼叫服務，都是委託用戶端程式為他們完成工作。

4. **授權伺服器**：授權伺服器是用戶端程式和被使用的微服務之間的仲介。授權伺服器可以驗證使用者身分，且不必將他們的憑證藉由用戶端程式反覆傳遞給要呼叫的每一個服務。

下圖顯示這四個組件如何相互作用：

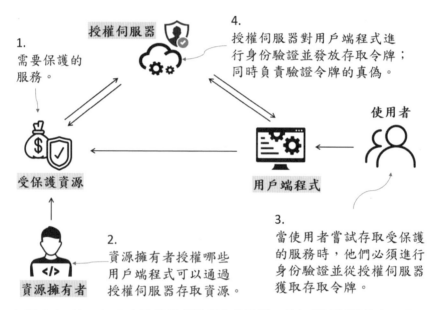

▲ 圖 9.1　Keycloak 允許使用者進行身份驗證，且無須不斷提供身分憑證

如前所述，這些 Keycloak 安全組件協同合作以對服務的使用者進行身份驗證。使用者提供他們的身分憑證，經由 Keycloak 伺服器的身分驗證後，才能存取受保護的資源與微服務。如果使用者的身分憑證有效，Keycloak 伺服器會提供一個代表身份的**存取令牌 (access token)**；後續用戶端程式代表使用者呼叫服務時，就以該令牌在服務之間傳遞。

當受保護的資源收到令牌時，它可以聯繫 Keycloak 伺服器以確定令牌的有效性並了解使用者對應的權限角色 (role)，然後開放使用者可以存取哪些資源。

本章後續範例將在 Keycloak 裡設定角色，以限制使用者可以呼叫哪些授權服務端點。

9.3 建立與設定 Keycloak

後續我們將進行以下步驟來建立並設定 Keycloak 的身份驗證和授權資訊：

1. 新增 Keycloak 伺服器的 Docker 容器並啟動。
2. 設定 Keycloak 伺服器並註冊 B-stock 專案以對使用者身份進行驗證和授權。
3. 使用 Spring Security 來保護 B-stock 專案的微服務。測試保護機制時以 Postman 操作介面驗證 Keycloak 伺服器提供的身份驗證機制。
4. 保護 Book 和 Author 微服務，使它們只能由通過身份驗證的使用者呼叫。

9.3.1 使用 Docker 啟動 Keycloak

本節說明如何將 Keycloak 伺服器新增到專案的 Docker 環境中。首先新增以下設定片段至 docker-compose.yml 文件中：

🎯 範例：/c09-bstock-parent/c09-docker/docker-compose.yml

```
 1  keycloak:
 2    image: jboss/keycloak
 3    restart: always
 4    environment:
 5      KEYCLOAK_VERSION: 16.1.1
 6      KEYCLOAK_USER: myadmin
 7      KEYCLOAK_PASSWORD: myadmin
 8    volumes:
 9      - ./realm-export.json:/opt/jboss/keycloak/realm-export.json
10    command:
11      - "-b 0.0.0.0"
12      - "-Dkeycloak.import=/opt/jboss/keycloak/realm-export.json"
13      - "-Dkeycloak.profile.feature.scripts=enabled"
14      - "-Dkeycloak.profile.feature.upload_scripts=enabled"
15    ports:
16      - "8080:8080"
17    networks:
```

```
18    backend:
19      aliases:
20        - "keycloak"
```

行 1 設定服務名稱是「keycloak」，行 6 與行 7 決定登入 Keycloak 的帳號與密碼。

Keycloak 支援將設定資訊寫入多種資料庫，如 H2、PostgreSQL、MySQL、Microsoft SQL Server、Oracle 和 MariaDB 等。本章範例將使用預設的嵌入式 H2 資料庫，因此前述 docker-compose.yml 設定文件沒有資料庫相關設定；如果想使用其他資料庫可以參考超連結 https://github.com/keycloak/keycloak-containers/tree/master/docker-compose-examples。

此外 keycloak 服務使用通訊埠 8080，因此把 bookservice 服務由先前章節設定的 8080 改為 8180，如以下範例行 12：

🎯 **範例**：/c09-bstock-parent/c09-docker/docker-compose.yml

```
1   bookservice:
2     image: bstock/c09-book-service:0.0.3-SNAPSHOT
3     environment:
4       - SPRING_PROFILES_ACTIVE=dev
5       - SPRING_CONFIG_IMPORT=configserver:http://configserver:8071
6     depends_on:
7       database:
8         condition: service_healthy
9       configserver:
10        condition: service_started
11    ports:
12      - "8180:8080"
13    networks:
14      - backend
```

因為已經在 docker-compose.yml 中設定了 Keycloak，使用以下指令啟動專案裡的所有服務：

```
1   docker-compose -f c09-docker/docker-compose.yml up
```

或是使用個別指令啟動 Keycloak：

```
1   docker run --name keycloak -e KEYCLOAK_USER= myadmin -e KEYCLOAK_PASSWORD=
    myadmin -p 8080:8080 jboss/Keycloak:16.1.1
```

服務啟動後，使用超連結 http://keycloak:8080/auth/ 開啟 Keycloak 的管理控制台，主機名稱 keycloak 以合適位址取代。第一次存取 Keycloak 時會顯示歡迎頁面，具有不同選項如管理控制台、文件、問題報告等，如下圖。選擇「管理控制台 (Administration Console)」以進行後續設定：

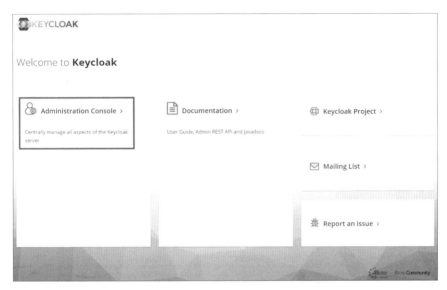

▲ 圖 9.2　Keycloak 歡迎頁面

下一步是輸入在 docker-compose.yml 文件中設定的使用者名稱 myadmin 和密碼 myadmin：

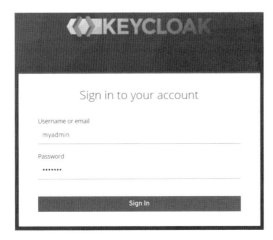

▲ 圖 9.3　輸入帳號與密碼

即可進入 Keycloak 管理控制台。

9.3.2 建立 Realm

進入 Keycloak 管理控制台後的第一步驟是建立「Realm」，中文有領域、範圍的意涵。Keycloak 使用 Realm 來參照對**使用者 (users)**、**身分憑證 (credentials)**、**角色 (roles)** 和**群組 (groups)** 的管理機制，可以依據不同領域和需要建立不同的 Realm，以下將為我們的範例專案 B-stock 建立專屬 Realm。

將滑鼠移到畫面左上角有 Master 字樣的地方，會自動出現一個 Add realm 按鍵：

▲ 圖 9.4　新增 realm 的按鍵

點擊按鍵後出現 Add realm 的表單，輸入「bstock-realm」後再點擊 Create 按鍵：

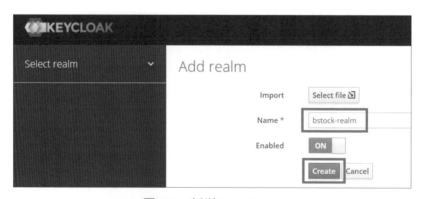

▲ 圖 9.5　新增 bstock-realm

完成後，頁面跳轉到 bstock-realm 的設定完成頁面：

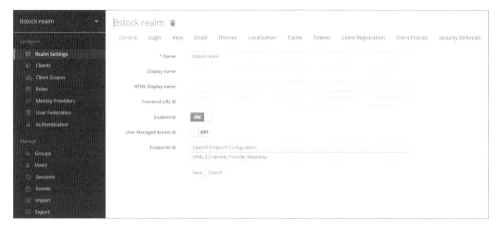

▲ 圖 9.6　bstock-realm 的主頁

9.3.3　建立用戶端程式

新增用戶端程式

接下來是建立用戶端程式。Keycloak 裡的用戶端程式是可以請求身份驗證的實體，通常是希望透過單點登錄 (SSO) 的方式進行。要建立用戶端程式，先點選左側功能清單中的「用戶端程式 (Clients)」選項，將出現下方頁面：

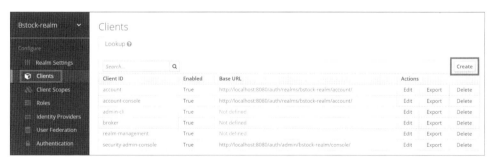

▲ 圖 9.7　用戶端程式頁面

顯示用戶端程式列表後，點擊右上方的 Create 按鍵，將彈出一個新增用戶端程式的表單，分別填入以下資訊：

1. Client ID：此為必填，輸入 bstock。
2. Client Protocol：使用預設的 opid-connect。
3. Root URL：為非必要，留白即可。

如下圖：

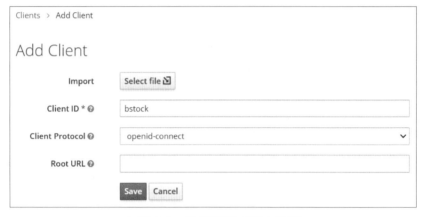

▲ 圖 9.8　用戶端程式基本資訊

點擊 Save 按鍵後會出現更多選項。陸續選擇或填入以下值，其餘保留預設值：

1. 在 Access Type 下拉選單選擇「Confidential」。
2. 將 Service Accounts Enabled 開關切換為「On」。
3. 將 Authorization Enabled 開關切換為「On」。
4. 在 Valid Redirect URLs 輸入框中輸入「http://localhost:80*」。
5. 在 Web Origins 輸入框中輸入「*」。

完成後點擊最下方 Save 按鍵：

▲ 圖 9.9　用戶端程式進階設定

建立用戶端程式的角色 (Client Role)

下一步是設定用戶端程式的角色。為了更好地理解用戶端程式角色，範例專案 bstock 將有兩種類型的使用者，分別是**管理員 (ADMIN)** 和**一般使用者 (USER)**。管理員可以執行所有應用程式服務，而一般使用者將只被允許執行部分服務。

首先回到用戶端程式 bstock 註冊表單的上方，點擊 Roles 頁籤：

▲ 圖 9.10　對用戶端程式 bstock 新增 Roles

頁面內容是用戶端程式 bstock 的 Roles 清單，點擊右上角的 Add Role 按鍵以新增角色：

▲ 圖 9.11　用戶端程式 bstock 的 Roles 清單

彈出新增角色的表單：

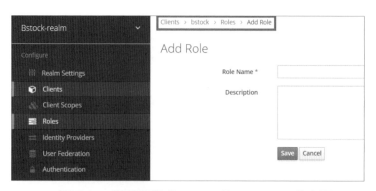

▲ 圖 9.12　用戶端程式 bstock 的 Add Role 的表單

在新增角色的頁面上,我們需要分別建立用戶端程式的角色 ADMIN 和 USER。
完成後顯示如下:

▲ 圖 9.13　建立用戶端程式角色 ADMIN 和 USER

取得用戶端程式的身分驗證密碼

現在我們已經完成了基本的用戶端程式設定,接下來是進入 Credentials 頁籤,
並取得身份驗證過程所需的用戶端程式密碼,本例為 LjimKrJ4UlTB37mu26Wb9
Xy0Xs7sinTzTcm,將用於後續微服務專案設定與服務存取:

▲ 圖 9.14　Credentials 頁籤

9.3.4 建立 Realm 角色

下一步是要建立 bstock-realm 裡的角色,這和我們在上一節在用戶端程式裡設
定的角色不同,Realm 角色可以使我們更好控制在每一個用戶端程式設定的角
色。點選左側功能清單中的「角色 (Roles)」選項,將出現下方頁面:

▲ 圖 9.15　建立 bstock-realm 裡的角色

接著點擊表格右上角的 Add Role 按鍵，會彈出以下新增 Role 的表單：

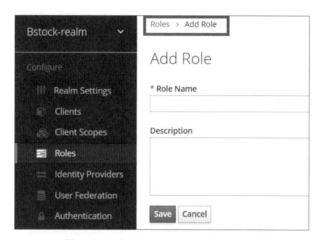

▲ 圖 9.16　新增 Realm 的 Role 的表單

如同用戶端程式的角色，這裡將建立 2 種類型的 Realm 角色，名稱分別是「bstock-user」和「bstock-admin」。以建立 **Realm 角色 bstock-user** 為例，輸入後點擊 Save 按鍵會跳轉至以下頁面，必須：

1. 啟用 Composite Roles。
2. Client Roles 選擇 bstock。
3. 將用戶端程的角色 **USER** 新增至 Associated Roles。

如下：

▲ 圖 9.17　建立 Realm 角色 bstock-user

相繼新增 bstock-user 與 bstock-admin 的 Realm 角色後，清單顯示如下：

▲ 圖 9.18　Realm 角色清單

9.3.5 建立使用者

現在我們已經定義了用戶端程式和 Realm 角色，接下來要建立使用者、設定密碼與對應的 Realm 角色。要建立使用者需要點選 Keycloak 管理控制台左側功能清單中的「使用者 (Users)」選項，將出現下方頁面，再點擊 Add user 按鍵以新增使用者：

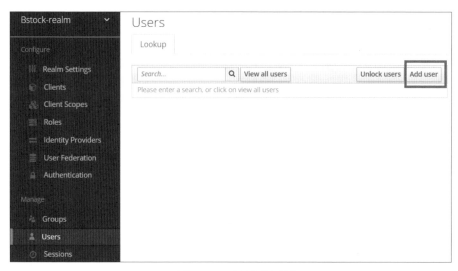

▲ 圖 9.19　使用者頁面

新增使用者

對於本章中的範例，我們將定義 jim 和 bill 等兩個使用者帳號。其中帳號 bill 將具有 bstock-user 的角色，帳號 jim 將具有 bstock-admin 的角色。圖 9.20 顯示新增使用者的表單，需要鍵入使用者名稱、啟用使用者和電子郵件驗證選項。

也可以為使用者新增其他屬性，例如名字、姓氏、電子郵件、地址、出生日期、電話號碼等。

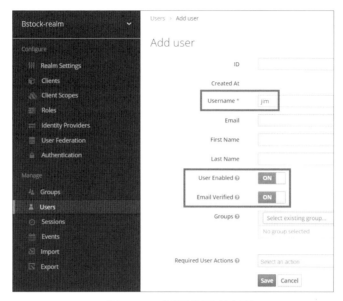

▲ 圖 9.20　新增使用者表單

設定使用者密碼

儲存表單後，點擊 Credentials 頁籤，然後輸入使用者密碼，如 password1，並停用 (OFF) 臨時 (Temporary) 選項，最後點擊 Set Password 按鍵，如下圖：

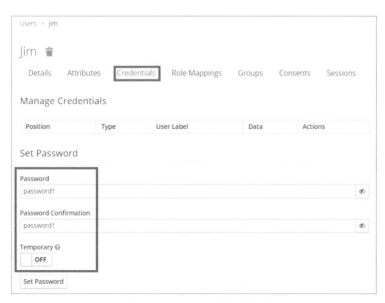

▲ 圖 9.21　設定使用者密碼

設定使用者對應的 Realm 角色

設定密碼後，再點擊 Role Mappings 頁籤為使用者設定對應的 Realm 角色：

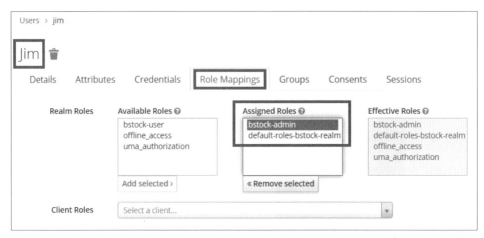

▲ 圖 9.22　設定使用者對應的 Realm 角色

上圖設定讓帳號 jim 具備 bstock-admin 的角色，後續也分配 bstock-user 的角色給 bill 帳號。

9.3.6　取得 OAuth2 的存取令牌

由 Keycloak 的 token_endpoint 端點取得存取令牌

完成前述設定後，我們已經可以藉由 Keycloak 伺服器對 OAuth 2 的密碼 (Password) 授予機制的支援，開始用戶端程式與使用者身份驗證的流程。

首先點擊左側功能清單中的 Realm Settings 選項，然後點擊 OpenID Endpoint Configuration 超連結 (http://keycloak:8080/auth/realms/bstock-realm/.well-known/openid-configuration) 以彈出 bstock-realm 的可用端點列表：

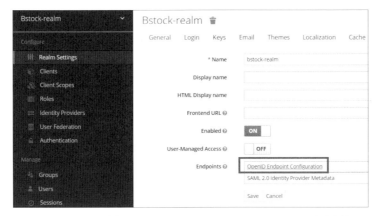

▲ 圖 9.23　點擊 OpenID Endpoint Configuration 超連結

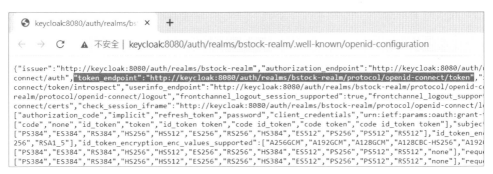

▲ 圖 9.24　bstock-realm 的可用端點列表

將前述 JSON 字串內容美化後，得到以下：

```
1  {
2    "issuer": "http://keycloak:8080/auth/realms/bstock-realm",
3    "authorization_endpoint": "http://keycloak:8080/auth/realms/bstock-realm/protocol/openid-connect/auth",
4    "token_endpoint": "http://keycloak:8080/auth/realms/bstock-realm/protocol/openid-connect/token",
5    "introspection_endpoint": "http://keycloak:8080/auth/realms/bstock-realm/protocol/openid-connect/token/introspect",
6    "userinfo_endpoint": "http://keycloak:8080/auth/realms/bstock-realm/protocol/openid-connect/userinfo",
7    "end_session_endpoint": "http://keycloak:8080/auth/realms/bstock-realm/protocol/openid-connect/logout",
8    "frontchannel_logout_session_supported": true,
9    "frontchannel_logout_supported": true,
10   "jwks_uri": "http://keycloak:8080/auth/realms/bstock-realm/protocol/openid-connect/certs",
11   "check_session_iframe": "http://keycloak:8080/auth/realms/bstock-realm/protocol/openid-connect/login-status-iframe.html",
12   "grant_types_supported": [
13     "authorization_code",
14     "implicit",
15     "refresh_token",
16     "password",
17     "client_credentials",
18     "urn:ietf:params:oauth:grant-type:device_code",
19     "urn:openid:params:grant-type:ciba"
20   ],
```

▲ 圖 9.25　美化 bstock-realm 的可用端點列表

其中端點 token_endpoint 可以取得存取令牌。

取得存取令牌需要的參數

現在我們要模擬一個想要獲取存取令牌的使用者，將透過 Postman 以 POST 方法呼叫前述 token_endpoint 端點。配合網路設定後以位址 http://keycloak:8080/auth/realms/bstock-realm/protocol/openid-connect/token 來完成此操作，同時提供參數如下：

1. 點選 Authorization 頁籤，選擇 Basic Auth 的驗證方式，提供：
   * 用戶端程式名稱：bstock
   * 用戶端程式密碼：LjimKrJ4UlTB37mu26Wb9Xy0Xs7sinTzTcm

如下圖：

▲ 圖 9.26　設定用戶端程式名稱與密碼

2. 使用 Body 頁籤傳遞以下表單參數給端點：
   * grant_type：password
   * username：jim
   * password：password1

如下圖：

▲ 圖 9.27　設定 Password 的令牌授予機制、使用者名稱與密碼

以 POST 方法對端點 http://keycloak:8080/auth/realms/bstock-realm/protocol/openid-connect/token 送出請求後，得到以下 JSON 負載 (payload)。其中 access_token 與 refresh_token 內容較長，以下僅揭露部分資訊：

Body   Cookies   Headers (13)   Test Results

Pretty   Raw   Preview   Visualize   JSON ∨   ⇥

1   {
2   "access_token": "eyJhbGciOiJSUzI1NiIsInR5cCIgOiAiSldUIiwia2lk
            eyJleHAiOjE2ODI0ODA4NDEsImlhdCI6MTY4MjQ4MDU0MSwianRpIjoiM
            YXVkIjoiYWNjb3VudCIsInN1YiI6ImRiMjc5ZTBhLTJhMWItNDE2Mi1hY
            MmZlNTQxZDIiLCJhY3IiOiIxIiwiYWxsb3dlZC1vcmlnaW5zIjpbIioiX
            LWJzdG9jay1yZWFsbSJdfSwicmVzb3VyY2VfYWNjZXNzIjp7ImJzdG9ja
            aWxlIl19fSwic2NvcGUiOiJwcm9maWxlIGVtYWlsIiwic2lkIjoiZGI5Z
            lTlgk5-8bqEGPKYz3gQuCK0zyhu94wIkzoVCEEUXQ_-N_fR3TIHCuaIkr
            4Zz6KebyB2HofcoRwXwoq_dN1ZgW3cx_X9SMh6cL7qE2gFjEXReqDGKZd
3   "expires_in": 300,
4   "refresh_expires_in": 1800,
5   "refresh_token": "eyJhbGciOiJIUzI1NiIsInR5cCIgOiAiSldUIiwia2l
            eyJleHAiOjE2ODI0ODIzNDEsImlhdCI6MTY4MjQ4MDU0MSwianRpIjoiM
            YXVkIjoiaHR0cDovL2tleWNsb2FrOjgwODAvYXV0aC9yZWFsbXMvYnN0b
            b25fc3RhdGUiOiJkYjllYjFkZS1mOTcwLTQ1NmUtYTExYy050TA1MmZlN
            bafvwRxriO5pHtzukTZ7FTGpq9kOgxS2N0CvPQm7cPI",
6   "token_type": "Bearer",
7   "not-before-policy": 0,
8   "session_state": "db9eb1de-f970-456e-a11c-99052fe541d2",
9   "scope": "profile email"
10   }

▲ 圖 9.28　端點 openid-connect/token 回應結果

這個 JSON 負載有五個主要屬性：

1. **存取令牌 (access_token)**：每次使用者存取受保護資源時都要檢附存取令牌。
2. **令牌類型 (token_type)**：單字 Bearer 是持有者的意思，表示讓令牌持有者可以存取資源，這也是最常用的令牌類型。
3. **刷新令牌 (refresh_token)**：在存取令牌過期時可以使用刷新令牌向授權伺服器要求重發令牌。
4. **過期前的秒數 (expires_in)**：存取令牌的有效時間，以秒數計算。
5. **範圍 (scope)**：定義存取令牌的有效範圍。

解碼存取令牌夾帶的資訊

現在我們已經從授權伺服器取得有效的存取令牌，因為屬於 JWT (Json Web Token)，可以到 https://jwt.io 將存取令牌予以解碼以了解其夾帶的資訊：

Encoded PASTE A TOKEN HERE

```
eyJhbGciOiJSUzI1NiIsInR5cCIgOiAiSldUIiw
ia2lkIiA6ICJIQjBrcDFVcngyVFB0Qz7N1uw1T0MX
V3MVRfOHFWOC0ta1l3TzZLS1hfQmw4In0.eyJle
HAiOjE2ODI0ODA4NDEsImlhdCI6MTY4MjQ4MDU0
MSwianRpIjoiMWExNGIxOGItYjIzMS00NzNhLTl
lMTItMjk2Mzc5ZGM3NzU5IiwiaXNzIjoiaHR0cD
ovL2tleWNsb2FrOjgwODAvYXV0aC9yZWFsbXMvY
nN0b2NrLXJlYWxtIiwiYXVkIjoiYWNjb3VudCIs
InN1YiI6ImRiMjc5ZTBhLTJhMWItNDE2Mi1hYWI
xLTVhMWY2OTcyYTg4MSIsInR5cCI6IkJlYXJlci
IsImF6cCI6ImJzdG9jayIsInNlc3Npb25fc3Rhd
GUiOiJkYjllYjFkZS1mOTcwLTQ1NmUtYTExYy05
OTA1MmZlNTQxZDIiLCJhY3IiOiIxIiwiYWxsb3d
lZC1vcmlnaW5zIjpbIioiXSwicmVhbG1fYWNjZX
NzIjp7InJvbGVzIjpbImJzdG9jay1hZG1pbiIsI
m9mZmxpbmVfYWNjZXNzIiwidW1hX2F1dGhvcml6
YXRpb24iLCJkZWZhdWx0LXJvbGVzLWJzdG9jay1
yZWFsbSJdfSwicmVzb3VyY2VfYWNjZXNzIjp7Im
JzdG9jayI6eyJyb2xlcyI6WyJBREMIJTiJdfSwiY
WNjb3VudCI6eyJyb2xlcyI6WyJtYW5hZ2UtYWNj
b3VudCIsIm1hbmFnZS1hY2NvdW50LWxpbmtzIiw
idmlldy1wcm9maWxlIl19fSwic2NvcGUiOiJwcm
9maWxlIGVtYWlsIiwic2lkIjoiZGI5ZWIxZGUtZ
jk3MC00NTZlLWExMWMtOTkwNTJmZTU0MWQyIiwi
```

```
ZW1haWxfdmVyaWZpZWQiOnRydWUsInByZWZlcnJ
lZF91c2VybmFtZSI6ImppbSJ9.lTlgk5-
8bqEGPKYz3gQuCK0zyhu94wIkzoVCEEUXQ_-
N_fR3TIHCuaIkncYUjBI6FdsIEcokIBzva3hpCu
M5ZAzhktq_65M1odtdgiMty4bb5cY-
_iWFfYQ9DY8yZx9mW6m8jUhGXHdKNAG3z6-
FImUmwDnoploltYm5pdKvrOsQBz3SC47h4Zz6Ke
byB2HofcoRwXwoq_dN1ZgW3cx_X9SMh6cL7qE2g
FjEXReqDGKZd1JSVWsn4HpnmI1YaYe_TUcbkoZN
LeYv7_VDfV02h2roGlFCDlukQ1Dk6suOEitRX9U
wJTxvl77FqOKNbM3ZIz8zIc-xO6VW5arNevcfdg
```

Decoded EDIT THE PAYLOAD AND SECRET

HEADER: ALGORITHM & TOKEN TYPE

```json
{
  "alg": "RS256",
  "typ": "JWT",
  "kid": "HB0kp1Urx2YvFBtQz7N1uw1T_8qV8--kYwO6KKX_Bl8"
}
```

PAYLOAD: DATA

```json
{
  "exp": 1682480841,
  "iat": 1682480541,
  "jti": "1a14b18b-b231-473a-9e12-296379dc7759",
  "iss": "http://keycloak:8080/auth/realms/bstock-realm",
  "aud": "account",
  "sub": "db279e0a-2a1b-4162-aab1-5a1f6972a881",
  "typ": "Bearer",
  "azp": "bstock",
  "session_state": "db9eb1de-f970-456e-a11c-99052fe541d2",
  "acr": "1",
  "allowed-origins": [
    "*"
  ],
  "realm_access": {
    "roles": [
      "bstock-admin",
      "offline_access",
      "uma_authorization",
      "default-roles-bstock-realm"
    ]
  },
  "resource_access": {
    "bstock": {
      "roles": [
        "ADMIN"
      ]
    },
    "account": {
      "roles": [
        "manage-account",
        "manage-account-links",
        "view-profile"
      ]
    }
  },
  "scope": "profile email",
  "sid": "db9eb1de-f970-456e-a11c-99052fe541d2",
  "email_verified": true,
  "preferred_username": "jim"
}
```

▲ 圖 9.29　解碼存取令牌後的全部資訊

上圖顯示解碼 JWT 後的全部結果，節錄局部資訊如下：

```
"realm_access": {
  "roles": [
    "bstock-admin",
    "offline_access",
    "uma_authorization",
    "default-roles-bstock-realm"
  ]
},
"resource_access": {
  "bstock": {
    "roles": [
      "ADMIN"
    ]
  },
  "account": {
    "roles": [
      "manage-account",
      "manage-account-links",
      "view-profile"
    ]
  }
},
"scope": "profile email",
"sid": "db9eb1de-f970-456e-a11c-99052fe541d2",
"email_verified": true,
"preferred_username": "jim"
```

▲ 圖 9.30　解碼存取令牌後的局部資訊

可以看到存取令牌裡包含的資訊，如：

1. Realm 角色為 bstock-admin。
2. 用戶端程式的角色為 ADMIN。
3. 使用者名稱為 jim。

9.4 使用 Keycloak 保護微服務

目前我們已經在 Keycloak 伺服器中註冊了用戶端程式，並設定了具有角色的個人使用者帳號，接下來要說明如何使用 Spring Security 和 Keycloak Spring Boot Adapter 保護資源。雖然存取令牌的建立和管理是 Keycloak 伺服器的責任，但在 Spring 中需要由個別微服務定義哪些使用者與角色有權進行存取。

要設定受保護的資源，我們需要執行以下操作：

1. 新增 Spring Security 和 Keycloak 的依賴項目到需要保護的微服務專案的 pom.xml。
2. 設定微服務專案存取 Keycloak 伺服器的資訊。
3. 定義可以存取服務端點的使用者與角色。

後續將以 Author 服務示範如何限制只讓通過身份驗證的使用者呼叫。

9.4.1 新增 Spring Security 與 Keycloak 的 Maven 依賴項目

為了讓 Author 服務可以啟用保護機制，需要在 pom.xml 裡新增依賴項目 keycloak-spring-boot-starter、spring-boot-starter-security 和 keycloak-adapter-bom：

ⓖ 範例：/c09-author-service/pom.xml

```
1  <dependencies>
2      ...
3      <dependency>
4          <groupId>org.keycloak</groupId>
5          <artifactId>keycloak-spring-boot-starter</artifactId>
6      </dependency>
7      <dependency>
8          <groupId>org.springframework.boot</groupId>
9          <artifactId>spring-boot-starter-security</artifactId>
10     </dependency>
11 </dependencies>
12
13 <dependencyManagement>
14     <dependencies>
15         ...
16         <dependency>
17             <groupId>org.keycloak.bom</groupId>
18             <artifactId>keycloak-adapter-bom</artifactId>
19             <version>18.0.0</version>
20             <type>pom</type>
21             <scope>import</scope>
```

```
22            </dependency>
23          </dependencies>
24  </dependencyManagement>
```

9.4.2 設定微服務連線 Keycloak

一旦將 Author 服務設定為受保護的資源，每次呼叫服務時，呼叫者都必須在請求的 HTTP 標頭中包含可以身份驗證的 Bearer 存取令牌。

受保護的資源如 Author 服務也必須回呼 Keycloak 伺服器以確認呼叫者提供的令牌是否有效。以下設定 Author 服務與 Keycloak 伺服器的連線資訊，注意需使用合適主機名稱或 IP 位址：

🎯 範例：/c09-configserver/src/main/resources/config/
author-service.properties

```
1  keycloak.realm = bstock-realm
2  keycloak.auth-server-url = http://keycloak:8080/auth
3  keycloak.ssl-required = external
4  keycloak.resource = bstock
5  keycloak.credentials.secret = LjimKrJ4UlTB37mu26Wb9Xy0Xs7sinTzTcm
6  keycloak.use-resource-role-mappings = true
7  keycloak.bearer-only = true
```

🔊 說明

1	微服務連線 Keycloak 伺服器時對應的 Realm 為 bstock-realm。
4	微服務連線 Keycloak 伺服器時對應的用戶端程式名稱為 bstock。
5	微服務連線 Keycloak 伺服器時對應的用戶端程式密碼。

9.4.3 建立設定類別與限制端點存取

建立設定類別

完成 pom.xml 與 author-service.properties 的修改後，接下來是定義 Author 服務的存取控制規則，首先新增以下 2 個設定類別：

🎯 範例：/c09-author-service/src/main/java/lab/cloud/author/config/
SecurityConfig.java

```java
@Configuration
@EnableWebSecurity
@EnableGlobalMethodSecurity(jsr250Enabled = true)
public class SecurityConfig extends KeycloakWebSecurityConfigurerAdapter {
  @Override
  protected void configure(HttpSecurity http) throws Exception {
    super.configure(http);
    http.authorizeRequests().anyRequest().authenticated();
    http.csrf().disable();
  }
  @Autowired
  public void configureGlobal(AuthenticationManagerBuilder auth)
                                                throws Exception {
    KeycloakAuthenticationProvider
      keycloakAuthenticationProvider = keycloakAuthenticationProvider();
    keycloakAuthenticationProvider
        .setGrantedAuthoritiesMapper(new SimpleAuthorityMapper());
    auth.authenticationProvider(keycloakAuthenticationProvider);
  }
  @Bean
  @Override
  protected SessionAuthenticationStrategy sessionAuthenticationStrategy() {
    return new RegisterSessionAuthenticationStrategy(
        new SessionRegistryImpl());
  }
}
```

📢 說明

2	標註 @EnableWebSecurity 以啟用 Spring Security 的微服務保護機制。
3	標註 @EnableGlobalMethodSecurity(**jsr250**Enabled = true) 以啟用 REST Controller 的 @RoleAllowed 保護機制。 JSR 250 作為 Java 的規格需求 (Specification Request)，其目標是定義一組標註類別來解決常見的語義概念，因此可以被許多 Java EE 和 Java SE 組件使用，@RoleAllowed 是其中之一，常見還有 @Resources、@PermitAll 等。
4	必須繼承 KeycloakWebSecurityConfigurerAdapter 並覆寫相關方法。
7	套用 Keycloak 的身分驗證相關元件。
8	對本專案的所有端點的存取請求都必須通過身分驗證。

12-16	指定 KeycloakAuthenticationProvider 作為 AuthenticationProvider 的實作。
17-21	決定通過身分驗證之後的 Session 相關功能與操作，藉由建立物件 RegisterSessionAuthenticationStrategy 將註冊新的 SessionId。 使用 SessionRegistryImpl 可以監聽 Spring Context 關於 SessionDestroyedEvent 與 SessionIdChangedEvent 的事件並做出回應：

```
🔒 SessionRegistryImpl.class ⊠
100
101⊖    @Override
⊿102    public void onApplicationEvent(AbstractSessionEvent event) {
103        if (event instanceof SessionDestroyedEvent) {
104            SessionDestroyedEvent sessionDestroyedEvent = (SessionDestroyedEvent) event;
105            String sessionId = sessionDestroyedEvent.getId();
106            removeSessionInformation(sessionId);
107        }
108        else if (event instanceof SessionIdChangedEvent) {
109            SessionIdChangedEvent sessionIdChangedEvent = (SessionIdChangedEvent) event;
110            String oldSessionId = sessionIdChangedEvent.getOldSessionId();
111            if (this.sessionIds.containsKey(oldSessionId)) {
112                Object principal = this.sessionIds.get(oldSessionId).getPrincipal();
113                removeSessionInformation(oldSessionId);
114                registerNewSession(sessionIdChangedEvent.getNewSessionId(), principal);
115            }
116        }
117    }
```

▲ 圖 9.31　SessionRegistryImpl 監聽 Session 事件

🎯 範例：/c09-author-service/src/main/java/lab/cloud/author/config/ KeycloakConfig.java

```
1  @Configuration
2  public class KeycloakConfig {
3      @Bean
4      public KeycloakConfigResolver keycloakConfigResolver() {
5          return new KeycloakSpringBootConfigResolver();
6      }
7  }
```

📢 說明

| 3-6 | Keycloak 預設的 Spring Security Adapter 會在類別路徑中尋找名稱為 keycloak.json 的設定檔案，並以其內容作為參數來源。
改用 **Keycloak SpringBootConfigResolver** 將以 Spring Boot 的設定文件如 application.properties 提供參數。參考 https://stackoverflow.com/questions/ 53533088/keycloak-json-file-in-springboot-application。 |

定義 Author 服務的存取控制規則可以從粗粒度到細粒度：

1. **粗粒度**：只要通過**身份驗證**的使用者都可以存取服務。
2. **細粒度**：只有具備**特定角色**的用戶端程式才可以存取指定 URL 端點。

先在 AuthorController 新增以下方法驗證 Keycloak 的身分驗證與授權功能：

🎯 **範例**：/c09-author-service/src/main/java/lab/cloud/author/controller/
AuthorController.java

```java
1   @RestController
2   @RequestMapping(value="v1/author")
3   public class AuthorController {
4     @GetMapping(value="/any")
5     public ResponseEntity<String> testAnyRole() {
6        return ResponseEntity.ok("Can be accessed by role admin or user!");
7     }
8     @RolesAllowed({ "ADMIN"})
9     @GetMapping(value="/admin")
10    public ResponseEntity<String> testRoleAdmin() {
11       return ResponseEntity.ok("Can only be accessed by role admin!");
12    }
13    @RolesAllowed({ "USER" })
14    @GetMapping(value="/user")
15    public ResponseEntity<String> testRoleUser() {
16       return ResponseEntity.ok("Can only be accessed by role user!");
17    }
18    // ... 其餘實作內容
19  }
```

🔊 **說明**

4-7	使用 GET 方法存取端點 http://localhost:8081/v1/author/any 不需要具備任何角色，將顯示 Can be accessed by role admin or user!。
8-12	因為方法標註 **@RolesAllowed({ "ADMIN"})**，使用 GET 方法存取端點 http://localhost:8081/v1/author/admin 時將需要具備 ADMIN 角色，結果顯示 Can only be accessed by role admin!。
13-17	因為方法標註 **@RolesAllowed({ "USER"})**，使用 GET 方法存取端點 http://localhost:8081/v1/author/user 時將需要具備 USER 角色，結果顯示 Can only be accessed by role user!。

9.4.4 使用存取令牌驗證保護機制

驗證粗粒度保護機制

要讓通過身份驗證的使用者都可以存取服務，需要在 SecurityConfig.java 的設定，如以下行 8。讀者可參閱「Spring Boot 情境式網站開發指南：使用 Spring Data JPA、Spring Security、Spring Web Flow」一書的「7.1.2 啟用 Spring Security」：

🎯 **範例：/c09-author-service/src/main/java/lab/cloud/author/config/SecurityConfig.java**

```
5   @Override
6   protected void configure(HttpSecurity http) throws Exception {
7     super.configure(http);
8     http.authorizeRequests().anyRequest().authenticated();
9     http.csrf().disable();
10  }
```

當要存取任何 Author 服務的端點時，以 http://localhost:8081/v1/author/any 為例，如果在 HTTP 標頭裡沒有存取令牌，Postman 就會得到 401 的 HTTP 回應狀態碼，表示需要對服務進行身份驗證：

▲ 圖 9.32　沒有身份驗證時呼叫 Author 服務端點的結果

接下來，我們使用存取令牌呼叫相同的 http://localhost:8081/v1/author/any 端點。取得存取令牌 (access_token) 的方式請參照「9.3.6. 取得 OAuth2 的存取令牌」，取得之後將存取令牌複製到下圖輸入方框中，並在 Type 下拉選單中選擇「Bearer Token」，將得到預期的輸出結果：

▲ 圖 9.33　使用存取令牌呼叫端點成功

驗證細粒度保護機制

當 Controller 的方法以 **@RolesAllowed({ "XXX"})** 標註時，就會保護該端點只讓具備被標註角色的使用者存取。依據「9.3.5. 建立使用者」的設定讓使用者 jim 只具備 ADMIN 的角色，取得存取令牌分別驗證端點如後：

1. 存取端點 http://localhost:8081/v1/author/user 時，得到 HTTP 狀態碼 403，錯誤訊息 Forbidden，與本體回應結果如下：

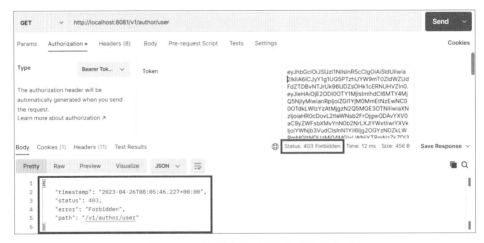

▲ 圖 9.34　使用存取令牌呼叫端點失敗

2. 存取端點 http://localhost:8081/v1/author/admin 時，得到 HTTP 狀態碼 200，
   與本體回應「Can only be accessed by role admin!」：

▲ 圖 9.35　使用存取令牌呼叫端點成功

3. 承上，因為存取令牌有使用期限，使用過期令牌會得到 401 狀態碼與
   Unauthorized 的錯誤訊息。

9.5　整合 Keycloak 與 Service Gateway

9.5.1　存取令牌的傳播流程

為了說明在微服務之間如何傳播令牌，除了 Author 服務外，我們還將使用
Keycloak 保護 Book 服務。因為呼叫 Book 服務也會呼叫 Author 服務以查詢資
訊，該如何將令牌從一項服務傳播到另一項服務？

依照本書先前在 Service Gateway 的作法，通過身份驗證的存取令牌將如下圖流
經 Gateway、Book 服務，然後到達 Author 服務：

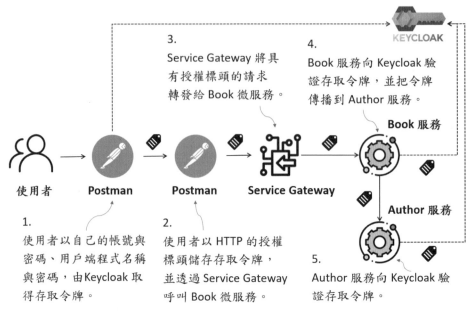

▲ 圖 9.36　存取令牌必須貫串整個呼叫流程

步驟為：

1. 使用者以自己的帳號與密碼、用戶端程式名稱與密碼，並選擇密碼授予存取令牌機制，由 Keycloak 服務取得存取令牌。

2. 使用者將存取令牌以 HTTP 的 Authorization 標頭儲存，並透過 Service Gateway 呼叫 Book 微服務。

3. Service Gateway 會確保將具有 Authorization 標頭的請求，轉發給 Book 微服務。

4. Book 服務收到請求。因為 Book 服務是受保護的資源，將向 Keycloak 驗證存取令牌的真偽，並確保具有合適的授權存取指定端點。接下來將令牌傳播給 Author 服務。

5. 當 Author 服務收到請求後，將由 HTTP 的 Authorization 標頭取出存取令牌並向 Keycloak 驗證真偽。

要達到這樣的保護機制，範例專案 B-stock 需要修改幾個地方，否則很容易就在過程中得到 HTTP 狀態碼 401 與 Unauthorized 的回應，將在後續章節說明。

9.5.2 設定 Service Gateway 傳播 Authorization 標頭

要傳播存取令牌的第一步是修改 Service Gateway，讓存取令牌可以傳播到 Book 服務。預設情況下 Service Gateway 不會向下游服務傳遞敏感的 HTTP 標頭，如 **Cookie**、**Set-Cookie** 和 **Authorization**。為了支援 Authorization 標頭的傳播，我們需要在 Service Gateway 的設定文件中對每一個路由新增以下範例行 3 的過濾器 RemoveRequestHeader 與其設定內容：

📋 範例：/c09-configserver/src/main/resources/config/gateway-server.yml

```
1        filters:
2        - RewritePath = /author/(?<path>.*), /$\{path}
3        - RemoveRequestHeader = Cookie, Set-Cookie
```

這個設定內容清單是 Service Gateway 阻止敏感標頭傳播到下游服務的「黑名單」。當清單缺少 Authorization 值表示 Service Gateway 將支援該標頭的傳播。如果沒有設定該過濾器，則 Service Gateway 預設會自動阻止 Set-Cookie、Cookie 和 Authorization 標頭的傳播。

9.5.3 設定 Book 服務啟用 Keycloak 保護

1. 設定 pom.xml

為了讓 Book 服務可以啟用保護機制，需要在 pom.xml 裡新增 Spring Security 與 Keycloak 的依賴項目，內容與 Author 服務啟用 Keycloak 保護的做法相同：

📋 範例：/c09-book-service/pom.xml

```
1   <dependencies>
2       ...
3       <dependency>
4           <groupId>org.keycloak</groupId>
5           <artifactId>keycloak-spring-boot-starter</artifactId>
6       </dependency>
7       <dependency>
8           <groupId>org.springframework.boot</groupId>
9           <artifactId>spring-boot-starter-security</artifactId>
10      </dependency>
```

```
11  </dependencies>
12
13  <dependencyManagement>
14      <dependencies>
15          ...
16          <dependency>
17              <groupId>org.keycloak.bom</groupId>
18              <artifactId>keycloak-adapter-bom</artifactId>
19              <version>18.0.0</version>
20              <type>pom</type>
21              <scope>import</scope>
22          </dependency>
23      </dependencies>
24  </dependencyManagement>
```

2. 修改設定文件

下一步是修改 Book 服務設定文件，內容與 Author 服務啟用 Keycloak 保護的做法相同：

🎯 範例：/c09-configserver/src/main/resources/config/book-service.properties

```
1  keycloak.realm = bstock-realm
2  keycloak.auth-server-url = http://keycloak:8080/auth
3  keycloak.ssl-required = external
4  keycloak.resource = bstock
5  keycloak.credentials.secret = LjimKrJ4UlTB37mu26Wb9Xy0Xs7sinTzTcm
6  keycloak.use-resource-role-mappings = true
7  keycloak.bearer-only = true
```

3. 建立設定類別

完成 pom.xml 與 book-service.properties 的修改後，接下來是定義 Book 服務的存取控制規則，使其只能由通過身份驗證的用戶端程式存取，做法是新增以下 2 個設定類別，可以參考 Author 服務啟用 Keycloak 保護的做法：

🎯 範例：/c09-book-service/src/main/java/lab/cloud/book/config/SecurityConfig.java

```
1  @Configuration
2  @EnableWebSecurity
3  @ComponentScan(basePackageClasses = KeycloakSecurityComponents.class)
```

```
4    public class SecurityConfig extends KeycloakWebSecurityConfigurerAdapter {
5      @Override
6      protected void configure(HttpSecurity http) throws Exception {
7        super.configure(http);
8        http.authorizeRequests().anyRequest().authenticated();
9        http.csrf().disable();
10     }
11     @Autowired
12     public void configureGlobal(AuthenticationManagerBuilder auth)
     throws Exception {
13       KeycloakAuthenticationProvider
           keycloakAuthenticationProvider = keycloakAuthenticationProvider();
14       keycloakAuthenticationProvider
             .setGrantedAuthoritiesMapper(new SimpleAuthorityMapper());
15       auth.authenticationProvider(keycloakAuthenticationProvider);
16     }
17     @Bean
18     @Override
19     protected SessionAuthenticationStrategy sessionAuthenticationStrategy() {
20       return new RegisterSessionAuthenticationStrategy(
             new SessionRegistryImpl());
21     }
22   }
```

範例：/c09-book-service/src/main/java/lab/cloud/book/config/
KeycloakConfig.java

```
1    @Configuration
2    public class KeycloakConfig {
3        @Bean
4        public KeycloakConfigResolver keycloakConfigResolver() {
5            return new KeycloakSpringBootConfigResolver();
6        }
7    }
```

9.5.4 傳播存取令牌

現在我們已經放寬了 Service Gateway 傳播 Authorization 標頭，並設定了 Book 服務啟用 Keycloak 防護機制，接下來是執行最後一步，就是傳播存取令牌。我們需要修改 Book 服務呼叫 Author 服務的方式，將 HTTP 的 Authorization 標頭注入對 Author 服務的應用程式呼叫中。

Keycloak 已經整合 Spring Security，相較於過去我們習慣使用的 RestTemplate，它提供了一個 org.keycloak.adapters.springsecurity.client.**KeycloakRestTemplate** 類別來支援這些呼叫。要使用這個類別，首先需要將其定義為一個 Bean 元件，讓它之後可以依需要注入到其他 Spring 元件中：

◎ 範例：/c09-book-service/src/main/java/lab/cloud/book/config/ SecurityConfig.java

```
1   public class SecurityConfig extends KeycloakWebSecurityConfigurerAdapter {
2     @Autowired
3     public KeycloakClientRequestFactory keycloakClientRequestFactory;
4     @Bean
5     @Scope(ConfigurableBeanFactory.SCOPE_PROTOTYPE)
6     public KeycloakRestTemplate keycloakRestTemplate() {
7       return new KeycloakRestTemplate(keycloakClientRequestFactory);
8     }
9     // ...
10  }
```

在 Book 的微服務專案中，我們把 KeycloakRestTemplate 元件注入到以下類別，如程式碼行 3 與行 4。之後使用 KeycloakRestTemplate 元件的方式與標準的 RestTemplate 元件無異，如行 8 透過 Service Gateway 呼叫 Author 服務：

◎ 範例：/c09-book-service/src/main/java/lab/cloud/book/service/client/ AuthorRestTemplateClient.java

```
1   @Component
2   public class AuthorRestTemplateClient {
3       @Autowired
4       private KeycloakRestTemplate restTemplate;
5       public Author getAuthor(String authorId){
6           ResponseEntity<Author> restExchange =
7               restTemplate.exchange(
8                   "http://gateway:8072/author/v1/author/{authorId}",
9                   HttpMethod.GET,
10                  null, Author.class, authorId);
11          return restExchange.getBody();
12      }
13  }
```

驗證存取令牌傳播結果

以 Postman 取得存取令牌並放入 HTTP 的 Authorization 標頭後，使用 GET 方法呼叫 http://localhost:8072/book-service/v1/author/author-id-1/book/book-id-1 端點。存取令牌將經由 Service Gateway 傳播到 Book 服務，最後抵達 Author 服務，結果顯示如預期。如果令牌錯誤將會得到 401 Unauthorized 的結果：

▲ 圖 9.37　驗證存取令牌傳播結果

9.6 解析存取令牌中的自定義資訊

因為存取令牌使用 JWT 且放置在 HTTP 的 Authorization 標頭中，我們可以在 Service Gateway 使用過濾器取出並予以解析，以獲取 JWT 的自定義資訊。本節將延續第 8 章介紹的 TrackingFilter 類別，取出並解析流經 Service Gateway 的 JWT 中的 preferred_username 屬性值。

首先需要新增 JWT 解析器函式庫至 c09-gatewayserver 子專案的 pom.xml 文件中，有多個社群提供不同的 JWT 解析器函式庫，本書選擇如下：

📌 範例：/c09-gatewayserver/pom.xml

```
1  <dependency>
2      <groupId>commons-codec</groupId>
3      <artifactId>commons-codec</artifactId>
4  </dependency>
5  <dependency>
6      <groupId>org.json</groupId>
7      <artifactId>json</artifactId>
8      <version>20230227</version>
9  </dependency>
```

之後，在 FilterUtils.java 裡新增方法 getAuthToken()，可以自 HTTP 的所有請求標頭物件 HttpHeaders 中取出 Authorization 標頭值：

📌 範例：/c09-gatewayserver/src/main/java/lab/cloud/gateway/filters/ FilterUtils.java

```
1   @Component
2   public class FilterUtils {
3       // 其他內容，與前一章實作相同
4       public static final String AUTH_TOKEN = "Authorization";
5       public String getAuthToken(HttpHeaders requestHeaders) {
6           if (requestHeaders.get(AUTH_TOKEN) != null) {
7               List<String> header = requestHeaders.get(AUTH_TOKEN);
8               return header.stream().findFirst().get();
9           } else {
10              return null;
11          }
12      }
13  }
```

Authorization 標頭的值在移除字串 Bearer 後即為代表存取令牌的 JWT 字串，如以下範例行 14。

接著在 TrackingFilter.java 裡新增以下方法 decodeJWT()，將該 JWT 字串轉換為 JSONObject。最後在行 17 自 JSONObject 物件取出 preferred_username 屬性值，可能為 jim 或 bill，如本章「圖 9.30 解碼存取令牌後的局部資訊」顯示結果：

範例：/c09-gatewayserver/src/main/java/lab/cloud/gateway/filters/TrackingFilter.java

```
1   @Order(1)
2   @Component
3   public class TrackingFilter implements GlobalFilter {
4     // 其他內容，與前一章實作相同
5     @Override
6     public Mono<Void> filter(ServerWebExchange exchange,
                                          GatewayFilterChain chain) {
7       // 其他內容，與前一章實作相同
8       logger.info("The authentication name from the token is : " +
                                          getUsername(requestHeaders));
9       return chain.filter(exchange);
10    }
11    private String getUsername(HttpHeaders requestHeaders) {
12      String username = "";
13      if (filterUtils.getAuthToken(requestHeaders) != null) {
14        String authToken =
                  filterUtils.getAuthToken(requestHeaders).replace("Bearer ", "");
15        JSONObject jsonObj = decodeJWT(authToken);
16        try {
17          username = jsonObj.getString("preferred_username");
18        } catch (Exception e) {
19          logger.debug(e.getMessage());
20        }
21      }
22      return username;
23    }
24    private JSONObject decodeJWT(String JWTToken) {
25      String[] split_string = JWTToken.split("\\.");
26      String base64EncodedBody = split_string[1];
27      Base64 base64Url = new Base64(true);
28      String body = new String(base64Url.decode(base64EncodedBody));
29      JSONObject jsonObj = new JSONObject(body);
```

```
30     return jsonObj;
31   }
32 }
```

📢 說明

8	在 filter() 方法中新增一行以輸出存取令牌內的 preferred_username 屬性值至控制台或日誌紀錄檔。
14	自 HTTP 的標頭中取出 Authorization 標頭的字串值。因為該字串會以 Bearer 字串開頭，將之以空字串取代後剩下為 JWT 字串，方便後續轉換為 JSONObject： ```curl --location 'http://localhost:8072/book-service/v1/author/author-id-1/book/book-id-1' --header 'Authorization: Bearer eyJhbGciOiJSUzI1NiIsInR5cCIgOiAiSldUIiwia2lkIiA6ICJSSG9TeXFhaEdQZ2d6NFg0Ukxmam90R1FHU0V2T0xEU2R2OHRXVkFkTDBzIn0.eyJleHAiOjE2ODI4MjA3NzIsImlhdCI6MTY4Mj``` ▲ 圖 9.38　Authorization 標頭的字串值以 Bearer 開頭
15	將 Authorization 標頭的字串值移除 Bearer 字串後轉換為 JSONObject 物件。
17	自 JSONObject 物件中取出 preferred_username 屬性值。
24-31	JWT 是令牌的一種實作，它由標頭 (header)、正文 (body) 和簽章 (signature) 等三部分組成，以「.」區隔，並用 Base64 格式進行編碼。 這裡自 JWT 字串取出第二段的正文，以 Base64 格式進行解碼後，將之轉換為 JSONObject 物件後回傳。

驗證存取令牌中取出的自定義資訊

如同前一章節的驗證方式，我們以使用者 jim 經由 Postman 取得存取令牌，再放入 HTTP 的 Authorization 標頭，使用 GET 方法經由 Service Gateway 呼叫 Book 服務：http://localhost:8072/book-service/v1/author/author-id-1/book/book-id-1。

執行後，可以在 Service Gateway 的日誌紀錄裡看到以下資訊：

```
1   tmx-correlation-id generated in tracking filter: a4d66c58-e4e5-4e3d-bdb2-
    9e7172f7f770.
2   The authentication name from the token is : jim
```

9.7 更完整的微服務安全性架構

本章概略介紹了 OpenID 與 OAuth2 規範、Keycloak 的使用方式，及如何整合 Spring Cloud Security 與 Keycloak 來實現身份驗證和授權服務。但 Keycloak 只是實現微服務安全的一部分，在正式環境中還應該關注以下議題以實現更完整的微服務安全性架構：

1. 對所有服務通訊使用 HTTPS/SSL。
2. 對所有服務呼叫均透過 Service Gateway。
3. 對所有服務進行區域劃分，如公開 API 區域和私有 API 區域。
4. 封鎖服務裡非必要開放的通訊埠，以縮小被攻擊的範圍。

如下圖顯示：

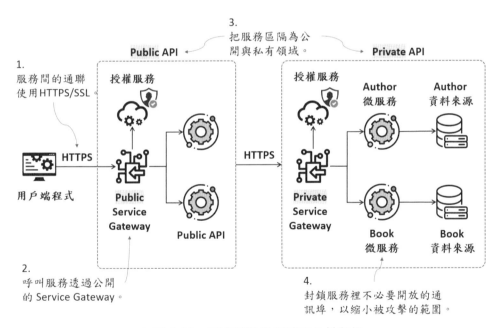

▲ 圖 9.39　更完整的微服務安全性架構

分述如後。

9.7.1 對所有服務通訊使用 HTTPS/SSL

本書的所有範例專案都使用 HTTP 協定；因為 HTTP 是一種簡單的協定，不需要在開始使用該服務之前對每一個服務進行設定。

然而在正式環境中，微服務應該僅透過 HTTPS 或 SSL 提供的加密通道進行通訊，此時可以藉由 Spring Boot 的 Profile 設定與 DevOps 腳本自動啟用 HTTPS。

9.7.2 呼叫所有服務均透過 Service Gateway

用戶端程式不應該可以直接碰觸到服務執行所在的伺服器、服務本身和通訊埠，應該以 Service Gateway 作為服務呼叫的入口和看門人。可以藉由網路層的設定，或是一些網路設備，讓執行在伺服器或容器上的服務只接受來自 Service Gateway 網路流量。因為所有服務執行都會經過它，這時候 Service Gateway 也可以做為**策略執行點 (Policy Enforcement Point, PEP)**，不僅可以在保護和稽核服務的方式上保持一致，也可以只開放要向外界公開的通訊埠和端點，其餘在路由設定上予以封鎖。

9.7.3 將 API 區分公開區域和私有區域

一般來說，安全性的考量就是要以最小權限的概念來設定一個可以存取的範圍，最小權限意味著使用者應該只能以最低限度的網路存取和服務權限來完成他們的日常工作。因此，我們可以透過將服務區分為公開區域和私有區域來實現最小權限。

公開區域包含用戶端程式需要使用的所有公開 API。這些公開 API 的存在目的多是因為流程導向，它可能聚合了很多服務呼叫而成為入口，先擷取一些資料並後續呼叫多個服務以執行任務。公開 API 也應該有自己的 Service Gateway，並使用自己的身分驗證服務來進行身分驗證和授權，此時用戶端程式對公開 API 的存取就依循 Service Gateway 指定的單一路由。

私有區域可以做為保護核心應用程式功能和資料的防護牆,它可以設計為只能透過單一通訊埠存取,並且只接受來自運行公開 API 的子網路的流量。私有區域也可以擁有自己的 Service Gateway 和身份驗證服務,作為呼叫者的公開 API 應該向私有區域的身份驗證服務進行身份驗證。所有應用程式的資料應該位於私有區域的子網路中,並且只能由駐留在私有區域中的微服務存取。

9.7.4 封鎖服務裡非必要開放的通訊埠

許多開發人員並沒有認真考慮讓服務能夠正常運行的最少通訊埠數量,應該將服務運行的作業系統設定為僅允許服務呼叫的進與出、或滿足監控與日誌聚合等服務執行需要的通訊埠。

記得除了關注呼叫服務需要的通訊埠,也需要限縮服務回應的通訊埠,這可以避免當服務被駭客拿下時,他們藉由其他通訊埠輸出機敏資料。

此外也要關注整個公開和私有 API 區域中的網路通訊埠存取狀況。

使用 Spring Cloud Stream 支援事件驅動架構

人類在與環境互動時總是處於一種運動狀態。我們與環境事務的互動通常不是同步的 (synchronous)、線性的 (linear)，也不是狹義的請求與回應 (request-response) 模型；更像是訊息驅動 (message-driven) 的，因為我們不斷地與周圍的事物發送和接收訊息。當我們收到訊息時會對這些訊息做出反應，可能會中斷正在處理中的主要任務。

本章將介紹如何設計和實作以非同步訊息與其他微服務進行的互動。使用非同步訊息在應用程式之間進行通訊並不是新的技術，比較特別的是使用訊息來傳達狀態變化的事件的概念。

這個概念被稱為**事件驅動架構 (Event Driven Architecture, EDA)**，也稱為**訊息驅動架構 (Message Driven Architecture, MDA)**。基於 EDA 的做法允許我們建構高度解耦 (decoupled) 的系統，這些系統可以對變化做出反應，而無須與特定的函式庫或服務緊密耦合。當與微服務相結合時，EDA 可以透過讓服務監聽應用程式發出的事件或訊息流來快速新增應用程式功能。

Spring Cloud 的子專案 Spring Cloud Stream 讓建構基於訊息的解決方案變得容易。它使我們能夠輕鬆實作訊息發布 (publication) 和消費 (consumption)，同時使微服務與底層訊息傳送平台的實作細節脫鉤。

10.1 訊息傳遞、事件驅動架構和微服務的案例

為什麼訊息傳遞在建構基於微服務的應用程式中很重要？試想一下，當我們把 Book 和 Author 服務都部署到正式環境之後，發現 Book 服務在呼叫 Author 服務以查詢資料時花費了較長的時間；細查 Author 資料的使用模式時，我們發現 Author 資料很少發生變化，而且讀取資料時大多透過 Author 表格的主鍵完成。如果我們可以快取 Author 資料而不必直接查詢資料庫，就有機會可以縮短呼叫 Book 服務的回應時間。

要實作快取方案，我們需要考慮以下三個關鍵需求：

1. Author 快取資料需要在 Book 服務的所有實例中保持一致。因為要讓所有 Book 服務實例都可以存取，因此快取資料不會存在任何一個 Book 服務實例的本地端記憶體中。我們希望保證讀取相同的 Author 快取資料，而不管服務實例是否命中它。

2. 無法在託管 Book 服務的容器的記憶體中儲存 Author 快取資料。託管服務的容器通常記憶體大小受限，而且本地快取會帶來複雜性，因為我們必須保證本地的快取資料與叢集中的其他服務實例的快取資料是同步且一致的。

3. 當 Author 資料更新或刪除時，Book 服務要能夠識別 Author 服務中的資料狀態變更，然後將相關快取資料判定無效，並予以驅逐 (evict)。

對於 Author 快取資料的儲存，本書使用 Redis (https://redis.io/)，這是一種用於快取或訊息代理的分散式鍵值對 (key-value) 儲存庫。

至於要達成這三個關鍵需求，一般而言有兩種作法：

1. 使用同步 (synchronous) 的請求與回應 (request-response) 模型來實作前述要求。當 Author 服務的資料狀態發生變化時，Book 和 Author 服務將透過它們的 REST API 來回通訊。
2. Author 服務向訊息主題 (Message Topic) 發出一個非同步事件 / 訊息來傳達 Author 資料的狀態已經變更。當一直監聽訊息主題的 Book 服務收到 Author 服務變更資料狀態的事件，將清除 Author 的快取資料。

將在後續章節分別說明。

10.1.1 簡介訊息代理與訊息傳遞模型

什麼是訊息代理？

訊息代理 (Message Broker) 是使應用程式、系統和服務能夠相互通訊和交換訊息的軟體，它藉由在訊息傳遞協定之間轉換訊息來達成代理的目的。這可以讓相互依賴的服務直接對話，即使它們是用不同的語言編寫、或在不同的平台上實作。

訊息代理是訊息中介軟體 (middleware) 或**訊息導向的中介軟體 (Message-Oriented Middleware，MOM)** 解決方案中的軟體模組。這種類型的中介軟體為開發人員提供了一種標準化的方法來處理應用程式組件之間的資料流，所以開發人員可以更專注於其商業邏輯。訊息代理也可以作為分散式通訊層，允許跨多個平台的應用程式進行內部通訊。

訊息代理可以驗證、儲存，並將訊息傳遞到適當的目的地。它們充當其他應用程式之間的中介，允許發送者在不知道接收者在哪裡、不知道接收者是否有效、或有多少接收者的情況下發布訊息。這有助於系統內流程和服務的解耦 (decoupling)。

為了提供可靠的訊息儲存和有保證的傳遞，訊息代理通常依賴稱為**訊息佇列 (Message Queue)** 或**訊息主題 (Message Topic)** 的子結構或組件來儲存和排序訊息，直到訊息消費者可以處理它們。在訊息佇列中，訊息依照它們被傳輸的真實順序儲存，並保留在佇列中直到確認接收。

訊息代理傳遞訊息時採用「非同步」的方式，它可以防止有價值的資料遺失，並使系統即使在公共網絡上常見的間歇性連接或延遲問題時也能繼續運行。非同步訊息傳遞保證訊息將以相對於其他訊息的正確順序傳遞一次，且僅傳遞一次。

訊息代理可以使用佇列管理器來管理多個訊息佇列之間的交互作用，同時提供資料路由、訊息轉譯與保存，及用戶端狀態管理等服務。

訊息代理提供兩種基本的訊息傳遞模型：

1. **點對點**訊息傳遞：這是**訊息佇列 (Message Queue)** 使用的傳遞模型，在訊息的發送者和接收者之間具有一對一的關係。佇列中的每則訊息只發送給一個接收者，並且只被接收一次；因此當一則訊息必須只被執行一次時，就需要點對點訊息傳遞。這種訊息傳遞做法常用於薪資單和金融交易處理等，因為在這些系統中，發送方和接收方都需要保證每筆付款只會發送與接收一次。

2. **發布／訂閱**訊息傳遞：在這種傳遞機制裡，訊息生產者將發佈訊息到**訊息主題 (Message Topic)**，多個訊息消費者可以訂閱他們有興趣的主題，之後發佈到主題的所有訊息都會再傳遞到訂閱它的所有應用程式。這是一種廣播式的傳遞機制，訊息的發布者和消費者之間可以是一對多的關係。例如鐵路公司要廣播有關車班抵達時間或延誤狀態的最新訊息就可以使用這種機制。

本章範例使用的訊息代理軟體為 Kafka，採用發布／訂閱的訊息傳遞模型，因此訊息生產者會將訊息發送到訊息主題，再由訊息消費者接收。

10.1.2 使用同步的請求與回應模型傳達服務間狀態變化

下圖搭配 Redis 快取資料儲存庫，以比較高層級的架構說明如何使用傳統的**同步的請求與回應模型**的程式開發：

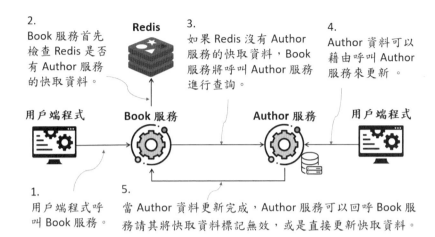

2.
Book 服務首先檢查 Redis 是否有 Author 服務的快取資料。

Redis

3.
如果 Redis 沒有 Author 服務的快取資料，Book 服務將呼叫 Author 服務進行查詢。

4.
Author 資料可以藉由呼叫 Author 服務來更新。

用戶端程式　　Book 服務　　　　Author 服務　　用戶端程式

1.
用戶端程式呼叫 Book 服務。

5.
當 Author 資料更新完成，Author 服務可以回呼 Book 服務請其將快取資料標記無效，或是直接更新快取資料。

▲ 圖 10.1　傳統的同步請求回應的架構讓服務彼此相依複雜、緊密且易有狀況

在上圖中，當用戶端程式呼叫 Book 服務時，Book 服務將需要查詢 Author 資料。此時，Book 服務將先藉由其 ID 從 Redis 中嘗試擷取所需的 Author 資料；如果找不到 Author 資料，它將改呼叫 Author 服務的 REST API 取得資料，同時將回傳的資料儲存在 Redis 中，最後回應用戶端程式。

如果另外有程式呼叫 Author 服務的 REST API 更新或刪除 Author 紀錄，則 Author 服務需要呼叫 Book 服務的 REST API 以告知其曾經快取的 Author 資料已經無效。

此外，如果檢視 Author 服務呼叫 Book 服務以失效 Redis 快取的機制，我們可以看到至少三個問題：

1. Author 和 Book 服務緊密耦合 (tight coupling)，因此在服務間引入了脆弱性 (brittleness)。
2. 如果用於使快取失效的 Book 服務端點改變，則 Author 服務必須一起修改，因此彈性不足。
3. 如果 Author 資料有新的用戶端程式 / 消費者需要取得，就必須同時修改 Author 服務，因為需要呼叫新服務以通知其關於 Author 資料的異動。

說明如下：

1. 服務之間的緊密耦合

原本在擷取資料時，Book 服務就需要呼叫 Author 服務以取得完整資料；現在更新或刪除 Author 資料時，Author 服務也需要呼叫 Book 服務的 REST API 以通知快取資料失效。這導致 Author 服務與 Book 服務間的雙向耦合。

為了使 Redis 快取中的資料失效，Author 服務需要 Book 服務上的一個公開端點，可以呼叫它來使其 Redis 快取失效；或者 Author 服務直接連線 Book 服務擁有的 Redis 伺服器，以清除其快取資料。不過後者的作法在微服務環境中是不被認同的。雖然可以強辯說 Redis 上的 Author 資料應當由 Author 服務自己控制，但實際上 Book 服務在特定情境可能已經使用這些資料建立商業邏輯規則，或者轉化了資料內容。如果 Author 服務直接與 Book 服務擁有的 Redis 服務對話，它可能會意外與 Book 服務控管的商業規則衝突。

2. 服務之間的脆弱性

Book 服務和 Author 服務之間的緊密耦合也在這兩種服務之間引入了脆弱性。如果 Book 服務關閉或運行緩慢，Author 服務可能會受到影響，因為 Author 服務現在直接與 Book 服務通訊。同樣的情形，如果 Author 服務直接存取 Book 服務關聯的 Redis，也會在 Author 服務和 Redis 之間產生直接依賴關係，此時共享的 Redis 伺服器的任何問題都可能導致 Book 服務和 Author 服務同時中斷。

3. Author 服務必須在狀態改變時通知其他服務導致彈性不足

對於圖 10.1 的模型，如果有另一個對 Author 資料狀態異動有興趣的新服務，我們就需要在 Author 服務上新增對該新服務的呼叫，如此意味 Author 服務的程式碼需要修改和重新部署，這在程式碼裡埋入了一個彈性不足的缺陷。

如果持續使用同步的請求與回應模型來傳達狀態變化，我們會看到應用程式中的核心服務與其他服務之間開始形成一種類似單體程式的依賴模式，而這些網絡的中心就成為應用程式中的主要故障點。

10.1.3 使用訊息傳遞模型傳達服務間狀態變化

現在我們改採用**訊息傳遞**模型在 Book 和 Author 服務之間注入一個**訊息主題 (Message Topic)**。訊息傳遞模型不會用從 Author 服務中讀取資料，反而是在 Author 服務管理的資料狀態變更時主動發布訊息：

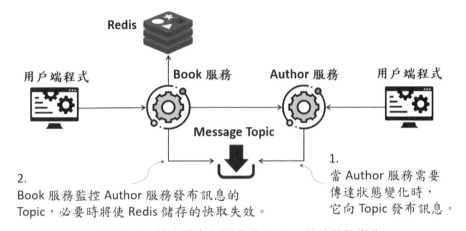

▲ 圖 10.2　藉由訊息主題溝通 Author 服務狀態變化

上圖的模型中，當 Author 資料發生變化時，Author 服務向訊息主題發布訊息。Book 服務會監控訊息主題對訊息的接收狀況，當訊息抵達時，它會從 Redis 快取中清除對應的 Author 紀錄。因此，在通訊狀態方面，訊息主題可以做為 Book 和 Author 服務之間的中介。這種架構有四個好處：鬆散耦合、持久性、擴展性和靈活性，我們將在以下部分逐一介紹。

1. 鬆散耦合 (loose coupling)

一個微服務應用程式可以由許多小型分散式服務組成，這些服務存在互動，資料由各自管理。如同先前提出的同步請求與回應模型，同步的 HTTP 回應讓 Book 和 Author 服務之間產生比較強烈的依賴關係；我們無法完全消除這些依賴關係，但可以透過僅公開直接管理資料的服務端點來最小化依賴關係。

訊息傳遞模型允許我們解耦這兩個服務，因為兩者都相依於訊息主題，當服務的資料狀態改變時，兩個服務不需要互相知道對方狀況。

當 Author 服務需要發布狀態變更時，它會將訊息寫入訊息主題；因為訊息傳遞模型的作用，Book 服務將只知道它收到訊息，但不知道是誰發布了訊息。

2. 持久性 (durability)

訊息主題的存在使我們能夠保證即使服務的使用者關閉也能傳遞訊息。例如即使 Book 服務不可使用，Author 服務也可以持續發布訊息。此時訊息將一直儲存在訊息主題中，直到 Book 服務可用。

此外，若結合快取和訊息主題機制，如果 Author 服務關閉，則 Book 服務可以正常降級，因為至少部分 Author 資料仍在其快取中；有時候舊資料的存在還是比沒有資料好。

3. 擴展性 (scalability)

因為訊息儲存在訊息主題中，所以訊息的發送者不必等待訊息消費者的回應，發送者可以繼續工作。同樣的情況，如果從訊息主題中讀取訊息的消費者處理訊息的速度不夠快，則啟動更多消費者讓他們處理訊息是一項容易的任務。這種方便擴展的特性非常適合微服務模型。

事實上，在微服務的模型裡啟動服務新實例應該是容易的，我們可以考慮啟用額外的微服務實例作為處理停滯訊息的解決方案，這也是水平縮放的範例。

過去我們可以使用新增執行緒來加速讀取訊息主題中訊息，這也是傳統的縮放機制；比較可惜的是，這種方法最終受到訊息消費者可用 CPU 數量的限制。微服務模型就沒有這種限制，因為可以透過增加裝載訊息服務的伺服器來擴展。

4. 靈活性 (flexibility)

因為在訊息傳遞模型裡，訊息的發送者不知道誰將使用訊息，這表示可以在不影響原始發送訊息的服務的情況下，輕鬆增加新的訊息消費者或和新服務功能。這是一個相當方便的概念，因為可以將新功能增加到應用程式中，而不影響現有服務；而且新功能也可以監聽正在發布的事件並相應地做出反應。

10.1.4 訊息架構的注意事項

與任何架構模型一樣，基於訊息的架構也需要權衡取捨。基於訊息的架構可能很複雜，需要開發團隊密切關注幾個問題，包含訊息語義、訊息可見性和訊息編排，分述如後。

1. 訊息語義 (semantics)

在微服務應用程式中使用訊息傳遞模型不僅需要了解如何發布和使用訊息，還需要了解應用程式該如何根據訊息的接收順序進行操作，以及如果訊息處理順序不正確會有什麼問題。例如，如果我們嚴格要求來自個別客戶的所有訂單必須按照收到訂單的順序進行處理，那麼就需要設定和建構我們的訊息處理方式，而不是每則訊息都可以獨立使用。

除此之外，也要考慮訊息引發異常或順序錯誤的情況：

1. 如果訊息失敗，我們需要再試一次還是讓它失敗？
2. 如果其中一則客戶訊息失敗，我們該如何處理與該客戶相關的後續訊息？

2. 訊息可見性 (visibility)

在我們的微服務中使用訊息傳遞模型通常意味著「同步的服務呼叫」和「非同步的服務處理」的混合，訊息接收的非同步性質表示通常不會在訊息發布時隨即被接收或處理。此外，使用諸如第八章介紹的「關聯 ID」等機制來追蹤使用者跨服務呼叫和訊息的交易，對於理解和除錯應用程式發生的事情相當重要。它應該與發布和使用的每則訊息一起傳遞。

3. 訊息編排 (choreography)

正如在訊息可見性的部分中提到的，基於訊息的應用程式使得透過其業務邏輯進行追蹤變得困難，因為它的程式碼不再使用簡單的請求與回應模型以線性方式處理。此時，除錯工作可能涉及多個不同服務的日誌紀錄，其中使用者交易可能會在不同時間且未依既定順序執行。

10.2 使用 Spring Cloud Stream

10.2.1 簡介 Spring Cloud Stream

Spring Cloud 可以藉由 Spring Cloud Stream 專案 (https://spring.io/projects/spring-cloud-stream) 將訊息傳遞模型整合到微服務架構中。這是一個使用標註類別就可以輕鬆上手的框架，允許我們在 Spring 應用程式中輕鬆建構訊息生產者和消費者。Spring Cloud Stream 還將訊息傳遞平台抽象化，因此可以抽換多種實作平台。我們可以將多個訊息平台與 Spring Cloud Stream 合併使用，包括常見的 Apache Kafka 和 RabbitMQ，並且將平台的特定實作細節排除在專案程式碼之外，亦即訊息發布和消費的功能實作僅相依於 Spring 的 interface。

在本章中，我們將使用 Apache Kafka (https://kafka.apache.org/) 的訊息傳遞平台。它是一種高效能的**訊息匯流排 (Message Bus)**，允許我們將訊息串流由一個應用程式非同步發送到一個或多個應用程式。Kafka 使用 Java 編寫，因為它的高可靠性和高擴展性，是許多基於雲的應用程式底層使用的訊息匯流排。

後續對 Spring Cloud Stream 的介紹，我們將從架構開始，並了解一些術語，然後由使用訊息通訊的**訊息生產者**與**訊息消費者**的兩個服務著手。下圖顯示如何使用 Spring Cloud Stream 傳遞訊息，發布和接收訊息將涉及四個元件：

1. Source
2. Channel
3. Binder
4. Sink

如下圖：

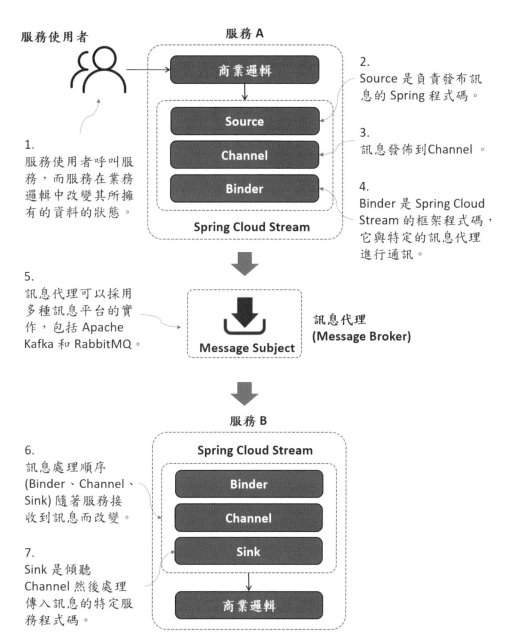

服務使用者

服務 A

商業邏輯

Source

Channel

Binder

Spring Cloud Stream

2.
Source 是負責發布訊息的 Spring 程式碼。

3.
訊息發佈到Channel 。

4.
Binder 是 Spring Cloud Stream 的框架程式碼，它與特定的訊息代理進行通訊。

1.
服務使用者呼叫服務，而服務在業務邏輯中改變其所擁有的資料的狀態。

5.
訊息代理可以採用多種訊息平台的實作，包括 Apache Kafka 和 RabbitMQ。

Message Subject

訊息代理
(Message Broker)

服務 B

Spring Cloud Stream

Binder

Channel

Sink

商業邏輯

6.
訊息處理順序 (Binder、Channel、Sink) 隨著服務接收到訊息而改變。

7.
Sink 是傾聽 Channel 然後處理傳入訊息的特定服務程式碼。

▲ 圖 10.3　Spring Cloud Stream 處理訊息發布和接收的流程

1. 元件 Source

上圖服務 A 使用 Source 元件發布訊息。介面 Source 的元件由 Spring Cloud Stream 提供，可以在執行時期由框架注入。我們可以自定義 POJO 元件封裝要發布的訊息，然後交由 Source 元件發布。Source 元件獲取訊息後，預設**將其序列化為 JSON**，然後將訊息傳遞給下一步驟的 Channel 元件。

2. 元件 Channel

無論是訊息生產者發布或由訊息消費者接受訊息，都會先保存在 Channel 元件中，因此可以將該元件理解為 Spring Cloud Stream 框架在發送和接收訊息的**內部訊息主題**，在架構上可以視為**外部目標訊息主題**的**抽象層**，類似抽象層 JPA 或 JDBC 和其底層資料庫驅動 JAR 包的關係。

Spring Cloud Stream 框架使用 Channel 元件關聯外部訊息平台的訊息主題，因此程式碼中使用 Channel 元件名稱，不需要寫死外部訊息平台的訊息主題的名稱或位址；這讓我們可以藉由改變設定來改變讀取或寫入的外部目標訊息主題，不需要直接修改程式碼。

3. 元件 Binder

Binder 元件是 Spring Cloud Stream 框架的一部分，它是與**外部訊息平台**連接與溝通的 Spring 程式碼。它讓我們可以專注在處理訊息本身，不需要使用特定外部訊息平台的函式庫或 API 就可以發布和接收訊息。

4. 元件 Sink

在 Spring Cloud Stream 中，當服務從特定訊息平台**接收**訊息後，它會透過 Sink 元件進行處理。Sink 元件監聽傳入 Channel 元件的訊息 (Channel 元件像是內部的訊息主題)，並**將訊息反序列化回 POJO 元件**，之後由微服務的業務邏輯接手處理。

10.2.2 設定 Apache Kafka 的 Docker 環境

現在我們已經認識 Spring Cloud Stream 的基本元件，接下來示範一個簡單的 Spring Cloud Stream 範例，其中 Author 服務使用 Source 元件 (訊息生產者)，向 Book 服務的 Sink 元件 (訊息消費者) 傳遞一則訊息，之後 Book 服務將該則日誌訊息輸出到控制台。

下圖突顯圖 10.3 中的訊息生產者架構：

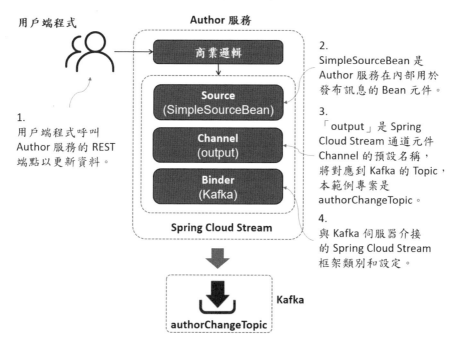

▲ 圖 10.4　當 Author 服務的資料發生變化時，將向 authorChangeTopic 發布訊息

接下來把 Kafka 服務新增為 Docker 容器，需要修改 docker-compose.yml 文件並新增相關內容如下：

📍 範例：/c10-bstock-parent/c10-docker/docker-compose.yml

```
1  zookeeper:
2    image: wurstmeister/zookeeper:latest
3    ports:
4      - 2181:2181
```

```
5    networks:
6      backend:
7        aliases:
8          - "zookeeper"
9    kafkaserver:
10     image: wurstmeister/kafka:latest
11     ports:
12       - 9092:9092
13     environment:
14       - KAFKA_ADVERTISED_HOST_NAME=kafkaserver
15       - KAFKA_ADVERTISED_PORT=9092
16       - KAFKA_ZOOKEEPER_CONNECT=zookeeper:2181
17       - KAFKA_CREATE_TOPICS=dresses:1:1,ratings:1:1
18     volumes:
19       - "/var/run/docker.sock:/var/run/docker.sock"
20     depends_on:
21       - zookeeper
22     networks:
23       backend:
24         aliases:
25           - "kafka"
```

ZooKeeper 與 Kafka

由前述範例行 20 與 21，可以知道 Kafka 服務還需要依賴 ZooKeeper 服務。

Apache ZooKeeper 是一個開源的分散式協調框架，它為分散式應用提供一致性服務，可以是整個大資料體系的管理員。ZooKeeper 用於封裝複雜易出錯的關鍵服務，將高效、穩定、易用的服務提供給使用者。

對於 ZooKeeper 可以大致理解為由「文件系統」和「監聽通知機制」組成。Zookeeper 維護一個類似文件系統的樹狀資料結構，每一個目錄節點稱為 znode，可以用於存放資料。我們可以新增、刪除 znode，或是為 znode 掛載其他 znode，因此成為樹狀結構。這些節點可以綁定監聽事件，配合 Zookeeper 的 Watcher 監聽機制，就可以監聽節點資料變更、節點刪除、子節點狀態變更等事件，並實現分散式鎖定、叢級管理等功能。

過去 ZooKeeper 是 Kafka 這類分散式系統的關鍵，因為 ZooKeeper 管理屬性資料，儲存資料分割的位置，以及主要副本等資訊。不過，畢竟 ZooKeeper 是一個獨立的軟體，它使得 Kafka 整個系統變得複雜，因此官方決定在 2.8 版本開始使用內部仲裁控制器來取代 ZooKeeper，稱 Quorum。之後使用者可以在完全不需要 ZooKeeper 的情況下執行 Kafka，不僅節省運算資源，也讓 Kafka 效能更好，還可支援規模更大的叢集，官方稱為 Kafka Raft 元資料模式，簡稱 KRaft。

本書範例依然使用 ZooKeeper 搭配 Kafka，讀者可以嘗試使用 KRaft。

10.2.3 在微服務專案中建立訊息生產者

為了說明如何在架構中使用 Kafka 的訊息主題，我們從修改 Author 服務開始，以便每次增加、更新或刪除 Author 資料時，Author 服務都會向 Kafka 的訊息主題發布一則訊息，代表一個 Author 變更事件發生。發布的訊息內容將說明變更事件，主要是關聯 ID、Author ID，與資料操作的方法是新增、更新或刪除。步驟如後。

1. 新增 Maven 依賴項目到 pom.xml

首先是在 Author 微服務專案裡新增必要的相依項目：

🎯 範例：/c10-author-service/pom.xml

```
1  <dependency>
2      <groupId>org.springframework.cloud</groupId>
3      <artifactId>spring-cloud-stream</artifactId>
4  </dependency>
5  <dependency>
6      <groupId>org.springframework.cloud</groupId>
7      <artifactId>spring-cloud-starter-stream-kafka</artifactId>
8  </dependency>
```

2. 綁定 Spring Cloud Stream 訊息代理架構

接下來是綁定 (bind) 應用程式與 Spring Cloud Stream 訊息代理架構，我們藉由在 Author 微服務專案的啟動類別上標註 @EnableBinding 來達成，如以下範例行 3：

◎ 範例：/c10-author-service/src/main/java/lab/cloud/author/
C10AuthorServiceApplication.java

```
1  @SpringBootApplication
2  @RefreshScope
3  @EnableBinding(Source.class)
4  public class C10AuthorServiceApplication {
5      public static void main(String[] args) {
6          SpringApplication.run(C10AuthorServiceApplication.class, args);
7      }
8  }
```

標註類別 @EnableBinding 告訴 Spring Cloud Stream 要將服務綁定到訊息代理，
屬性值 Source.class 則告訴 Spring Cloud Stream 該服務將透過在介面 Source 中
定義的 Channel 元件與該訊息代理進行通訊。要注意的是，Channel 元件位階在
訊息佇列或主題之上，它是訊息佇列或主題的抽象層；Spring Cloud Stream 有
預設的 Channel 元件，可以設定為與訊息代理交流。

3. 定義訊息內容

首先定義要發布的訊息內容。當操作 Author 服務資料的事件發生時，將相關資
訊予以封裝。操作資料的動作由 ActionEnum 定義：

◎ 範例：/c10-author-service/src/main/java/lab/cloud/author/events/source/
ActionEnum.java

```
1  public enum ActionEnum {
2      GET, CREATED, UPDATED, DELETED
3  }
```

該資料被封裝在類別 AuthorChangeModel 中：

◎ 範例：/c10-author-service/src/main/java/lab/cloud/author/events/model/
AuthorChangeModel.java

```
1  @Getter
2  @Setter
3  @ToString
4  public class AuthorChangeModel {
5      private String type;
6      private ActionEnum action;
7      private String authorId;
8      private String correlationId;
```

```
9    public AuthorChangeModel(String type, ActionEnum action, String aid) {
10     super();
11     this.type = type;
12     this.action = action;
13     this.authorId = aid;
14     this.correlationId = UserContextHolder.getContext().getCorrelationId();
15   }
```

主要包含 3 個資訊：

1. action：這是觸發事件的動作，由 ActionEnum 定義。

2. authorId：這是與事件關聯的 Author ID。

3. correlationId：這是觸發事件的服務呼叫的關聯 ID。如同在 Service Gateway 章節時對關聯 ID 的介紹，它將有助於一系列操作與交易的追蹤和除錯。

4. 建立訊息發布元件

下一步是新建發布訊息的邏輯，如下：

🎯 範例：/c10-author-service/src/main/java/lab/cloud/author/events/source/
SimpleSourceBean.java

```
1    @Component
2    public class SimpleSourceBean {
3      private static final Logger logger =
                              LoggerFactory.getLogger(SimpleSourceBean.class);
4      private Source source;
5      @Autowired
6      public SimpleSourceBean(Source source){
7          this.source = source;
8      }
9      public void publishAuthorChange(ActionEnum action, String auid){
10       logger.debug("Sending Kafka message {} for Author Id: {}", action, auid);
11       AuthorChangeModel change = new AuthorChangeModel(
12             AuthorChangeModel.class.getTypeName(),
13             action,
14             auid);
15       Message<AuthorChangeModel> msg =
16                   MessageBuilder.withPayload(change).build();
17       MessageChannel channel = source.output();
18       channel.send(msg);
19     }
20   }
```

🔊 **說明**

1	註冊 SimpleSourceBean 元件由 Spring 框架控管。
4-8	發布訊息由介面 org.springframework.cloud.stream.messaging.Source 的實作元件進行。在將 SimpleSourceBean 元件注入到 AuthorService 時，Spring Cloud Stream 會先自動將 Source 元件注入到 SimpleSourceBean 建構子中。
9-19	方法 publishAuthorChange() 負責發布訊息。
11-14	發布的訊息內容以 AuthorChangeModel 封裝。
15-16	使用 MessageBuilder 將 AuthorChangeModel 內容轉換成 Message 訊息物件。
17	以 Source 元件的 output() 方法取得 MessageChannel。
18	呼叫 MessageChannel.send() 方法送出訊息。

介面 Source 的開源程式碼如下。由行 3 可以知道預設的 Channel 元件名稱是「output」，藉由標註類別 @Output 的屬性值決定：

🎯 **範例：org.springframework.cloud.stream.messaging.Source**

```
public interface Source {
    String OUTPUT = "output";    // Name of the output channel.
    @Output(Source.OUTPUT)
    MessageChannel output();
}
```

Source 的方法 output() 回傳 MessageChannel 的實作物件，它的開源程式碼如下，方法 send() 可以發送訊息給訊息代理軟體如 Kafka：

🎯 **範例：org.springframework.messaging.MessageChannel**

```
@FunctionalInterface
public interface MessageChannel {
    long INDEFINITE_TIMEOUT = -1;
    default boolean send(Message<?> message) {
        return send(message, INDEFINITE_TIMEOUT);
    }
    boolean send(Message<?> message, long timeout);
}
```

5. 設定訊息代理和訊息主題

Spring Cloud Stream 藉由 Source 和 Channel 元件發送訊息，後續要設定訊息代理和其訊息主題來接手工作。以 Author 微服務專案示範新增設定如下：

🎯 範例：/c10-configserver/src/main/resources/config/author-service.properties

```
1  spring.cloud.stream.bindings.output.destination=authorChangeTopic
2  spring.cloud.stream.bindings.output.content-type=application/json
3  spring.cloud.stream.kafka.binder.zkNodes=zookeeper
4  spring.cloud.stream.kafka.binder.brokers=kafkaserver
```

🔊 說明

1	寫入訊息的訊息代理主題名稱。
2	訊息的序列化格式。
3	Zookeeper 的位址，需修改為合適的位址。
4	Kafka 的位址，需修改為合適的位址。

屬性 spring.cloud.stream.bindings 是 Spring Cloud Stream 將訊息發佈到訊息代理所需設定的開始。以屬性 spring.cloud.stream.bindings.output 對應到介面 Source 的 output() 方法的 @Output 屬性值，可以指定通訊的訊息代理，其：

1. 目標訊息主題是 authorChangeTopic。
2. 序列化格式是 JSON，但也可以指定其他如 XML 和 Apache Foundation 的 Avro 格式 (https://avro.apache.org/)。

6. 編寫發布訊息的商業邏輯程式碼

現在我們已經有了藉由 Spring Cloud Stream 發布訊息的程式碼，也告訴 Spring Cloud Stream 使用 Kafka 作為訊息代理的設定，最後就是決定 Author 微服務專案中發布訊息的實際位置，將由負責商業邏輯的元件 AuthorService 執行訊息發布：

🎯 範例：/c10-author-service/src/main/java/lab/cloud/author/service/
AuthorService.java

```java
@Service
public class AuthorService {
  @Autowired
  private AuthorRepository repository;

  @Autowired
  private SimpleSourceBean simpleSourceBean;

  public Author findById(String authorId) {
    Optional<Author> opt = repository.findById(authorId);
    simpleSourceBean.publishAuthorChange(GET, authorId);
    return (opt.isPresent()) ? opt.get() : null;
  }
  public Author create(Author author) {
    author.setId(UUID.randomUUID().toString());
    author = repository.save(author);
    simpleSourceBean.publishAuthorChange(CREATED, author.getId());
    return author;
  }
  public void update(Author author) {
    repository.save(author);
    simpleSourceBean.publishAuthorChange(UPDATED, author.getId());
  }
  public void delete(String authorId) {
    repository.deleteById(authorId);
    simpleSourceBean.publishAuthorChange(DELETED, authorId);
  }
}
```

🔊 說明

1	訊息發布整合至 Spring 的商業邏輯元件中。
6-7	注入 SimpleSourceBean 元件。
11	發布以 ActionEnum.GET 方式存取 Author 服務資料的訊息。
17	發布以 ActionEnum.CREATED 方式存取 Author 服務資料的訊息。
22	發布以 ActionEnum.UPDATED 方式存取 Author 服務資料的訊息。
26	發布以 ActionEnum.DELETED 方式存取 Author 服務資料的訊息。

7. 在訊息中該放入什麼資料？

我們應該在訊息中放入什麼資料？這類問題的標準答案是「取決於需求」。

在本書的範例中，我們只傳遞已變更的 Author 紀錄的 Author ID，和變更的方式，至於關聯 ID 是為了未來可能的追蹤和除錯使用；我們沒有在訊息中放置資料變更後的副本。

我們使用基於系統事件的訊息來告知其他服務 Author 資料狀態已變更，並且讓其他服務自己去查詢 Author 的資料來源，或是存取擁有資料的服務以取得資料的最新副本。這樣會需要額外的執行時間，但可以保證其他服務始終擁有最新的資料副本。雖然會有機率是在其他服務存取資料後，該資料馬上又被修改；但是相較於盲目地直接消費訊息主題中的資訊相比，這種情況發生的可能性又會小一些。

這種作法還可以避免一些複雜的狀況：

1. 每一個服務所要取得的資料不會完全一致，有些服務每次查詢可能需要再連結 (join) 其他資料表格；僅通知主要表格資料變更，讓各服務自行實作不同的資料存取範圍可能會讓程式邏輯變得比較單純。

2. 隨著商業邏輯資料逐漸積累，在訊息裡傳遞的資料量會逐漸變多，有可能會遇到傳遞資料「超時」的情況。

3. 傳遞的訊息若包含異動資料，通常就需要再包含資料狀態的旗標 (status flag)，然而因為某些問題讓資料在訊息佇列或主題中停留的時間太長，或者擷取某段資料的訊息顯示失敗，導致要傳遞的資料處於不一致的狀態，比如說訊息主題的訊息的資料旗標顯示資料被更新，但實際上已經被刪除。此時若應用程式依賴於訊息的狀態，而不是底層資料儲存庫的實際狀況，就可能會有問題。因此如果要在訊息中傳遞狀態，應該要確保包含時間戳記或版本號，以便使用資料的服務可以檢查訊息中傳遞的資料並確保是更新的資料。

10.2.4 在微服務專案中建立訊息消費者

到目前為止，我們已經完成 Author 服務的修改，Author 服務的資料在被存取時也會向 Kafka 發布訊息；任何感興趣的服務都可以做出反應，而不必由 Author 服務顯式呼叫。這也意味著我們可以在其他服務直接新增功能，透過監聽訊息主題來回應 Author 服務中的資料狀態變化。下圖顯示 Book 服務在 Spring Cloud 架構中的位置：

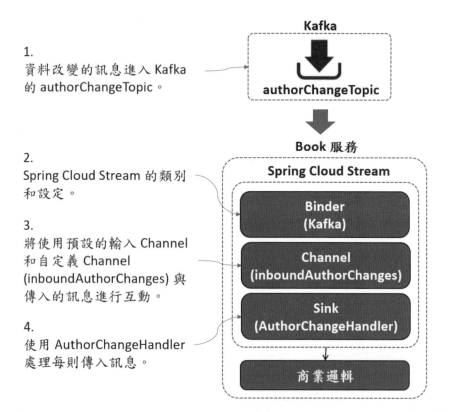

▲ 圖 10.5　Book 服務回應進入 Kafka 的訊息主題 authorChangeTopic 的訊息

接下來以 Book 服務示範如何使用 Spring Cloud Stream 來接收 Author 服務發布的訊息，步驟如後。

1. 新增 Maven 依賴項目到 pom.xml

首先是在 Book 微服務專案裡新增 Maven 必要的依賴項目：

📌 範例：/c10-book-service/pom.xml

```
1  <dependency>
2      <groupId>org.springframework.cloud</groupId>
3      <artifactId>spring-cloud-stream</artifactId>
4  </dependency>
5  <dependency>
6      <groupId>org.springframework.cloud</groupId>
7      <artifactId>spring-cloud-starter-stream-kafka</artifactId>
8  </dependency>
```

2. 使用自定義 Channel 綁定 Spring Cloud Stream 訊息代理架構

接下來要將 Book 服務整合 Spring Cloud Stream 的訊息代理架構。我們在 Book 微服務專案裡建立類別 AuthorChangeHandler 負責綁定任務：

📌 範例：/c10-book-service/src/main/java/lab/cloud/book/events/handler/AuthorChangeHandler.java

```
1   @EnableBinding(CustomSink.class)
2   public class AuthorChangeHandler {
3     private static final Logger logger =
                      LoggerFactory.getLogger(AuthorChangeHandler.class);
4     @StreamListener(CustomSink.INPUT)
5     public void loggerSink(AuthorChangeModel author) {
6       logger.debug("Received a message of type: " + author.getType());
7       logger.debug("Received a message of action:{} for author id {}"
8           , author.getAction(), author.getAuthorId());
9     }
10  }
```

類別 AuthorChangeHandler 可以負責綁定任務，關鍵在於：

1. 行 1 的標註類別 @EnableBinding(**CustomSink**.class) 的屬性值指定介面 CustomSink。該介面定義 Channel 名稱為「inboundAuthorChanges」，用於監聽傳入的訊息，如以下範例行 2：

🎯 範例：/c10-book-service/src/main/java/lab/cloud/book/events/
CustomSink.java

```
1  public interface CustomSink {
2      String INPUT = "inboundAuthorChanges";
3      @Input(CustomSink.INPUT)
4      SubscribableChannel authors();
5  }
```

2. 行 4 的 標 註 類 別 @StreamListener(**CustomSink.INPUT**) 指 定 當 Channel
「inboundAuthorChanges」收到訊息後，方法 loggerSink(AuthorChangeModel)
將被觸發，同時 Spring Cloud Stream 自動傳入將訊息反序列化後的 POJO 物
件 AuthorChangeModel。

3. 設定訊息代理和訊息主題

Spring Cloud Stream 藉由設定訊息代理和其訊息主題來監聽訊息。以 Book 微服
務專案示範新增設定如下：

🎯 範例：/c10-configserver/src/main/resources/config/
book-service.properties

```
1  spring.cloud.stream.bindings.inboundAuthorChanges.destination =
   authorChangeTopic
2  spring.cloud.stream.bindings.inboundAuthorChanges.content-type = application/
   json
3  spring.cloud.stream.bindings.inboundAuthorChanges.group = bookGroup
4  spring.cloud.stream.kafka.binder.zkNodes = zookeeper
5  spring.cloud.stream.kafka.binder.brokers = kafkaserver
```

其中行 1、2、3 都在指定 Spring Cloud Stream 中名稱為 **inboundAuthorChanges**
的 Channel 的屬性：

1. 屬性 destination 指定監聽 Kafka 的訊息主題「authorChangeTopic」。
2. 屬性 content-type 指定內容格式為「application/json」。
3. 屬性 group 指定訊息的**消費群組**名稱為「bookGroup」。微服務架構具備多個
   服務，每一個服務可以有多個實例，而且監聽同一個訊息主題。如果希望每
   一個服務都處理一則訊息的副本，而且只希望一個服務的其中一個實例去接
   收和處理這則訊息，避免重複作業；則只要所有服務實例都具有相同的群組
   名稱，Spring Cloud Stream 和底層訊息代理將保證屬於該組的服務實例只會
   接收到一個訊息副本，如下圖：

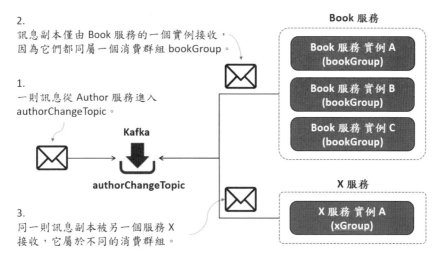

Book 服務

Book 服務 實例 A
(bookGroup)

Book 服務 實例 B
(bookGroup)

Book 服務 實例 C
(bookGroup)

X 服務

X 服務 實例 A
(xGroup)

2.
訊息副本僅由 Book 服務的一個實例接收，
因為它們都同屬一個消費群組 bookGroup。

1.
一則訊息從 Author 服務進入
authorChangeTopic。

Kafka

authorChangeTopic

3.
同一則訊息副本被另一個服務 X
接收，它屬於不同的消費群組。

▲ 圖 10.6　消費群組保證一則訊息只被一組服務實例處理一次

事實上，步驟 2 也可以改用預設的 Channel 元件 org.springframework.cloud.
stream.messaging.Sink 進行，依以下建議修改行 1 與行 4 即可：

🎯 範例：/c10-book-service/src/main/java/lab/cloud/book/events/handler/
AuthorChangeHandler.java

```
1   @EnableBinding(Sink.class)
2   public class AuthorChangeHandler {
3     private static final Logger logger =
                        LoggerFactory.getLogger(AuthorChangeHandler.class);
4     @StreamListener(Sink.INPUT)
5     public void loggerSink(AuthorChangeModel author) {
6       logger.debug("Received a message of type: " + author.getType());
7       logger.debug("Received a message of action:{} for author id {}"
8         , author.getAction(), author.getAuthorId());
9     }
10  }
```

也要同時要讓 book-service.properties 改用預設 Channel 名稱「input」。

10.2.5 驗證訊息的發送與接收

在本章範例中，每次新增、修改、刪除與查詢 Author 服務的紀錄時，都會向
Kafka 的訊息主題 authorChangeTopic 發布一則訊息；Book 服務也會非同步地由

相同訊息主題收到訊息。接下來我們將藉由新建 Author 服務與查看 Book 服務的對應日誌紀錄來驗證訊息的發送與接收。

新建 Author 服務紀錄

要新建 Author 服務紀錄，我們使用 POST 方法，透過 Service Gateway 呼叫 Author 服務的端點 http://localhost:8072/author/v1/author，並對本體 (body) 傳送以下新建 JSON 內容：

```
1  {
2      "name":"Bstock",
3      "contactName":"jim",
4      "contactEmail":"jim@gmail.com",
5      "contactPhone":"888888888"
6  }
```

藉由 Postman 得到以下測試結果：

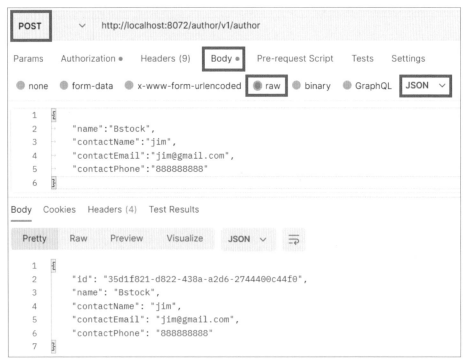

▲ 圖 10.7　以 POST 方法透過 Service Gateway 呼叫 Author 服務端點

在 Author 服務的控制台窗口可以看到以下日誌紀錄輸出：

```
2023-05-07 23:42:13.358 DEBUG 1 --- [nio-8081-exec-4] l.c.a.events.source.
SimpleSourceBean       : Sending Kafka message CREATED for Author Id: 361a36a4-
994c-41d2-b2e4-164c81f103e7
```

在 Book 服務的控制台窗口可以看到以下日誌紀錄輸出：

```
2023-05-07 23:42:13.364 DEBUG 1 --- [container-0-C-1] l.c.b.e.handler.
AuthorChangeHandler      : Received a message of action:CREATED for author id
361a36a4-994c-41d2-b2e4-164c81f103e7
```

在這過程中 Spring Cloud Stream 充當這些服務的中間人；從訊息傳遞的角度來看，這些服務彼此之間一無所知。他們使用訊息代理 Kafka 作為中介進行通訊，並使用 Spring Cloud Stream 作為訊息代理之上的抽象層。

查詢 Author 服務紀錄

接下來使用 GET 方法與剛剛建立的 Author 紀錄的 ID，透過 Service Gateway 查詢 Author 服務的端點 http://localhost:8072/author-service/v1/author/361a36a4-994c-41d2-b2e4-164c81f103e7，得到以下結果：

▲ 圖 10.8　以 GET 方法透過 Service Gateway 呼叫 Author 服務端點

在 Author 服務的控制台窗口可以看到以下日誌紀錄輸出：

```
2023-05-07 23:25:01.825 DEBUG 1 --- [nio-8081-exec-7] l.c.a.events.source.
SimpleSourceBean     : Sending Kafka message GET for Author Id: 361a36a4-994c-
41d2-b2e4-164c81f103e7
```

在 Book 服務的控制台窗口可以看到以下日誌紀錄輸出：

```
2023-05-07 23:25:01.831 DEBUG 1 --- [container-0-C-1] l.c.b.e.handler.
AuthorChangeHandler     : Received a message of action:GET for author id
361a36a4-994c-41d2-b2e4-164c81f103e7
```

10.3 結合 Redis 與 Spring Cloud Stream

我們已經完成兩個服務之間的訊息通訊，但並沒有真正對訊息做進一步的運用：

1. 在 c10-author-service 子專案裡，負責商業邏輯的 AuthorService 元件在新 / 刪 / 改 / 查表格資料之後，使用 SimpleSourceBean 發布訊息。
2. 在 c10-book-service 子專案裡，使用元件 AuthorChangeHandler 的 loggerSink() 方法接收訊息，但沒有下一步動作。

接下來，我們將建構在本章開始時討論過的分散式快取機制。為此，Book 服務會檢查分散式 Redis 快取以查詢與其關聯的 Author 資料：

1. 如果 Author 資料存在於 Redis 快取中，我們將從 Redis 中取回資料；如果不存在，我們將呼叫 Author 服務並將呼叫結果儲存在 Redis 快取。
2. 當 Author 服務中有資料更新時，Author 服務會向 Kafka 發布訊息；Book 服務在接收訊息後會刪除 Redis 快取。

10.3.1 設定 Redis 的 Docker 環境

在微服務的架構裡，當多個服務都需要共用同一份快取資料的時候，就會使用分散式快取的解決方案。**分散式快取**是由多個服務所共用的快取，通常會以外部服務的形式讓其他服務使用，它的優勢有：

1. 可以提供多個服務共用同一份資料。
2. 在應用程式重新部署或是服務重新啟動時，共用的快取資料不會遺失。
3. 不使用本機記憶體。

本章範例使用 Redis 作為分散式快取的解決方案。可以藉由 Redis：

1. 提高常用資料的查詢效能。Redis 可以透過鍵值取得資料，而資料庫是藉由索引提高查詢效能，因此使用快取來取代資料庫讀取可以顯著提高關鍵服務的效能。
2. 提高服務的彈性 (resiliency) 與容錯能力，以便當儲存主資料的資料庫出現效能問題時，服務可以正常降級。在快取中保留的資料，可以減少在資料庫存取時可能遇到的問題。

接下來把 Redis 服務增加到本章微服務專案的 Docker 環境中，修改 docker-compose.yml 文件並新增相關內容如下：

📄 範例：/c10-bstock-parent/c10-docker/docker-compose.yml

```
1  redisserver:
2      image: redis:alpine
3      ports:
4        - 6379:6379
5      networks:
6        backend:
7          aliases:
8            - "redis"
```

10.3.2 使用 Redis 快取

在本節中我們將設定 Book 微服務專案以使用 Redis。因為 Spring Data 整合 Redis 可以簡化很多操作，我們只需要執行以下操作：

1. 新增 Spring Data Redis 的 Maven 依賴項目到 Book 微服務專案。
2. 設定與 Redis 的連線。
3. 定義可以和 Redis 雜湊 (Hash) 交互作用的 Spring Data Redis 的 Repository 元件。
4. 在 Book 微服務專案使用 Redis 以儲存和讀取 Author 資料。

分述如後。

1. 新增 Maven 依賴項目到 pom.xml

我們需要做的第一件事是將 spring-data-redis 與 jedis 的 Maven 依賴項目新增至 Book 服務的 pom.xml 文件中：

🎯 範例：/c10-book-service/pom.xml

```
1  <dependency>
2      <groupId>org.springframework.data</groupId>
3      <artifactId>spring-data-redis</artifactId>
4  </dependency>
5  <dependency>
6      <groupId>redis.clients</groupId>
7      <artifactId>jedis</artifactId>
8      <type>jar</type>
9  </dependency>
```

2. 設定與 Redis 的連線

完成 Maven 的依賴項目設定後，接下來需要連接 Redis 伺服器。Redis 伺服器的主機和埠號設定如下：

🎯 範例：/c10-configserver/src/main/resources/config/
book-service.properties

```
1  redis.server = redis
2  redis.port = 6379
```

後續我們將使用 ServiceConfig 類別讀取 Redis 的 redis.serve 主機位址和 redis. port 埠號的設定：

🎯 範例：/c10-book-service/src/main/java/lab/cloud/book/config/
ServiceConfig.java

```
1  @Component
2  @Getter
3  public class ServiceConfig {
4      @Value("${redis.server}")
5      private String redisServer;
6      @Value("${redis.port}")
7      private String redisPort;
8      // others...
9  }
```

Spring 使用 Jedis 開源專案 (https://github.com/xetorthio/jedis) 與 Redis 伺服器協同作業，範例程式需要：

1. 定義 Spring 的 Bean 元件 JedisConnectionFactory 以提供與 Redis 的連線，如以下範例行 6-12。
2. 定義 Spring 的 Bean 元件 RedisTemplate，類似於 JdbcTemplate，如以下範例行 13-18。如此後續建立的 Repository 元件可以使用 RedisTemplate：
   * 由 Redis 查詢 Author 服務快取資料。
   * 儲存 Author 服務資料至 Redis。

🎯 範例：/c10-book-service/src/main/java/lab/cloud/book/
C10BookServiceApplication.java

```
1   @SpringBootApplication
2   // others...
3   public class C10BookServiceApplication {
4     @Autowired
5     private ServiceConfig serviceConfig;
6     @Bean
7     public JedisConnectionFactory jedisConnectionFactory() {
8       String hostname = serviceConfig.getRedisServer();
9       int port = Integer.parseInt(serviceConfig.getRedisPort());
10      RedisStandaloneConfiguration redisStandaloneConfiguration =
                          new RedisStandaloneConfiguration(hostname, port);
11      return new JedisConnectionFactory(redisStandaloneConfiguration);
12    }
13    @Bean
14    public RedisTemplate<String, Object> redisTemplate() {
15      RedisTemplate<String, Object> template = new RedisTemplate<>();
16      template.setConnectionFactory(jedisConnectionFactory());
17      return template;
18    }
19    // others...
20  }
```

3. 建立 Spring Data Redis 的 Repository 元件

設定 Book 服務使用 Redis 的基礎工作已經完成，接下來需要建立 Spring Data Redis 的 Repository 以存取 Redis Cache。

Redis 是一個以鍵 - 值對 (key-value) 形式儲存資料的儲存庫，好比一個存在記憶體裡的大型 HashMap。在最簡單的情況下，它可以使用鍵 (key) 儲存和查詢資料，不需要任何復雜的查詢語言來擷取資料。它的簡單造就了優勢，也是開發人員在專案中採用它的原因之一。

如同 Spring Data 整合 JPA 後可以定義 Repository 元件來存取 Postgres 資料庫，因而無須編寫 SQL 查詢；本章範例將整合 Spring Data 與 Redis，因此也可以定義 Repository 元件：

🎯 範例：/c10-book-service/src/main/java/lab/cloud/book/repository/
AuthorRedisRepository.java

```
1  @Repository
2  public interface AuthorRedisRepository extends CrudRepository<Author, String> {
3  }
```

藉由繼承 CrudRepository 介面，介面 AuthorRedisRepository 將具備在 Redis 新增、修改、刪除與查詢快取的能力。

介面泛型使用的 Entity 類別 Author。因為儲存在 Redis，需要使用 @RedisHash 標註資料結構使用雜湊 (Hash)、與該資料結構名稱，如以下範例行 4：

🎯 範例：/c10-book-service/src/main/java/lab/cloud/book/model/Author.java

```
1  @Getter
2  @Setter
3  @ToString
4  @RedisHash("author")
5  public class Author extends RepresentationModel<Author> {
6      @Id
7      String id;
8      String name;
9      String contactName;
10     String contactEmail;
11     String contactPhone;
12 }
```

4. 使用 Redis 儲存和讀取 Author 資料

現在我們已經有了存取 Redis 需要的 Repository 元件，最後是修改 Book 微服務專案，以便每次 Book 服務在需要 Author 資料時，都可以在呼叫前檢查 Redis快取：

範例：/c10-book-service/src/main/java/lab/cloud/book/service/client/AuthorRestTemplateClient.java

```
1   @Component
2   public class AuthorRestTemplateClient {
3     private static final Logger logger =
                                    getLogger(AuthorRestTemplateClient.class);
4     @Autowired
5     RestTemplate restTemplate;
6     @Autowired
7     AuthorRedisRepository redisRepository;
8     private Author getAuthorCache(String authorId) {
9       try {
10        return redisRepository.findById(authorId).orElse(null);
11      } catch (Exception ex) {
12        logger.error("Failed to get author {} from Redis. Exception: {}.",
13            authorId, ex);
14        return null;
15      }
16    }
17    private void saveAuthorCache(Author author) {
18      try {
19        redisRepository.save(author);
20      } catch (Exception ex) {
21        logger.error("Failed to save author {} to Redis. Exception: {}.",
22            author.getId(), ex);
23      }
24    }
25    public Author getAuthor(String authorId) {
26      logger.debug("Book Service try to getAuthor: {}.", authorId);
27      Author author = getAuthorCache(authorId);
28      if (author != null) {
29        logger.debug("Get an author {} from the redis: {}.", authorId, author);
30        return author;
31      }
32      logger.debug("Unable to get author cache from redis: {}.", authorId);
33      String url = "http://gateway:8072/author/v1/author/{authorId}";
34      ResponseEntity<Author> restExchange = restTemplate.exchange(url,
```

```
35              HttpMethod.GET, null, Author.class, authorId);
36      author = restExchange.getBody();
37      if (author != null) {
38          saveAuthorCache(author);
39      }
40      return restExchange.getBody();
41  }
42 }
```

🔊 說明

6-7	注入 AuthorRedisRepository 元件。
8-16	使用 CrudRepository 的 findById() 方法由 Redis 中查詢 Author 快取。
17-24	使用 CrudRepository 的 save() 方法將 Author 物件儲存至 Redis。
27	由 Redis 中查詢 Author 快取。
28-31	如果 Author 快取存在，就直接回傳查詢結果。
32-36	如果 Author 快取不存在，呼叫 Author 服務以取得 Author 物件。
37-39	如果 Author 服務可以取得 Author 物件，則儲存到 Redis 中。

要注意的是，在整個程式的資料存取邏輯中，與快取交互時要密切注意異常處理。為了提高提高服務的韌性與容錯能力，即便我們無法與 Redis 伺服器通訊也不應該讓整個呼叫失敗；相反地，我們記錄異常並改呼叫 Author 服務取得資料。在這個使用情境裡，快取旨在幫助提高效能，快取伺服器的異常不應影響呼叫的成功。

5. 驗證結果

為了驗證 Book 服務對 Redis 的存取狀況，我們首先以 GET 方法存取端點 http://localhost:8072/book-service/v1/author/author-id-1/book/book-id-1，將可以在 Book 服務的控制台窗口可以看到以下日誌紀錄輸出：

```
1  2023-05-08 22:05:28.994 DEBUG 1 --- [nio-8080-exec-1] l.c.b.s.client.
   AuthorRestTemplateClient  : Book Service try to getAuthor: author-id-1.
2  2023-05-08 22:05:29.067 DEBUG 1 --- [nio-8080-exec-1] l.c.b.s.client.
   AuthorRestTemplateClient  : Unable to get author cache from redis: author-
   id-1.
```

因為第一次無法自 Redis 中取得 Author 快取，將呼叫 Author 服務取得 Author 物件並儲存在 Redis 中。因此也可以在 Author 服務的控制台窗口可以看到 Spring Cloud Stream 發出訊息給 Kafka：

```
2023-05-08 22:05:29.224 DEBUG 1 --- [nio-8081-exec-1] l.c.a.events.source.
SimpleSourceBean        : Sending Kafka message GET for Author Id: author-id-1
```

再以 GET 方法存取相同端點 http://localhost:8072/book-service/v1/author/author-id-1/book/book-id-1，將可以在 Book 服務的控制台窗口可以看到以下日誌紀錄輸出：

1. 自 Kafka 中接收 Author 服務發出的存取訊息，如以下日誌紀錄行 1-2。
2. 自 Redis 中取得 Author 快取，如以下日誌紀錄行 3-4。

```
2023-05-08 22:05:29.311 DEBUG 1 --- [container-0-C-1] l.c.b.e.handler.
AuthorChangeHandler        : Received a message of type: lab.cloud.author.
events.model.AuthorChangeModel
2023-05-08 22:05:29.311 DEBUG 1 --- [container-0-C-1] l.c.b.e.handler.
AuthorChangeHandler        : Received a message of action:GET from the author
service for author id author-id-1
2023-05-08 22:06:21.568 DEBUG 1 --- [nio-8080-exec-2] l.c.b.s.client.
AuthorRestTemplateClient  : Book Service try to getAuthor: author-id-1.
2023-05-08 22:06:21.578 DEBUG 1 --- [nio-8080-exec-2] l.c.b.s.client.
AuthorRestTemplateClient  : Get an author author-id-1 from the redis:
Author(id=author-id-1, name=Bstock, contactName=jim, contactEmail=jim@gmail.
com, contactPhone=888888888).
```

10.4 使用 Spring Cloud Stream 的 函數式編程模型

由 /c10-author-service/pom.xml 與 /c10-book-service/pom.xml，本章範例使用的 Spring Cloud 版本是「2021.0.5」；參考 Maven 對 Spring Cloud 的子專案的相依性建議 (https://mvnrepository.com/artifact/org.springframework.cloud/spring-cloud-dependencies/2021.0.5)，Spring Cloud Stream 應該使用的版本是「3.2.6」。

然而 Spring Cloud Stream 自版本「3.1」開始，建議應該使用「**函數式編程模型 (functional programming model)**」，因此框架提供的元件如 @Input、

@Output、@EnableBinding、@StreamListener 等都已經被 @Deprecated 標註為棄用，顯示訊息為「as of 3.1 in favor of functional programming model」：

```
 11  @EnableBinding(CustomChannels.class)
 12  public class AuthorChangeHandler {
 13      private static final Logger Logger = LoggerFactory.g
 14⊖     @StreamListener("inboundAuthorChanges")
 15      public void loggerSink(AuthorChangeModel author) {
 16          Logger.debug("Received a message of type: " + au
 17          Logger.debug("Received a message of action:{} fr
 18              author.getAction(), author.getAuthorId()
 19      }
 20  }
```

▲ 圖 10.9　Spring Cloud Stream 的元件被標註棄用

在本範例專案中，直接或間接影響的類別如下：

1. /c10-author-service/src/main/java/lab/cloud/author/
   C10AuthorServiceApplication.java

2. /c10-author-service/src/main/java/lab/cloud/author/events/source/
   SimpleSourceBean.java

3. /c10-book-service/src/main/java/lab/cloud/book/events/handler/
   AuthorChangeHandler.java

4. /c10-book-service/src/main/java/lab/cloud/book/events/**CustomSink**.java

Spring Cloud Stream 的版本可以參考 Maven 儲存庫 https://mvnrepository.com/artifact/org.springframework.cloud/spring-cloud-stream。

若將版本由 3.2.6 改為「3.0.13.RELEASE」，亦即 3.1 前的最後版本，相關元件就不會被標註為棄用：

🎯 **範例**：/c10-author-service/pom.xml、/c10-book-service/pom.xml

```
1  <dependency>
2      <groupId>org.springframework.cloud</groupId>
3      <artifactId>spring-cloud-stream</artifactId>
4      <version>3.0.13.RELEASE</version>
5  </dependency>
```

後續將保留 spring-cloud-stream 相應於 Spring Cloud 2021.0.5 的版本，並分別在訊息生產者與訊息消費者示範使用函數式編程模型。

10.4.1 調整訊息生產者改使用函數式編程模型

步驟如下：

1. 移除 @EnableBinding

移除或註解 @EnableBinding(Source.class)，如以下範例行 3：

🎯 **範例**：/c10-author-service/src/main/java/lab/cloud/author/
C10AuthorServiceApplication.java

```
1  @SpringBootApplication
2  @RefreshScope
3  //@EnableBinding(Source.class)
4  public class C10AuthorServiceApplication {
5      public static void main(String[] args) {
6          SpringApplication.run(C10AuthorServiceApplication.class, args);
7      }
8  }
```

2. 以 StreamBridge 元件取代介面 Source

調整 SimpleSourceBean 如下。行 4-5 以 StreamBridge 元件取代介面 Source，行 11 直接呼叫 send() 方法：

1. 第一個參數指定**繫結 (binding)** 名稱為 mybinding，將同時用於訊息生產者與訊息消費者的設定檔。
2. 第二個參數是傳送的訊息，為 Object 型態，這裡使用 AuthorChangeModel 元件不變。

🎯 **範例**：/c10-author-service/src/main/java/lab/cloud/author/events/source/
SimpleSourceBean.java

```
1  @Component
2  public class SimpleSourceBean {
3      private static final Logger logger =
                              LoggerFactory.getLogger(SimpleSourceBean.class);
4      @Autowired
5      private StreamBridge streamBridge;
6      public void publishAuthorChange(ActionEnum action, String authorId) {
7          logger.debug("Sending Kafka message {} for Author Id: {}",
```

```
8              action, authorId);
9       AuthorChangeModel change = new AuthorChangeModel(
10             AuthorChangeModel.class.getTypeName(), action, authorId);
11      streamBridge.send("mybinding", change);
12    }
13 }
```

3. 修正設定檔的繫結 (binding) 名稱

配合 StreamBridge 元件的使用，將繫結名稱由原本預設的 output 改為 mybinding，其餘不變：

📌 **範例**：/c10-configserver/src/main/resources/config/ author-service.properties

```
1  # default channel
2  # spring.cloud.stream.bindings.output.destination = authorChangeTopic
3  # spring.cloud.stream.bindings.output.content-type = application/json
4
5  # functional programming model
6  spring.cloud.stream.bindings.mybinding.destination = authorChangeTopic
7  spring.cloud.stream.bindings.mybinding.content-type = application/json
```

10.4.2 調整訊息消費者改使用函數式編程模型

1. 移除 @EnableBinding 和 @StreamListener

首先調整 AuthorChangeHandler，步驟為：

1. 移除或註解棄用的標註類別 @EnableBinding 和 @StreamListener，如以下範例行 2 與行 6。

2. 將類別 AuthorChangeHandler 以 @Configuration 標註後改變為設定類別，並將原本方法 loggerSink() 由 void 改為回傳 Consumer<AuthorChangeModel>，然後以 @Bean 標註。

3. 承上，表示方法 loggerSink() 回傳的 Consumer<AuthorChangeModel> 物件將由 Spring 框架控管生命週期，負責訊息的接收！其接收的訊息來源由後續說明的設定檔決定。

💇 範例：/c10-book-service/src/main/java/lab/cloud/book/events/handler/
AuthorChangeHandler.java

```
1  @Configuration
2  // @EnableBinding(CustomSink.class)
3  public class AuthorChangeHandler {
4    private static final Logger logger =
                          LoggerFactory.getLogger(AuthorChangeHandler.class);
5    @Bean
6  // @StreamListener("inboundAuthorChanges")
7    public Consumer<AuthorChangeModel> loggerSink() {
8      return author -> {
9        logger.debug("Received a message of type: " + author.getType());
10       logger.debug("Received a message of action:{} for author id {}",
11             author.getAction(), author.getAuthorId());
12     };
13   }
14 }
```

2. 修正設定檔

設定檔也要調整：

💇 範例：/c10-configserver/src/main/resources/config/
book-service.properties

```
1  # custom channel
2  # spring.cloud.stream.bindings.inboundAuthorChanges.destination =
   authorChangeTopic
3  # spring.cloud.stream.bindings.inboundAuthorChanges.content-type =
   application/json
4  # spring.cloud.stream.bindings.inboundAuthorChanges.group = bookGroup
5
6  # functional programming model
7  spring.cloud.stream.bindings.mybinding.destination = authorChangeTopic
8  spring.cloud.stream.bindings.mybinding.content-type = application/json
9  spring.cloud.stream.function.definition = loggerSink
10 spring.cloud.stream.function.bindings.loggerSink-in-0 = mybinding
```

步驟為：

1. 將繫結名稱由原本自定義的 inboundAuthorChanges 改為 mybinding，如範例
   行 7 與行 8。
2. 設定訊息接收元件的方法名稱 loggerSink，如範例行 9。

3. 範例行 10 連結接收元件的方法名稱 loggerSink 與繫結 mybinding，但注意方法名稱放在參數末端，且其格式如下。Index 為流水號，本例只有一個因此為 0，得到結果為 loggerSink-**in**-0：

```
1   <functionName> + -in- + <index>
```

11

使用 Spring Cloud Sleuth 與 Zipkin 追蹤微服務架構

本章提要

11.1 簡介 Spring Cloud Sleuth

11.2 使用 Spring Cloud Sleuth 與 ELK Stack 彙整日誌紀錄

11.3 使用 Zipkin 進行分散式追蹤

▌11.1 簡介 Spring Cloud Sleuth

11.1.1 微服務架構下追蹤與除錯的難題

微服務架構是一種強大的設計，它可以將複雜的單體軟體系統分解為更小，而且更易於管理，因為每一個部分可以相互獨立地建構和部署。然而，這種靈活性的代價就是造就了複雜性。

因為微服務本質上是分散式的，當試圖在出現問題的地方進行除錯就變的不容易。服務的分散式特性意味著我們可能需要跨多個服務、硬體主機和不同的資料儲存來追蹤一個或多個交易，然後嘗試拼湊還原事情真相。本章介紹幾種分散式服務的除錯技巧，關鍵是：

1. 使用**關聯 ID(correlation ID)** 將跨多個服務的交易或操作串接在一起。
2. 將來自各種服務的日誌紀錄彙整成一個可搜尋的資料來源。

3. 將跨多個服務的使用者交易流程做視覺化呈現，以了解交易裡各部分的效能特徵。

4. 使用 ELK Stack 工具進行日誌紀錄的及時分析、搜尋和視覺化呈現。

為此，我們將使用以下技術和工具：

1. **Spring Cloud Sleuth (https://cloud.spring.io/spring-cloud-sleuth/reference/html/)**：Spring Cloud Sleuth 使用追蹤 ID，等同於關聯 ID，檢測傳入的 HTTP 請求。透過新增過濾器並與其他 Spring 元件交互作用，它可以傳遞追蹤 ID 或關聯 ID 給所有呼叫的服務。

2. **Zipkin (https://zipkin.io/)**：Zipkin 是一種開源的資料視覺化工具，可顯示跨多個服務的交易流程。Zipkin 允許我們將交易拆解，並直觀地識別可能存在效能瓶頸的熱點。

3. **ELK Stack (https://www.elastic.co/what-is/elk-stack)**：ELK Stack 結合了三個開源工具，分別是 Elasticsearch、Logstash 和 Kibana，讓我們能夠及時分析、搜尋和視覺化日誌紀錄：

   * Elasticsearch 是一個分散式分析引擎，適用於所有類型的資料，包含結構化和非結構化資料、數字、文字等。

   * Logstash 是一種伺服器端資料輸送管線 (pipeline)，它允許我們同時從多個來源新增和提取資料，並在資料被 Elasticsearch 索引之前對其進行轉換。

   * Kibana 是 Elasticsearch 的視覺化呈現和資料管理工具。它提供及時的圖表、地圖和直方圖 (histograms) 等。

本章的內容將由關聯 ID 開始，因為它是追蹤流程的關鍵；也因此本章會和先前介紹 Service Gateway 的前置和後置過濾器內容有較深的連結。

11.1.2 使用 Spring Cloud Sleuth 追蹤服務軌跡

Spring Cloud Sleuth 和關聯 ID

本書在第 7 章和第 8 章中曾經介紹關聯 ID 的概念。它是使用 UUID 隨機生成的字串，會在服務流程啟動時分配給服務，然後再從一個服務呼叫傳播到下一個服務呼叫。

在第 8 章時，我們使用了 Spring Cloud Gateway 過濾器來檢查所有傳入的 HTTP 請求；如果關聯 ID 不存在，就產生關聯 ID 並注入到請求中。一旦關聯 ID 存在，我們就在每一個微服務專案上使用自定義的 UserContextFilter 過濾器將傳入的變數封裝到 UserContext 物件中。有了 UserContext 物件，我們可以將關聯 ID 寫入日誌紀錄，或者將關聯 ID 直接新增到 Spring 的 Mapped Diagnostic Context (MDC)，都可以協助我們追蹤問題。MDC 如其名是一個 Map 概念，它將關鍵的應用程式的日誌紀錄以鍵 - 值對的形式儲存。此外我們還撰寫了一個 UserContextInterceptor 攔截器，透過將關聯 ID 新增到下一個呼叫的微服務的 HTTP 標頭來確保所有服務的 HTTP 呼叫都能傳播關聯 ID。

幸運的是，Spring Cloud Sleuth 將為我們管理所有這些程式碼的架構和複雜性。只要將 Spring Cloud Sleuth 新增到 Book 和 Author 服務中，可以發現：

1. 如果不存在關聯 ID，將自動建立關聯 ID 並將其注入服務呼叫中。
2. 自動對下游服務傳遞關聯 ID。
3. 關聯 ID 自動被 Spring Boot 預設的 Slf4J 和 Logback 實作記錄到 Spring 的 MDC 日誌紀錄中。
4. 可以選擇是否將服務呼叫時使用的追蹤資訊發佈到 Zipkin 分散式追蹤平台上。

新增 Spring Cloud Sleuth 至 Book 和 Author 微服務專案

要在微服務專案 Book 與 Author 中使用 Spring Cloud Sleuth，需要在兩個服務的 pom.xml 文件裡新增 spring-cloud-starter-sleuth 依賴項目，如下：

🎯 **範例**：/c11-book-service/pom.xml、/c11-author-service/pom.xml

```
1  <dependency>
2      <groupId> org.springframework.cloud </groupId>
3      <artifactId>spring-cloud-starter-sleuth</artifactId>
4  </dependency>
```

它的作用是：

1. 檢查每一個服務呼叫是否都存在 Spring Cloud Sleuth 的追蹤資訊。如果存在，這些追蹤資訊將自動提供給服務進行日誌紀錄和處理。
2. 新增 Spring Cloud Sleuth 的追蹤資訊至 Spring MDC 中。
3. 注入 Spring Cloud Sleuth 的追蹤資訊至服務呼叫與訊息傳遞中。

Spring Cloud Sleuth 的追蹤機制

如果設定正確，由微服務專案產生的日誌紀錄都將包含 Spring Cloud Sleuth 的追蹤資訊。Spring Cloud Sleuth 可以在每一筆的日誌紀錄裡加入 4 個資訊：

1. **應用程式名稱**：如果服務設定檔未設定 spring.application.name 的屬性值，預設是 Spring。
2. **追蹤 ID (Trace ID)**：等同於過去我們自定義的關聯 ID，用於每一次服務呼叫時連接上下游服務的識別字串。每一次請求都會產生不同的追蹤 ID，關聯的上下游服務都會顯示該追蹤 ID。
3. **跨度 ID (Span ID)**：代表每一次呼叫時各分段服務的識別 ID。參與交易或流程的每一個服務都有自己的跨度 ID，隨著執行緒不同，跨度 ID 會改變；它也是整合 Zipkin 以提供視覺化交易過程的關鍵。
4. **是否匯出至 Zipkin**：是否發送追蹤資料到 Zipkin，結果可以是 true 或 false。在大量呼叫服務時，生成的追蹤資料量將相當可觀，但並非所有追蹤都有分析的價值，Spring Cloud Sleuth 可以決定何時以及如何匯出資料給 Zipkin。**這個顯示在比較新的 Spring Cloud 版本已經移除**，參閱 https://stackoverflow.com/questions/74374833/zipkin-export-flag-is-not-getting-printed-in-the-spring-boot-application-logs。本書使用版本為 2021.0.5 因此不會顯示。

在預設情況下，一開始的跨度 ID 會與追蹤 ID 相同，之後跨度 ID 會改變。

例如以 GET 方法存取端點 http://localhost:8081/v1/author/author-id-1 時，因為會涉及訊息發送與接收，因此將跨 Author 與 Book 兩個服務。檢視日誌紀錄內容如下，為精簡版面，已移除開頭的日期時間：

1. Author 服務的日誌紀錄

```
1  INFO [author-service,196d0dc299fcedf2,196d0dc299fcedf2] 1 --- [nio-8081-
   exec-1] o.a.c.c.C.[Tomcat].[localhost].[/]          :
   Initializing Spring DispatcherServlet 'dispatcherServlet'
2  DEBUG [author-service,196d0dc299fcedf2,196d0dc299fcedf2] 1 --- [nio-8081-
   exec-1] l.cloud.author.utils.UserContextFilter      :
   Author Service Incoming Correlation id: null
3  DEBUG [author-service,196d0dc299fcedf2,196d0dc299fcedf2] 1 --- [nio-8081-
   exec-1] l.c.author.controller.AuthorController       :
   Entering the getAuthor() method for the authorId: author-id-1
4  DEBUG [author-service,196d0dc299fcedf2,4e4ff6cfe0df901f] 1 --- [nio-8081-
   exec-1] l.c.a.events.source.SimpleSourceBean         :
   Sending Kafka message GET for Author Id: author-id-1
5  DEBUG [author-service,196d0dc299fcedf2,4e4ff6cfe0df901f] 1 --- [nio-8081-
   exec-1] lab.cloud.author.service.AuthorService       :
   Retrieving Author Info: Author(id=author-id-1, name=Bstock, contactName=jim,
   contactEmail=jim@gmail.com, contactPhone=888888888)
```

如以上紀錄顯示，Spring Cloud Sleuth 的追蹤資訊會顯示在 log level 後的中括號 [ ] 內：

1. 一開始是服務名稱「author-service」，同一個服務看到的所有日誌紀錄的服務名稱應該都相同。

2. 接下來是追蹤 ID「196d0dc299fcedf2」，因為呼叫端點一次，在 Author 與 Book 兩個服務的日誌紀錄都應該相同。若再呼叫一次端點，就會不同。

3. 最後是跨度 ID：

   * 前三筆為「196d0dc299fcedf2」，和呼叫 Controller 相關，算是一個跨度。一開始的跨度 ID 會與追蹤 ID 相同，之後跨度 ID 會改變。

   * 後兩筆是「4e4ff6cfe0df901f」，和呼叫訊息代理發送訊息相關，是另一個跨度。

2. Book 服務的日誌紀錄

```
1  DEBUG [book-service,196d0dc299fcedf2,80fd9ca02ed01be1] 1 --- [container-
   0-C-1] l.c.b.e.handler.AuthorChangeHandler          : Received a message of type:
   lab.cloud.author.events.model.AuthorChangeModel
2  DEBUG [book-service,196d0dc299fcedf2,80fd9ca02ed01be1] 1 --- [container-
   0-C-1] l.c.b.e.handler.AuthorChangeHandler          : Received a message of
   action:GET for author id author-id-1
```

1. 一開始是服務名稱「book-service」。
2. 接下來是追蹤 ID「196d0dc299fcedf2」，與 Author 服務顯示的追蹤 ID 相同。
3. 最後是跨度 ID「80fd9ca02ed01be1」，和訊息代理接收訊息相關。

目前為止我們僅透過在 pom.xml 裡新增一個啟動器 spring-cloud-starter-sleuth，就取代了在第 7 章和第 8 章中建構的所有關聯 ID 的基礎架構。

11.2 使用 Spring Cloud Sleuth 與 ELK Stack 彙整日誌紀錄

在大規模的微服務環境，尤其是在雲端，日誌紀錄是除錯的重要工具。然而基於微服務的應用程式的功能被分解為小的、顆粒狀的服務；我們又可以為單一服務提供多個服務實例，因此試圖將除錯與來自多個服務的日誌紀錄整合起來，可能非常不容易。想要跨多個服務或伺服器進行程式除錯的開發人員通常會有以下經驗：

1. 登錄多台伺服器檢查每台伺服器上的日誌。這是一個麻煩的工作，尤其是當所關注的服務具有不同的交易量導致日誌紀錄以不同的速度增長時，巨大的日誌紀錄檔案可能再被自動分拆。
2. 自己撰寫一些查詢的腳本程式，嘗試解析日誌並識別相關紀錄。因為每一個查詢都可能不同，必須建立許多不同的腳本程式。
3. 嘗試備份伺服器上的大量日誌紀錄時，可能因此延長降級服務的恢復時間。如果託管服務的伺服器完全崩潰，日誌可能會丟失。

這些問題都是我們經常會遇到的實際問題。除錯時要跨分散式伺服器是一件麻煩的工作，會明顯增加工作負擔。一個比較好的方法是將我們所有服務實例的日誌及時彙整到一個集中的地方，讓日誌紀錄可以在這裡進行索引和搜尋，示意如下圖：

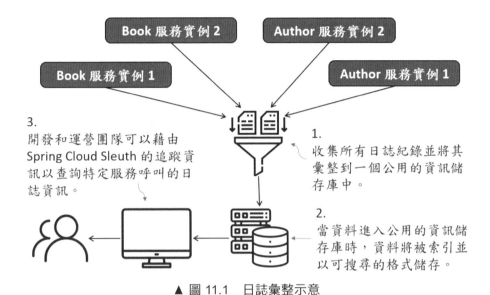

▲ 圖 11.1　日誌彙整示意

市面上有多種開源和商業化產品可以幫助我們實現上圖的日誌彙整架構，也有在地端 (on-premises) 或基於雲 (cloud-based) 的解決方案可以選擇。常見如下表：

產品名稱	產品屬性	產品摘要
ELK Stack (Elasticsearch, Logstash, Kibana)	Commercial Open source	https://www.elastic.co/what-is/elk-stack 通用的搜索引擎 藉由 ELK Stack 彙整日誌紀錄 通常用於地端
Graylog	Commercial Open source	https://www.graylog.org/ 通常用於地端
Splunk	Commercial	https://www.splunk.com/ 歷史悠久、功能全面的日誌管理工具 最初常用於地端，現在提供雲端產品
Sumo Logic	Commercial Freemium	https://www.sumologic.com/ 僅用於雲端服務
Papertrail	Commercial Freemium	https://www.papertrail.com/ 僅用於雲端服務

註：表格裡的 Freemium，常見翻譯為「免費增值」，是「免費 (free)」和「額外費用 (premium)」的結合新名詞。它是一種應用於特殊軟體，如影像、多媒體、遊戲或 Web 服務等的商業模式，可以提供長時間的免費使用，但其中的一些進階特性、功能或虛擬物品則需要付費。

本書將以 ELK 為例，說明如何整合 Spring Cloud Sleuth 支援的日誌機制。選擇 ELK Stack 的原因是：

1. ELK 是開源的，且設定與使用均簡單，適合當範例。
2. ELK 是一個完整的工具，允許我們對不同服務生成的日誌紀錄做及時彙整、搜尋、分析和視覺化呈現。

11.2.1　整合 ELK Stack 與 Spring Cloud Sleuth

在圖 11.1 中我們看到了一個通用的日誌紀錄彙整架構，接下來要整合 ELK Stack 與 Spring Cloud Sleuth 以實現這樣的架構，步驟是：

1. 在微服務專案中設定使用 Logback。
2. 在 Docker 容器中定義和執行 ELK Stack 應用程式，包含 Elasticsearch、Logstash、Kibana。
3. 設定和使用 Kibana 網站頁面。
4. 查詢 Spring Cloud Sleuth 的追蹤 ID 以驗證和 ELK Stack 的整合成效。

圖 11.2 顯示整合 Spring Cloud Sleuth 和 ELK Stack 的結果。

在圖 11.2 中，Book 服務、Author 服務和 Service Gateway 藉由 TCP 協定發送日誌紀錄給 Logstash。Logstash 扮演資料輸送管線 (pipeline) 的角色，將接收、過濾、轉換資料並將其傳送到中央資料儲存庫 Elasticsearch。Elasticsearch 以可搜尋的格式對資料進行索引和儲存，最終由 Kibana 負責呈現搜尋的結果。

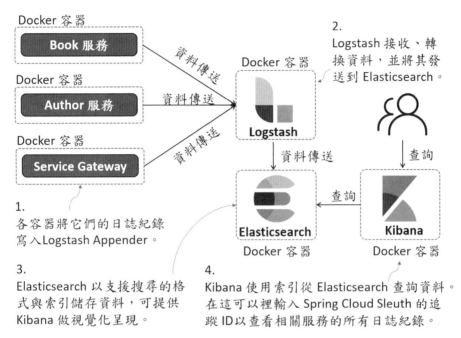

▲ 圖 11.2 使用 ELK Stack 實作日誌彙整架構

此時，我們可以建立一個特定的查詢索引並輸入一個 Spring Cloud Sleuth 的追蹤 ID，以查看包含該追蹤 ID 的所有不同服務的日誌紀錄。資料儲存後，我們只需使用 Kibana 就可以查詢及時日誌。

11.2.2 在服務中設定 Logback

Logback 是 Java 社群中使用相當廣泛的日誌紀錄框架，有一種說法是 Logback 是 Log4j 1.x 的延伸，因為這兩個專案都是由同一組開發人員建立的，如果開發者已經熟悉 Log4j 1.x 將可以很快上手 Logback。

Logback 目前也是 Spring Boot 預設的日誌紀錄框架。

現在我們已經了解 ELK Stack 的日誌架構，整合的第一個步驟是讓微服務專案可以藉由使用 Logback 將日誌紀錄資訊傳送到 Logstash。為此，我們需要執行以下操作：

1. 在 pom.xml 中新增 logstash-logback-encoder 的依賴函式庫

首先，我們需要將 logstash-logback-encoder 依賴函式庫新增到 Author、Book 和 Service Gateway 等微服務專案的 pom.xml 文件中：

🎯 範例：/c11-author-service/pom.xml、/c11-book-service/pom.xml、
　　/c11-gatewayserver/pom.xml

```
1  <dependency>
2      <groupId>net.logstash.logback</groupId>
3      <artifactId>logstash-logback-encoder</artifactId>
4      <version>7.1</version>
5  </dependency>
```

2. 在 Logback 設定文件中使用 LogstashTcpSocketAppender

將依賴函式庫 logstash-logback-encoder 新增到每一個微服務專案的 Maven 後，我們需要讓微服務專案的 Logback 套件與 Logstash 通訊並發送日誌紀錄。預設情況下 Logback 以純文字格式建立應用程式日誌紀錄，但為了使用 Elasticsearch 索引，我們需要以 JSON 格式發送日誌紀錄，可以透過三種方式實現這個目的：

1. 使用 net.logstash.logback.encoder.**LogstashEncoder** 類別。
2. 使用 net.logstash.logback.encoder.**LoggingEventCompositeJsonEncoder** 類別。
3. 使用 Logstash 解析明文 (plain-text) 的日誌紀錄。

本書範例將使用選項 1 的 LogstashEncoder，因為它實作起來最簡單，而且在這個範例我們不需要在日誌紀錄中輸出新增的欄位資料。

若使用選項 2 的 LoggingEventCompositeJsonEncoder，則可以新增 pattern、停用預設的 providers 等。

無論是 LogstashEncoder 或是 LoggingEventCompositeJsonEncoder，都將由 Logback 負責把日誌紀錄解析並編碼成 JSON 格式。若使用選項 3，則 Logback 將以 JSON 過濾器將解析工作完全委託給 Logstash 執行。

因此我們建立一個名稱為 logback-spring.xml 的 Logback 設定文件,並設定使用 LogstashEncoder 編碼類別,如以下範例行 7:

🎯 **範例**:/c11-book-service/src/main/resources/logback-spring.xml

```
1  <?xml version="1.0" encoding="UTF-8"?>
2  <configuration>
3  <include resource="org/springframework/boot/logging/logback/base.xml" />
4      <springProperty scope="context" name="application_name"
                                        source="spring.application.name" />
5      <appender name="logstash"
                 class="net.logstash.logback.appender.LogstashTcpSocketAppender">
6        <destination>logstash:5000</destination>
7        <encoder class="net.logstash.logback.encoder.LogstashEncoder" />
8      </appender>
9      <root level="INFO">
10         <appender-ref ref="logstash" />
11         <appender-ref ref="CONSOLE" />
12     </root>
13     <logger name="org.springframework" level="INFO" />
14     <logger name="lab.cloud" level="DEBUG" />
15 </configuration>
```

📢 **說明**

5	Logback 使用 LogstashTcpSocketAppender 與 Logstash 通訊。
6	設定 Logstash 的主機名稱與通訊埠號碼,本例示意 logstash 與 5000,需與實際環境相符。

藉由 logback-spring.xml 的設定,最終輸出至 Logstash 的日誌紀錄樣貌如下,以 JSON 格式儲存。後續在 Kibana 的操作裡會說明如何檢視:

```
{
  "_index": "logstash-2023.05.08-000001",
  "_type": "_doc",
  "_id": "Dnl0FIgBm6bDMVNcL0sY",
  "_version": 1,
  "_score": null,
  "_source": {
    "@version": "1",
    "@timestamp": "2023-05-13T09:32:18.477Z",
    "message": "Author Service Incoming Correlation id: null",
    "level_value": 10000,
    "application_name": "author-service",
    "level": "DEBUG",
    "traceId": "6f1298bf58e89750",
    "tags": [
      "labCloudPublications"
    ],
    "spanId": "6f1298bf58e89750",
    "port": 49030,
    "logger_name": "lab.cloud.author.utils.UserContextFilter",
    "host": "author-service.c11-docker_backend",
    "thread_name": "http-nio-8081-exec-2"
  },
  "fields": {
    "@timestamp": [
      "2023-05-13T09:32:18.477Z"
    ]
  },
  "sort": [
    1683970338477
  ]
}
```

▲ 圖 11.3　使用 LogstashEncoder 輸出的日誌紀錄範例

現在已經完成了 Book 服務的 Logback 設定，相同的做法也需要套用在 Author 服務與 Service Gateway。接下來要在 Docker 容器中定義和執行 ELK Stack 應用程式。

11.2.3　在 Docker 中定義和運行 ELK Stack 服務

要設定 ELK Stack 容器，我們需要遵循兩個簡單的步驟。第一個步驟是建立 Logstash 設定文件，第二個步驟是在 Docker 設定檔 docker-compose.yml 中定義 ELK Stack 相關服務，分述如後。

1. 建立 Logstash 設定文件

在建立設定文件之前，我們先說明 Logstash 輸送管線有兩個必要組件和一個非必要組件。必要組件是**輸入 (input)** 和**輸出 (output)** 組件：

1. 輸入組件使 Logstash 能夠讀取特定的事件來源。Logstash 提供多種輸入外掛插件 (plugin)，如 github、http、tcp、kafka 等。
2. 輸出組件負責將事件資料發送到特定目的地。Logstash 提供多種輸出外掛插件，如 csv、elasticsearch、email、file、mongodb、redis、stdout 等。

在 Logstash 的輸送管線中非必要的是**過濾器 (filter)** 組件。這些過濾器負責資料的中介處理，例如翻譯、新增資訊、解析日期、截斷欄位等，因此 Logstash 可以接收日誌紀錄並轉換。

下圖描述 Logstash 處理事件資料的流程：

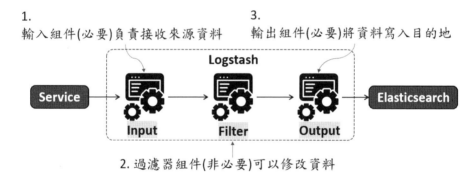

▲ 圖 11.4　以 Logstash 處理事件資料的流程

在本章範例，我們使用 tcp 作為輸入組件以接收 Logback 的輸出，並使用 elasticsearch 引擎作為輸出組件，將兩者設定在 logstash.conf 文件中，將成為 Docker 啟動 Logstash 服務時的設定檔：

📍 **範例**：/c11-bstock-parent/c11-docker/config/logstash.conf

```
1  input {
2    tcp {
3      port => 5000
4      codec => json_lines
5    }
```

```
 6    }
 7    filter {
 8      mutate {
 9        add_tag => [ "labCloudPublications" ]
10      }
11    }
12    output {
13      elasticsearch {
14        hosts => "elasticsearch:9200"
15      }
16    }
```

🔊 說明

1-6	輸入組件的設定，為必要。
2	使用 tcp 外掛插件可以由 TCP Socket 讀取事件資料。
3	設定 logstash 的埠號為 5000，和 docker-compose.yml 裡的設定值相同。
7-11	過濾器組件的設定，為非必要。
8-9	使用 mutate 過濾器可以在事件資料裡加入 labCloudPublications 文字標籤，之後在 Kibana 查詢資料可以看到。也可以考慮加入如 DEV、PROD 等代表執行環境的標籤。
12-16	輸出組件的設定，為必要。
13	將事件資料傳送到 elasticsearch 引擎。
14	設定 Elasticsearch 的主機和埠號，和 docker-compose.yml 裡的設定值相同。

如果讀者有興趣了解更多關於 Logstash 提供的輸入、輸出和過濾器的外掛插件，可以分別瀏覽以下網址內容：

1. https://www.elastic.co/guide/en/logstash/current/input-plugins.html
2. https://www.elastic.co/guide/en/logstash/current/output-plugins.html
3. https://www.elastic.co/guide/en/logstash/current/filter-plugins.html

2. 定義 ELK Stack 的 Docker 服務

完成了 Logstash 設定文件後，將 ELK Stack 的三個 Docker 服務新增到 docker-compose.yml 文件中：

範例：/c11-bstock-parent/c11-docker/docker-compose.yml

```yaml
elasticsearch:
  image: docker.elastic.co/elasticsearch/elasticsearch:7.7.0
  container_name: elasticsearch
  environment:
    - node.name=elasticsearch
    - discovery.type=single-node
    - cluster.name=docker-cluster
    - bootstrap.memory_lock=true
    - "ES_JAVA_OPTS=-Xms512m -Xmx512m"
  ulimits:
    memlock:
      soft: -1
      hard: -1
  volumes:
    - esdata1:/usr/share/elasticsearch/data
  ports:
    - 9200:9200
    - 9300:9300
  networks:
    backend:
      aliases:
        - "elasticsearch"
kibana:
  image: docker.elastic.co/kibana/kibana:7.7.0
  container_name: kibana
  environment:
    ELASTICSEARCH_URL: "http://elasticsearch:9200"
  ports:
    - 5601:5601
  networks:
    backend:
      aliases:
        - "kibana"
logstash:
  image: docker.elastic.co/logstash/logstash:7.7.0
  container_name: logstash
  command: logstash -f /etc/logstash/conf.d/logstash.conf
  volumes:
    - ./config:/etc/logstash/conf.d
  ports:
    - "5000:5000"
  networks:
    backend:
      aliases:
        - "logstash"
```

🔊 **說明**

1-22	服務 elasticsearch 的設定。
17	設定用於 Elasticsearch REST API 的埠號為 9200。
18	設定 Elasticsearch 叢集 (cluster) 架構的通聯埠號為 9300。
23-33	服務 kibana 的設定。
27	設定與 Elasticsearch REST API 通訊的 URL，需置換為實際位址。
29	設定 kibana 網站的埠號。
34-45	服務 logstash 的設定。
37-39	設定並載入參數檔 logstash.conf。

完成 docker-compose.yml 的設定後，就可以啟用所有 Docker 服務，後續將以 Kibana 查詢日誌紀錄彙整結果。

11.2.4 使用 Kibana 查詢日誌紀錄彙整結果

啟動本專案的所有服務後，可以使用網址 http://localhost:5601/ 存取 Kibana 網站。以下為 Kibana 的首頁：

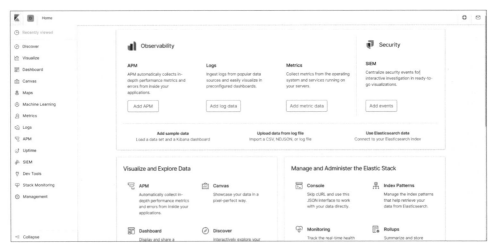

▲ 圖 11.5　Kibana 首頁 http://localhost:5601/

建立索引模式

在使用 Kibana 查詢日誌紀錄的彙整資料之前，我們必須先建立一個**索引模式 (Index Pattern)**，讓 Kibana 可以由 Elasticsearch 引擎查詢指定的資料，本例是和 Logstash 相關的資訊。首先是選擇頁面左側的 Management 功能選單，再點擊 Index Patterns 連結：

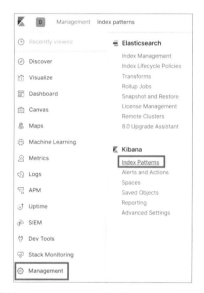

▲ 圖 11.6　點擊 Management 功能選單的 Index Patterns 連結

繼續點擊 Create index pattern 按鍵，後續有 2 個步驟必須完成：

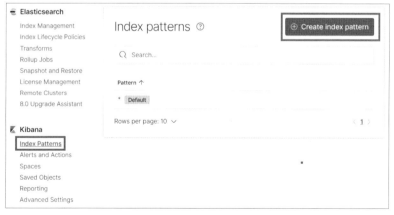

▲ 圖 11.7　點擊 Create index pattern 按鍵

1. 在 Index pattern 的輸入框中鍵入「logstash-*」，然後點擊 Next step 按鍵：

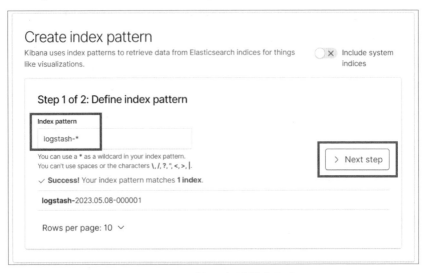

▲ 圖 11.8　輸入索引模式內容

2. 指定使用時間過濾器。在 Time filter field name 下拉選單中選擇「@timestamp」選項，然後點擊 Create index pattern 按鍵：

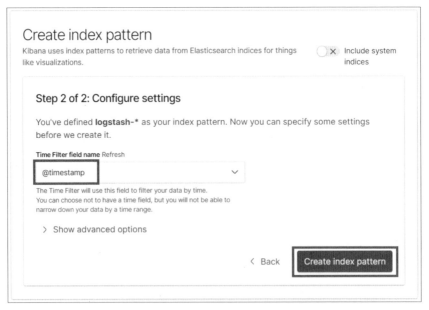

▲ 圖 11.9　選擇 @timestamp 選項

完成後頁面跳轉如下：

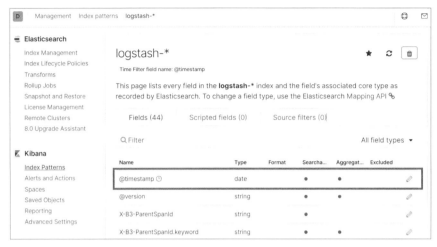

▲ 圖 11.10　完成建立 logstash-* 索引模式

探索資料

要探索資料，可以點擊頁面左側的 Discovery 功能選單，頁面右側就會出現日誌紀錄資料：

1. 頁面右側上方的直條圖代表某時間區間的日誌紀錄筆數。
2. 頁面右側下方是個別的日誌紀錄資訊。

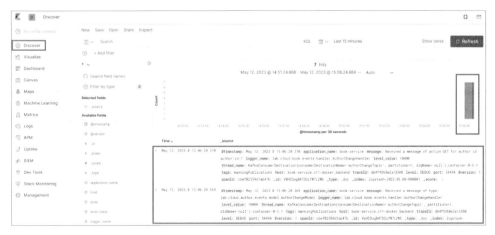

▲ 圖 11.11　點擊 Discovery 功能選單探索資料

在 Kibana 中搜尋 Spring Cloud Sleuth 的追蹤 ID

現在微服務專案的日誌紀錄已經由 ELK Stack 彙整，可以開始由 Spring Cloud Sleuth 建立的追蹤 ID 來追查日誌紀錄。

Kibana 預設使用 KQL (Kibana Query Language) 查詢符合條件的日誌紀錄，這是一種簡化的查詢語法。例如我們可以在查詢輸入框中鍵入以下條件：

```
1   traceId:b9bcb945e85d3adf and spanId:99e060ef3e10557c
```

就可以查詢滿足 traceId 是 b9bcb945e85d3adf，且 spanId 是 99e060ef3e10557c 的所有日誌紀錄：

▲ 圖 11.12　使用 KQL 查詢日誌紀錄

如果我們想以不同的方式檢視日誌紀錄，可以展開每一個日誌紀錄事件，以 Table 或 JSON 格式顯示日誌紀錄：

1. 以 Table 格式顯示單筆日誌紀錄：

▲ 圖 11.13　以 Table 格式顯示單筆日誌紀錄

2. 以 JSON 格式顯示單筆日誌紀錄：

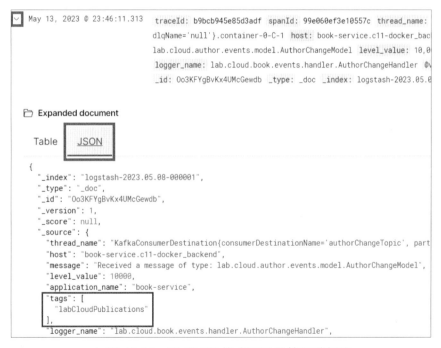

▲ 圖 11.14　以 JSON 格式顯示單筆日誌紀錄

無論哪種形式，本例都能看到在 logstash.conf 以 mutate 過濾器在事件資料裡加入 labCloudPublications 的文字標籤，如上圖顯示。

11.2.5 在 Service Gateway 將追蹤 ID 新增到 HTTP 回應標頭

Spring Cloud Sleuth 預設未將追蹤 ID 加入 HTTP 回應標頭

如果我們檢查使用 Spring Cloud Sleuth 的服務的 HTTP 回應標頭，可以發現預設沒有追蹤 ID。依據早期版本的文件說明 https://cloud.spring.io/spring-cloud-static/spring-cloud-sleuth/1.3.6.RELEASE/single/spring-cloud-sleuth.html，是因為**資訊安全考量**：

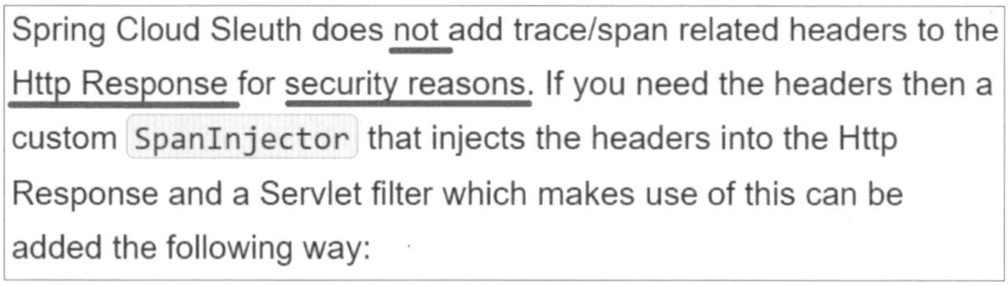

> Spring Cloud Sleuth does not add trace/span related headers to the Http Response for security reasons. If you need the headers then a custom `SpanInjector` that injects the headers into the Http Response and a Servlet filter which makes use of this can be added the following way:

▲ 圖 11.15　因為資訊安全沒有在 HTTP 回應標頭加上追蹤 ID

依據社群的一些討論，目前版本也還是如此：

1. https://github.com/openzipkin/openzipkin.github.io/issues/48
2. https://github.com/spring-cloud/spring-cloud-sleuth/issues/633

但在實務除錯問題時，在 HTTP 回應中留有關聯 ID 或追蹤 ID 還是相當重要的。官方文件提供了替代方案 https://docs.spring.io/spring-cloud-sleuth/docs/current/reference/html/howto.html#howto，讓開發者自行決定：

```
@Configuration(proxyBeanMethods = false)
class MyConfig {

    // Example of a servlet Filter for non-reactive applications
    @Bean
    Filter traceIdInResponseFilter(Tracer tracer) {
        return (request, response, chain) -> {
            Span currentSpan = tracer.currentSpan();
            if (currentSpan != null) {
                HttpServletResponse resp = (HttpServletResponse) response;
                // putting trace id value in [mytraceid] response header
                resp.addHeader("mytraceid", currentSpan.context().traceId());
            }
            chain.doFilter(request, response);
        };
    }

    // Example of a reactive WebFilter for reactive applications
    @Bean
    WebFilter traceIdInResponseFilter(Tracer tracer) {
        return (exchange, chain) -> {
            Span currentSpan = tracer.currentSpan();
            if (currentSpan != null) {
                // putting trace id value in [mytraceid] response header
                exchange.getResponse().getHeaders().add("mytraceid", currentSpan.context().traceId());
            }
            return chain.filter(exchange);
        };
    }
}
```

▲ 圖 11.16　官方文件提供在 HTTP 回應標頭加上追蹤 ID 的替代方案

在 Service Gateway 將追蹤 ID 加入 HTTP 回應標頭

雖然因為資訊安全考量，Spring Cloud Sleuth 預設**沒有**在 HTTP 回應標頭加上追蹤 ID，但為了可以追蹤和除錯問題，本範例專案的作法是修改微服務專案 c11-gatewayserver 的 ResponseFilter 過濾器，將 Spring Cloud Sleuth 的追蹤 ID 注入到 HTTP 回應的標頭中。

首先是確保 pom.xml 文件中有 Spring Cloud Sleuth 的依賴啟動器，如下所示：

🎯 範例：/c11-gatewayserver/pom.xml

```
1  <dependency>
2      <groupId> org.springframework.cloud </groupId>
3      <artifactId>spring-cloud-starter-sleuth</artifactId>
4  </dependency>
```

接下來是修改 ResponseFilter，我們把關聯 ID 的值改為 Spring Cloud Sleuth 的追蹤 ID：

🎯 範例：/c11-gatewayserver/src/main/java/lab/cloud/gateway/filters/ResponseFilter.java

```
1   @Configuration
2   public class ResponseFilter {
3     final Logger logger = LoggerFactory.getLogger(ResponseFilter.class);
4     @Autowired
5     Tracer tracer;
6     @Autowired
7     FilterUtils filterUtils;
8     @Bean
9     public GlobalFilter postGlobalFilter() {
10      return (exchange, chain) -> {
11        final String traceId = Optional.ofNullable(tracer.currentSpan())
12                                  .map(Span::context)
13                                  .map(TraceContext::traceIdString)
14                                  .orElse("null");
15        return chain.filter(exchange).then(Mono.fromRunnable(() -> {
16          logger.debug("Adding the correlation id to outbound headers. {}"
                                                      , traceId);
17          exchange.getResponse().getHeaders()
                                  .add(FilterUtils.CORRELATION_ID, traceId);
18          logger.debug("Completing outgoing request for {}.",
                                            exchange.getRequest().getURI());
19        }));
20      };
21    }
22  }
```

🔊 說明

| 5 | 注入 brave.Tracer 元件可以取得追蹤 ID 和跨度 ID。 |

11-14	以 tracer.currentSpan().context().traceIdString() 可以直接取得追蹤 ID。但考量可能 null 的情況，改為 Optional.ofNullable(tracer.currentSpan()).map (Span::context).map(TraceContext::traceIdString).orElse("null")。
17	將關聯 ID 的值改為追蹤 ID 並加入 HTTP 回應的標頭中。

驗證 HTTP 回應標頭裡的追蹤 ID

之後，當藉由 Service Gateway 呼叫 Author 服務端點 http://localhost:8072/author-service/v1/author/author-id-1 時，可以得到名稱為 tmx-correlation-id 的 HTTP 回應標頭：

▲ 圖 11.17　檢視 HTTP 回應標頭

其值為 1380ae71448dc163。由 Kibana 查詢結果為 Spring Cloud Sleuth 的追蹤 ID：

▲ 圖 11.18　驗證 HTTP 回應標頭 tmx-correlation-id 的值與追蹤 ID 相同

11.2.6 由 Spring Boot 3.x 開始將停止支援 Spring Cloud Sleuth

Spring Boot **2.0** 是 2.x 系列中的第一個版本，於 2018/02/28 日發布；一直到 2023/06 發布的 Spring Boot 2.7.13，是本書截稿前 2.x 系列的最後一個版本。

在 2022/11 發布的 Spring Boot **3.0** 需要搭配 Spring Framework 6.0 與 Java 17 或更高版本，而且將開始使用 Jakarta EE 9 API，其套件名稱以 jakarta.* 開頭，而不再是套件名稱以 javax.* 開頭的 Java EE 8 API。

因為改變過大，大部分企業應用可能還跟不上，因此本書採用的 Spring Boot 版本為 2.7.x，搭配 Java 11 即可。

要提醒讀者的是，Spring Cloud Sleuth 不能與 Spring Boot 3.x 一起使用，它的主要版本將只支援 Spring Boot 2.x 系列，次要版本則是 3.1，請參閱官方說明文件 https://docs.spring.io/spring-cloud-sleuth/docs/current-SNAPSHOT/reference/html/#_important。

之後，它的核心會改為 Micrometer Tracing (https://micrometer.io/docs/tracing) 專案，讀者有興趣可以自行參閱。

11.3 使用 Zipkin 進行分散式追蹤

帶有關聯 ID 或追蹤 ID 可以追蹤的日誌紀錄平台是一個強大的除錯工具。但是，在本章的其餘部分，我們將不再追蹤個別日誌紀錄，而是著眼於如何將跨越微服務的追蹤予以視覺化。畢竟一張明亮、簡潔的圖表價值可能遠高於一堆純文字日誌紀錄。

分散式追蹤關乎「跨微服務操作」的視覺化圖表提供。分散式追蹤工具還可以粗略估計各個微服務的回應時間；但是不應將分散式追蹤工具與成熟的應用程式效能管理 (Application Performance Management, APM) 工具混淆。APM 安裝完畢後即可提供關於程式碼執行的低層級效能資料，以及超出回應時間的效能資料，例如記憶體、CPU 利用率和 I/O 利用率。

Zipkin (http://zipkin.io/) 是一個分散式追蹤平台，也稱為 OpenZipkin，當與 Spring Cloud Sleuth 結合時可以追蹤跨多個服務呼叫的操作，以圖表方式查看操作所花費的時間，並分解流程裡每一個微服務所花費的時間。Zipkin 是識別微服務架構中效能問題的寶貴工具，整合 Spring Cloud Sleuth 和 Zipkin 需要：

1. 將 Spring Cloud Sleuth 和 Zipkin 的 Maven 依賴項目新增到微服務專案中。
2. 在微服務專案中設定讓 Zipkin 服務收集追蹤資料。
3. 安裝和啟用獨立的 Zipkin 服務。
4. 定義每一個用戶端程式對 Zipkin 發送的追蹤資訊的採樣策略。

將在後續內容說明。

11.3.1 設定 Zipkin

設定 Zipkin 步驟如下：

1. 設定 Spring Cloud Sleuth 和 Zipkin 依賴函式庫

先前章節我們已經在 Book 服務、Author 服務、Service Gateway 專案中新增 Spring Cloud Sleuth 依賴函式庫，接下來我們需要包含一個新的依賴函式庫 spring-cloud-sleuth-zipkin，以與 Zipkin 整合：

範例：/c11-author-service/pom.xml、/c11-book-service/pom.xml、/c11-gatewayserver/pom.xml

```
1  <dependency>
2      <groupId>org.springframework.cloud</groupId>
3      <artifactId>spring-cloud-sleuth-zipkin</artifactId>
4  </dependency>
```

2. 設定服務指向 Zipkin

接下來是讓各微服務與 Zipkin 連接。我們在 Spring Cloud Config Server 的儲存庫，本例是 /c11-configserver/src/main/resources/config/ 資料夾中，找出以下設定檔並新增行 1 的設定：

ⓖ 範例：book-service.properties、author-service.properties、
gateway-server.yml

```
1  spring.zipkin.baseUrl = http://zipkin:9411
```

網址裡的 zipkin 請以合適的主機位址取代。

用戶端程式除了以 HTTP 協定傳送追蹤資料給 Zipkin 外，也可以使用 RabbitMQ
或 Kafka 等訊息代理機制。從功能的角度來看，我們使用 HTTP、RabbitMQ 或
Kafka 其實沒有區別，因為即便 RabbitMQ 或 Kafka 是使用「非同步」的訊息
傳送追蹤資料，但 Zipkin 也以「非同步的執行緒」使用 HTTP 協定處理追蹤資
料。

使用訊息代理機制傳送追蹤資料的主要優點是，如果我們的 Zipkin 伺服器關
閉，發送的追蹤訊息將「排隊」，直到 Zipkin 伺服器重新開啟。

3. 啟用 Zipkin 伺服器

要啟用 Zipkin 伺服器需在文件 docker-compose.yml 中新增以下設定：

ⓖ 範例：/c11-bstock-parent/c11-docker/docker-compose.yml

```
1   zipkin:
2     image: openzipkin/zipkin
3     container_name: zipkin
4   # environment:
5   #   - STORAGE_TYPE=mem
6     depends_on:
7       - elasticsearch
8     environment:
9       - STORAGE_TYPE=elasticsearch
10      - "ES_HOSTS=elasticsearch:9300"
11    ports:
12      - "9411:9411"
13    networks:
14      backend:
15        aliases:
16          - "zipkin"
```

Zipkin 伺服器常見的幾種追蹤資料儲存方式：

1. 記憶體。

2. MySQL (http://mysql.com/)。
3. Cassandra (https://cassandra.apache.org/)。
4. Elasticsearch (http://elastic.co/)。

Zipkin 預設使用記憶體儲存追蹤資料。但若用於正式環境，當 Zipkin 伺服器關閉或故障時，資料就會丟失。因為本章範例已經使用 ELK Stack，因此將以 Elasticsearch 做為 Zipkin 的資料儲存庫，設定方式如 docker-compose.yml 的行 8-10，將以環境變數 STORAGE_TYPE 和 ES_HOSTS 決定；因為如果這樣則 Zipkin 將依賴於 elasticsearch，因此也需要行 6-7 的設定。

如果想用預設的記憶體儲存追蹤資料，則啟用行 4-5，移除行 6-10。

4. 設定追蹤級別

現在我們已經將微服務專案設定與 Zipkin 服務通訊，而且 Zipkin 伺服器也已經準備好運行。在開始啟用 Zipkin 前我們還需要定義每一個服務應該多久向 Zipkin 寫入資料？

Zipkin 預設僅將所有追蹤資料的 10% 寫入伺服器，以確保 Zipkin 不會成為日誌紀錄分析架構的瓶頸。

我們可以透過在微服務專案設定以下屬性，決定各別服務向 Zipkin 發送追蹤資料的採樣比例。這些設定檔都位於 /c11-configserver/src/main/resources/config/ 資料夾中：

🎯 範例：book-service.properties、author-service.properties、
gateway-server.yml

```
1  spring.sleuth.sampler.percentage = 1
```

此屬性採用 0 到 1 之間的值：

1. 值為「0」表示 Spring Cloud Sleuth 不向 Zipkin 發送任何追蹤資料，亦即 0%。
2. 值為「.5」表示 Spring Cloud Sleuth 發送所有追蹤資料的 50%。
3. 值為「1」表示 Spring Cloud Sleuth 發送所有追蹤資料，亦即 100%。

因為只是範例專案，本章相關微服務程式設定發送 100% 追蹤資訊到 Zipkin 伺服器。

11.3.2 使用 Zipkin 追蹤跨服務操作

假設突然有客戶抱怨應用程式執行緩慢，開發人員懷疑是因為 Book 服務造成。但要如何確認？而且 Book 服務又依賴於 Author 服務。

首先，了解參與使用者操作的所有服務及其各自的執行時間對於微服務架構的除錯相當重要。

為了解決這個難題，我們將使用 Zipkin 來觀察服務的流程，因為 Zipkin 服務會追蹤它們。首先呼叫端點 http://localhost:8072/author-service/v1/author/author-id-1，在呼叫被導向到 Author 服務實例之前，服務會先將流經 Service Gateway。

查詢 Zipkin 了解特定服務操作的整體耗時

此時，打開瀏覽器並輸入 Zipkin 伺服器的網址 http://localhost:9411/，點擊右上方的 RUN QUERY 按鍵，預設可以查詢在 15 分鐘內收訖的 Zipkin 資訊；或是在右上角的 Search by trace ID 輸入框中鍵入追蹤 ID，然後敲擊按鍵 Enter：

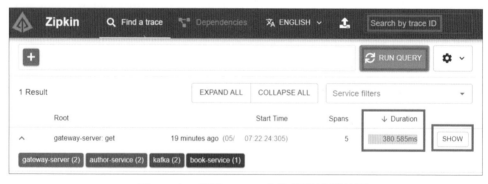

▲ 圖 11.19　使用 Zipkin 查詢服務追蹤結果

由上圖顯示的資訊:

1. Zipkin 顯示一筆資料,表示 Zipkin 捕獲了一個服務操作,具備 Spring Cloud Sleuth 賦予的追蹤 ID,花費了 380.585 毫秒。

2. 一個服務操作可以被分解為一個或多個跨度 (span)。在 Zipkin 中,一個跨度代表一個特定的功能呼叫,也包含了時間資訊。

3. 服務 gateway-server 在接收 HTTP 呼叫後,終止原本呼叫,然後對 author-service 發起一個新的呼叫,如此才能為每一個 HTTP 呼叫新增回應,套用前置和後置過濾器,這也是為什麼在上圖的 gateway-server 服務中看到兩個跨度。

如果想了解這個服務操作會消耗 469.269 毫秒的原因,可以點擊上圖的 SHOW 按鍵,會出現以下頁面:

▲ 圖 11.20 特定服務操作的明細

1. 由框選的區塊 1 可以知道該服務操作的追蹤 ID 為 50fba84f37f07790，共有 4 個跨度組成。

2. 在框選的區塊 2 有前述 4 個跨度，可以了解任一個跨度花費的時間；再以滑鼠點擊任一個跨度將在框選的區塊 3 呈現該跨度明細。

3. 框選的區塊 3 是跨度明細，包含服務名稱 (Service name)、跨度名稱 (Span name)、跨度 ID(Span ID)、父跨度 ID(Parent ID)、標註 (Annotation) 與標籤 (Tags)。

   * 一個追蹤 ID 關聯的所有跨度形成樹狀結構，樹的根節點叫做根跨度，其他每一個跨度都會關聯一個父跨度。

   * 標註 (Annotation) 用來記錄關鍵事件的時間點，後續再以本章範例說明。

   * 標籤 (Tags) 記錄跨度內的重要資訊。

4. 點擊右上角區塊 4 的按鍵 SPAN TABLE，可以得到所有跨度的彙整表，包含名稱與耗時等，對於找出效能瓶頸很有幫助：

Span ID		Service name	Span name		Start time	Duration
50fba84f37f07790	⋮	gateway-server	get	05/	07:22:24.305	349.812ms
2aa3648bea30d379		author-service	get /v1/author/{authorid}	05/	07:22:24.394	279.940ms
c0ef9d5e8a85da91		author-service	send	05/	07:22:24.570	30.887ms
4ae3f9ee4d187307		book-service	send	05/	07:22:24.665	20.227ms

▲ 圖 11.21 所有跨度的彙整表

5. 點擊右上角區塊 5 的按鍵，則可以將跨度資訊下載為 JSON 字串。

了解第 1 個跨度耗時與資訊

第 1 個跨度和 gateway-server 服務相關,截圖如下:

▲ 圖 11.22　第 1 個跨度明細

該跨度的標註 (Annotation) 有 2 個,分別是:

1. Server Start,表示伺服器端收到請求並開始處理,這裡的伺服器端是指 gateway-server 服務,同時也提供服務位址和時間戳記。
2. Server Finish,表示伺服器端完成請求處理並回應,這裡的伺服器端是指 gateway-server 服務,同時也提供服務位址和時間戳記。

標籤 (Tags) 則記錄 gateway-server 服務被呼叫的 HTTP 方法 (http.method)、端點 (http.path) 與用戶端程式位址 (Client Address)。

了解第 2 個跨度耗時與資訊

第 2 個跨度和 gateway-server 呼叫 author-service 服務相關，基本資訊為：

Service name	Span name
author-service	get /v1/author/{authorid}
Span ID	Parent ID
2aa3648bea30d379	50fba84f37f07790

▲ 圖 11.23　第 2 個跨度的基本資訊

跨度的標註 (Annotation) 有 4 個：

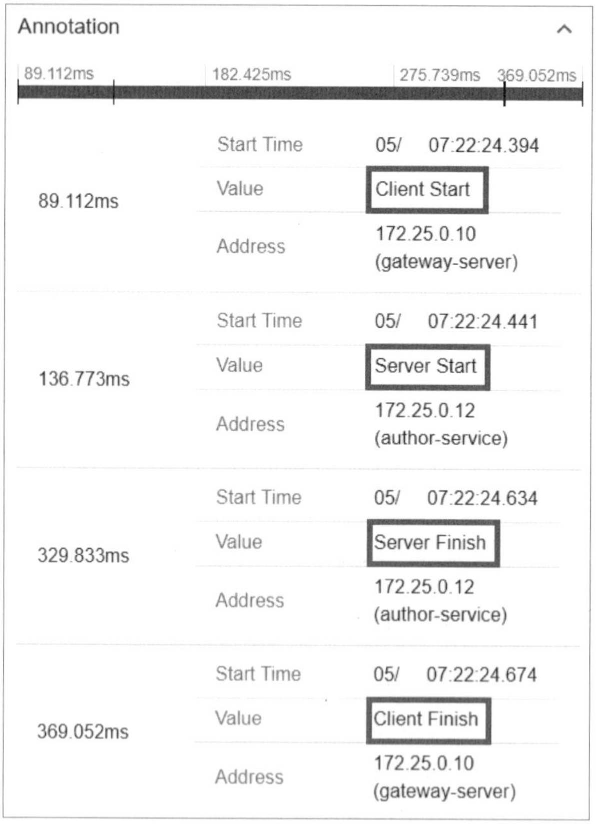

▲ 圖 11.24　第 2 個跨度的標註資訊

分別是：

1. Client Start：用戶端程式 (gateway-server) 發起請求，是一個跨度的開始。
2. Server Start：伺服器端 (author-service) 收到請求並開始處理。
3. Server Finish：伺服器端 (author-service) 處理請求完成並回應。
4. Client Finish：用戶端程式 (gateway-server) 收到回應，跨度到此結束。

利用每一個標註的時間戳記可以計算各階段耗時。

標籤 (Tags) 提供的資訊如下：

Tags	^
http.method	GET
http.path	/v1/author/author-id-1
Server Address	172.25.0.12:8081
mvc.controller.class	AuthorController
mvc.controller.method	getAuthor
Client Address	172.25.0.1

▲ 圖 11.25　第 2 個跨度的標籤資訊

餘下兩個跨度和使用訊息代理傳遞訊息有關，將在下一節說明。

11.3.3 使用 Zipkin 追蹤訊息傳遞

訊息傳遞也可能在應用程式中造成效能和延遲問題，如服務可能無法及時處理來自訊息主題或佇列的訊息，或者存在網絡延遲問題。

對於註冊在服務上的訊息代理，Spring Cloud Sleuth 會在訊息進入或離開 Spring Cloud Stream 的 Channel 元件時發送 Zipkin 追蹤資料，因此可以知道訊息何時從佇列或主題發布以及何時收到，還可以看到發生什麼行為。本章範例承續前章，因此 Author 服務在接到新增、修改、刪除、查詢 Author 資料時都會發布訊息，而 Book 服務在接收訊息後將有對應的動作。

承續上一小節對追蹤 ID 為 50fba84f37f07790 的服務操作。檢視餘下兩個跨度和訊息傳遞有關：

1. 第 3 跨度是 author-service 透過訊息代理發送訊息，標註有 Producer Start 和 Producer Finish，標籤區塊記錄元件 Channel 的名稱是 output。
2. 第 4 跨度是 book-service 透過訊息代理接收訊息，標註有 Producer Start 和 Producer Finish，標籤區塊記錄 Channel 是 inboundAuthorChanges。

▲ 圖 11.26　第 3 個跨度為發送訊息

▲ 圖 11.27　第 4 個跨度為接收訊息

11.3.4　新增自定義跨度

到目前為止，我們一直使用 Zipkin 從我們的服務中追蹤 HTTP 和訊息傳遞呼叫。但是，如果想要追蹤不受 Zipkin 監控的第三方服務該如何處理？如 Redis或 Postgres SQL 的查詢追蹤和計時資訊。

Spring Cloud Sleuth 和 Zipkin 允許開發者在服務內新增自定義跨度，以便我們可以追蹤與第三方呼叫相關的執行時間。

在 Author 服務自定義查詢 Postgres 的跨度

使用 Zipkin 新增自定義跨度非常容易。接下來我們在 Author 服務中新增一個名稱為 getAuthorDBCall 的自定義跨度，以監控由 Postgres 查詢 Author 資料需要的時間：

🎯 範例：/c11-author-service/src/main/java/lab/cloud/author/service/
AuthorService.java

```java
@Service
public class AuthorService {
  @Autowired
  private AuthorRepository repository;
  @Autowired
  SimpleSourceBean simpleSourceBean;
  @Autowired
  Tracer tracer;
  public Author findById(String authorId) {
    Optional<Author> opt = null;
    ScopedSpan custSpan = tracer.startScopedSpan("getAuthorDBCall");
    try {
      doSleep(10);
      opt = repository.findById(authorId);
      simpleSourceBean.publishAuthorChange(ActionEnum.GET, authorId);
      if (!opt.isPresent()) {
        String message = String.format("Unable to find an author with
                                        the Author id %s", authorId);
        logger.error(message);
        throw new IllegalArgumentException(message);
      }
      logger.debug("Retrieving Author Info: " + opt.get().toString());
    } finally {
      custSpan.tag("data.source", "postgres");
      custSpan.annotate("Server Query");
      custSpan.finish();
    }
    return opt.get();
  }
  // others...
}
```

🔊 說明

7-8	注入 brave.Tracer 以建立自定義跨度。
11	建立名稱為 getAuthorDBCall 的自定義跨度物件 ScopedSpan。
13	刻意暫停 10 秒鐘，關注 Zipkin 顯示的耗時。
23	使用自定義跨度物件新增標籤 data.source，值為 postgres。
24	使用自定義跨度物件新增標註 Server Query。
25	完成自定義跨度物件的設定工作。

重啟相關服務後,再次存取端點 http://localhost:8072/author-service/v1/author/author-id-1,查詢 Zipkin 結果如下:

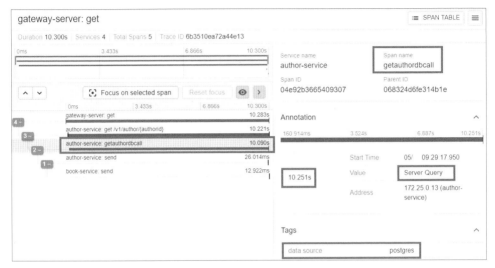

▲ 圖 11.28　新增自定義跨度 getAuthorDBCall

1. 一樣的端點,但 author-service 新增一個跨度 getauthordbcall。
2. 新增標註顯示 Server Query,且耗時 10.251s,符合類別 AuthorService 行 13 休息 10s 的情境。
3. 新增標籤顯示 data.source,值為 postgres。

在 Book 服務自定義查詢 Redis 的跨度

若需要在 Book 服務新增自定義跨度以追蹤查詢 Redis 資料需要多長時間,作法相似,如範例行 8、16-18:

🎯 範例:/c11-book-service/src/main/java/lab/cloud/book/service/client/AuthorRestTemplateClient.java

```
1  @Component
2  public class AuthorRestTemplateClient {
3      @Autowired
4      Tracer tracer;
5      @Autowired
6      AuthorRedisRepository redisRepository;
7      private Author getAuthorCache(String authorId) {
```

```
 8    ScopedSpan custSpan = tracer.startScopedSpan("getAuthorRedisCall");
 9    try {
10      return redisRepository.findById(authorId).orElse(null);
11    } catch (Exception ex){
12      logger.error("Failed to get author {} from Redis. Exception: {}.",
13          authorId, ex);
14      return null;
15    } finally {
16      custSpan.tag("data.source", "redis");
17      custSpan.annotate("Server Query");
18      custSpan.finish();
19    }
20  }
21 }
```

微服務開發指南｜使用 Spring Cloud 與 Docker

作　　者：曾瑞君
企劃編輯：蔡彤孟
文字編輯：江雅鈴
設計裝幀：張寶莉
發 行 人：廖文良

發 行 所：碁峰資訊股份有限公司
地　　址：台北市南港區三重路 66 號 7 樓之 6
電　　話：(02)2788-2408
傳　　真：(02)8192-4433
網　　站：www.gotop.com.tw
書　　號：ACL070000
版　　次：2023 年 10 月初版
建議售價：NT$580

國家圖書館出版品預行編目資料

微服務開發指南：使用 Spring Cloud 與 Docker / 曾瑞君著. --
　初版. -- 臺北市：碁峰資訊, 2023.10
　　面；　公分
　ISBN 978-626-324-612-6(平裝)
　1.CST：微處理機
471.516　　　　　　　　　　　　　　112013461

讀者服務

● 感謝您購買碁峰圖書，如果您對本書的內容或表達上有不清楚的地方或其他建議，請至碁峰網站：「聯絡我們」\「圖書問題」留下您所購買之書籍及問題。(請註明購買書籍之書號及書名，以及問題頁數，以便能儘快為您處理)
http://www.gotop.com.tw

● 售後服務僅限書籍本身內容，若是軟、硬體問題，請您直接與軟體廠商聯絡。

● 若於購買書籍後發現有破損、缺頁、裝訂錯誤之問題，請直接將書寄回更換，並註明您的姓名、連絡電話及地址，將有專人與您連絡補寄商品。